高港枢纽工程精细化管理

GAOGANG SHUNIU GONGCHENG
JINGXIHUA GUANLI

江苏省泰州引江河管理处 ◎ 编著

河海大学出版社
·南京·

图书在版编目（CIP）数据

高港枢纽工程精细化管理 / 江苏省泰州引江河管理处编著. -- 南京：河海大学出版社，2022.12
ISBN 978-7-5630-7934-6

Ⅰ.①高… Ⅱ.①江… Ⅲ.①引水—水利工程管理—泰州 Ⅳ.①TV67

中国版本图书馆CIP数据核字(2022)第251434号

书　　名 /	高港枢纽工程精细化管理
书　　号 /	ISBN 978-7-5630-7934-6
责任编辑 /	彭志诚
文字编辑 /	邱　妍
特约校对 /	薛艳萍
装帧设计 /	徐娟娟
出版发行 /	河海大学出版社
地　　址 /	南京市西康路1号（邮编：210098）
电　　话 /	（025）83737852（总编室）　（025）83722833（营销部）
经　　销 /	江苏省新华发行集团有限公司
排　　版 /	南京布克文化发展有限公司
印　　刷 /	南京迅驰彩色印刷有限公司
开　　本 /	787毫米×1092毫米　1/16
印　　张 /	17.25
字　　数 /	357千字
版　　次 /	2022年12月第1版
印　　次 /	2022年12月第1次印刷
定　　价 /	88.00元

《高港枢纽工程精细化管理》

编写委员会

主　　任： 姚俊琪
副 主 任： 张　明　　徐　明　　张桂荣　　陈建标　　马卫兵　　赵林章
主　　编： 张　明
副 主 编： 樊锦川　　陈志宏
编写人员： 王　霞　　黄　蔚　　汤小飞　　钱华清　　何　平　　翁庆龙
　　　　　　　吴鹏鹏　　廖　月　　谢瑞敏　　侯　煜　　闫耀辉　　乔　磊
　　　　　　　蔡亚琴　　杜晓啸　　夏新洋　　许晨杨　　储伟杰　　蔡振宇
　　　　　　　王宇凡　　张　坤　　唐　隽　　张楚楚　　张天琪　　郭　丹
　　　　　　　杨艳慧　　周叶平　　赵泽月　　陈擎环　　蔡玉顺　　张劲军
　　　　　　　干佳馨　　宋焰龙

前言

高港枢纽工程位于泰州市高港区,是泰州引江河连接长江的口门控制建筑物,枢纽中心南距长江堤岸与泰州引江河中心线交汇处1.9 km,具有引水、排涝、挡洪、通航等多种功能,是江水东引的骨干工程。枢纽由泵站、节制闸、调度闸、送水闸、一线船闸、二线船闸等6座工程组成。

江苏省泰州引江河管理处成立于1999年1月,为江苏省水利厅直属正处级事业单位,主要负责高港枢纽工程运行管理工作,并承担引江河河道的行业管理和里下河腹部地区湖泊湖荡的监管工作。下设10个科室、3个管理所,人员编制130人。近年来,管理处在省水利厅的正确领导下,认真贯彻落实"水利工程补短板、水利行业强监管、系统治水提质效"的改革发展总基调,以推进水利工程精细化管理为抓手,不断提高工程管理水平。2011年8月,管理处通过国家级水利工程管理单位考核验收;2016年4月,通过水利安全生产标准化一级单位评审;2021年11月,通过江苏省精细化管理评价验收。

精细化管理是一种管理理念和管理技术,以"精、准、细、严"为核心思想,着眼于精、发力于准、入手于细、把控于严,从细化管理任务、明晰管理标准、健全管理制度、规范管理流程、提高管理成效等方面入手,通过运用系统化、标准化、流程化和信息化的手段,使工程管理工作更精确、协同和高效运行。

《高港枢纽工程精细化管理》共分为七章,分为概述、管理任务、管理标准、管理制度、管理流程、效果评价、管理信息系统,阐述了江苏省泰州引江河管理处所辖高港枢纽的泵站工程、水闸工程和船闸工程在精细化管理方面的做法和经验,力求为水利工程管理单位提供工作借鉴。

由于编者水平有限,本书中难免存在不妥和不足之处,敬请广大专家和读者批评指正。

目录 Contents

第一章 概述
第一节 工程基本情况 3
第二节 单位基本情况 8

第二章 管理任务
第一节 泵站工程年度工作任务清单 13
第二节 水闸工程年度工作任务清单 25
第三节 船闸工程年度工作任务清单 34

第三章 管理标准
第一节 泵站工程管理标准 47
第二节 水闸工程管理标准 60
第三节 船闸工程管理标准 77

第四章 管理制度
第一节 工程管理篇 97
第二节 安全生产篇 113

第三节　综合管理篇 140

　　第四节　绩效考核篇 146

　　第五节　操作规程篇 154

第五章　管理流程

　　第一节　工作流程 167

　　第二节　应急处置 228

第六章　效果评价

　　第一节　工作任务落实 245

　　第二节　规章制度评估 246

　　第三节　流程执行评估 247

　　第四节　岗位职责评估 248

　　第五节　教育培训评估 249

第七章　管理信息系统

　　第一节　精细化管理系统 253

　　第二节　闸站自动化系统 256

　　第三节　船闸运行管理系统 260

　　第四节　系统维护 262

　　第五节　网络安全 264

第一章

概述

第一节　工程基本情况

一、工程概况

泰州引江河位于泰州市与扬州市交界处，南起长江，北接新通扬运河，全长 24 km，设计总规模引水量 600 m³/s，分 2 期建设，是江水东引的骨干工程，同时为国家南水北调东线提供充足水源，也是江苏开发"海上苏东"的战略工程。

高港枢纽工程位于江苏省泰州市高港区，是泰州引江河连接长江的口门控制建筑物，区位如图 1-1 所示。枢纽中心南距长江堤岸与泰州引江河中心线交汇处 1.9 km，由一座大型泵站、三座中型水闸、两座船闸和一座 110 kV 变电所组成，具有挡潮、灌溉、排涝、引水、通航及改善水生态环境等综合功能。

图 1-1　高港枢纽区位图

二、工程建设

泰州引江河一期工程于1995年11月开工建设，主要建设内容包括新开挖24 km长引江河河道（河道过水能力为300 m³/s）、建设跨河桥梁和新建高港枢纽工程（包括泵站、节制闸、调度闸、送水闸、一线船闸、110 kV专用变电所及相关管理设施）及配套工程，平面示意图如图1-2所示。主体工程于1999年9月建成投运，配套工程和管理设施于2002年底完成。工程于1999年9月通过江苏省住房和城乡建设厅（以下简称"江苏省建委"）组织的竣工初验，2004年6月通过江苏省发展改革委（以下简称"江苏省发改委"）组织的竣工验收。

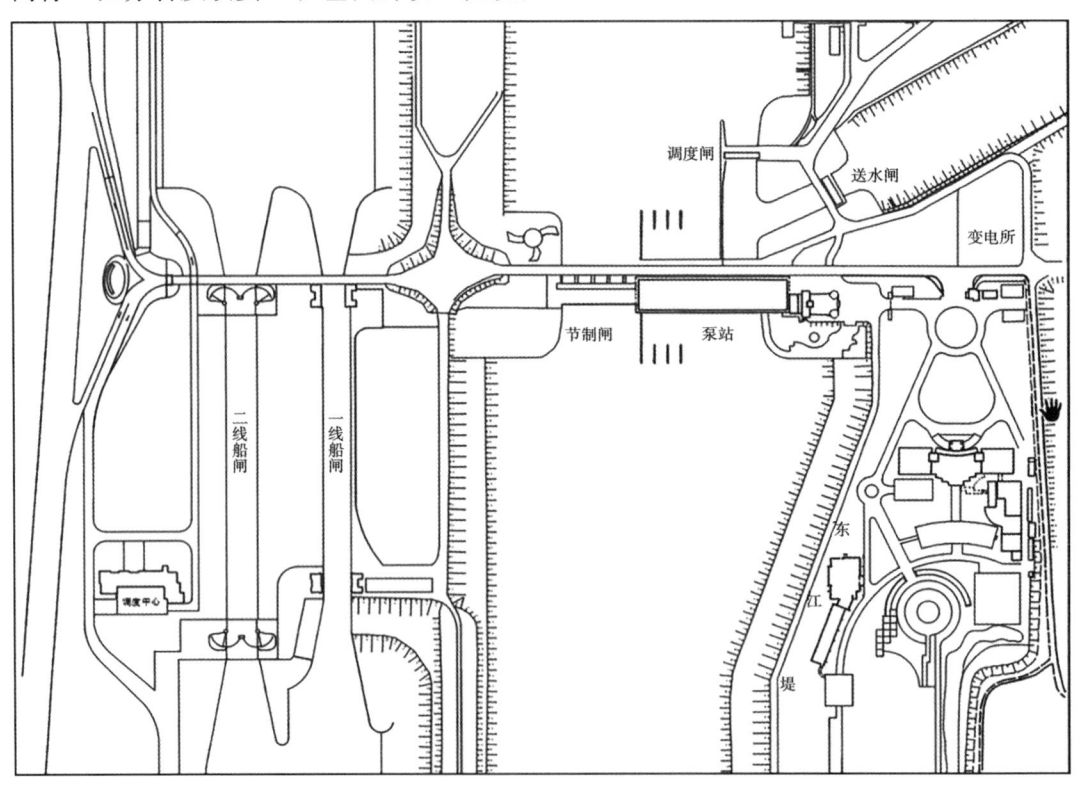

图1-2 高港枢纽平面示意图

泰州引江河二期工程于2012年12月开工建设，主要建设内容包括浚深引江河河道和新建高港二线船闸，二期工程完成后，引江河河道自流引江规模从300 m³/s扩大到600 m³/s，增加了向里下河北部、中部沿海，渠北地区及通榆河北延的供水水源。二线船闸建设缓解了泰州引江河入江口门处的交通压力，提升了区域航运能力。二期工程于2016年12月通过江苏省水利厅组织的竣工验收。

高港枢纽船闸加固工程于2016年11月开工建设，主要建设内容包括对一线船闸上下闸首门库和墩墙加固；上闸首底槛加固；闸室墙、挡浪板及伸缩缝维修加固；上下游导航墙及检修门槽加固；上下游护坡和护底加固；引航道（东岸）护坡加固；上下游靠船设施移建；排挡艇停靠码头新建及其他零星工程；上下闸首闸、阀门加固；上下闸首顶台车、底台车和阀门启闭机更换；部分电气设备改造等。加固工程于2018年11月通过江苏省水利厅组织的竣工验收。

三、工程情况

1. 高港泵站

高港泵站和高港节制闸位于枢纽东侧，采用闸站结合布置形式，其中高港泵站等级为大（1）型，安装9台叶片直径3 m的立式开敞式轴流泵（3台套为半调节水泵，6台套为全调节水泵），单台设计流量35 m³/s，总抽水流量300 m³/s，每台机组配2 000 kW同步电动机，总装机容量18 000 kW。

高港泵站采用站身式厂房（如图1-3所示），X型双向流道，流道分上下两层，通过闸门控制可双向抽水。此外，在泵站机组不运行的情况下，开启泵站下层流道自流引江160 m³/s。站身上下共分四层，自下而上分别为进水流道层、出水流道层、联轴层、电机层。

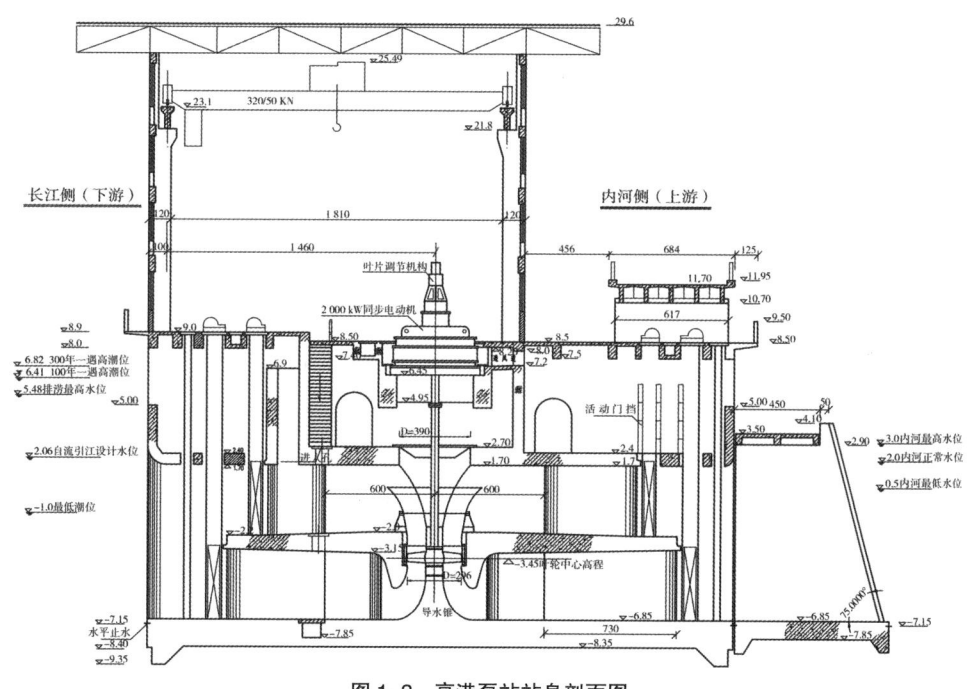

图1-3 高港泵站站身剖面图

2. 高港节制闸

高港节制闸5孔，总净宽50 m，配弧形钢闸门、卷扬式启闭机，设计流量440 m³/s，为中型水闸。高港节制闸为单向引水闸，主要作用是向苏东和苏北地区供水，通过泰东河、通榆河、卤汀河等送水骨干河道，将长江水东引至沿海垦区和各个灌区，受益耕地达294.5万 hm²。

图 1-4　高港节制闸剖面图

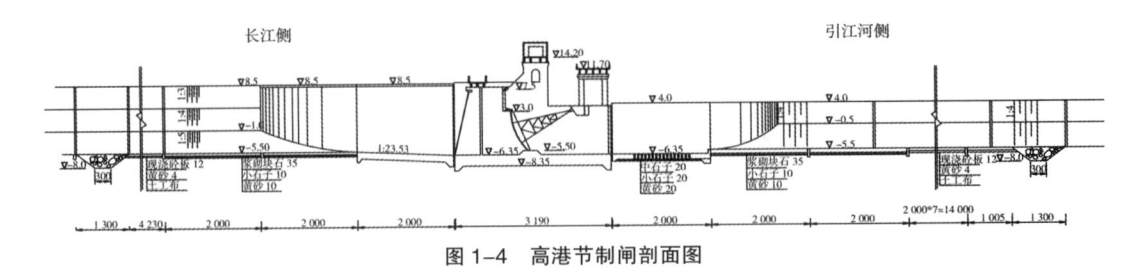

3. 高港调度闸

高港调度闸 4 孔（剖面图如图 1-5 所示），总净宽 20 m，配上下扉平板直升钢闸门、卷扬式启闭机，设计流量 100 m³/s，为中型水闸，其主要作用是配合高港泵站 1# 至 3# 机组，与高港送水闸联合运用，解决里下河和通南地区的引水、排涝问题。

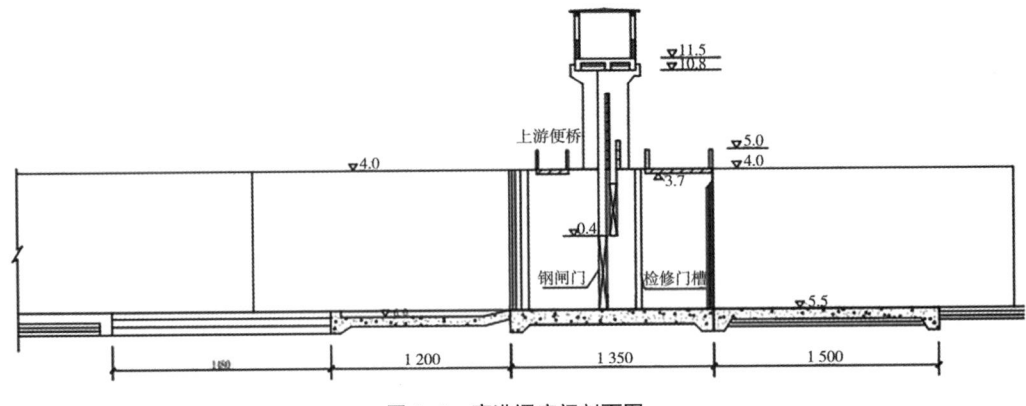

图 1-5　高港调度闸剖面图

4. 高港送水闸

高港送水闸 3 孔（剖面如图 1-6 所示），总净宽 16.5 m，配平板直升钢闸门、卷扬式启闭机，设计流量 100 m³/s，为中型水闸，其主要作用是配合高港泵站 1# 至 3# 机组，与高港调度闸联合运用，解决里下河和通南地区的引水、排涝问题。

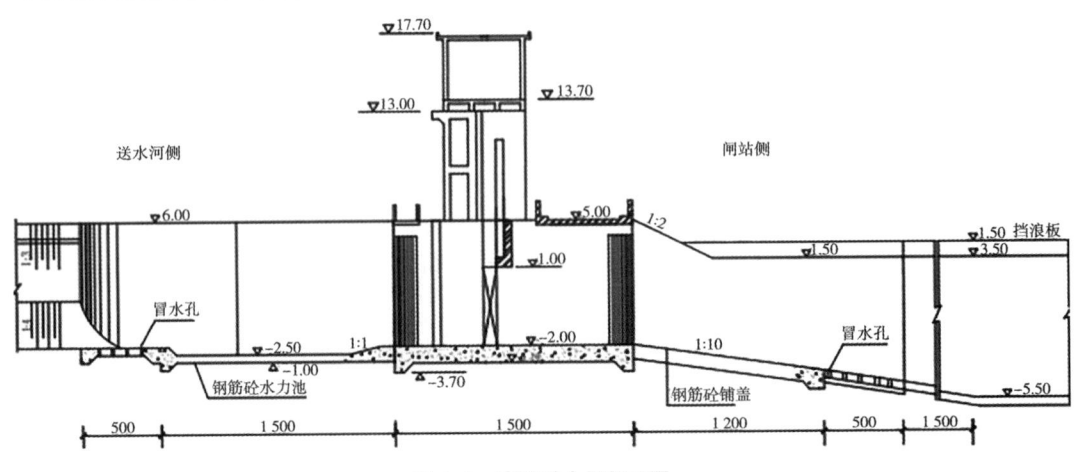

图 1-6　高港送水闸剖面图

5. 高港一线船闸

高港一线船闸工程位于枢纽西侧，为Ⅳ级船闸，设计最大过闸船型为500 t级，300 t顶推船型及100 t级拖带船队。闸室长196 m，宽16 m，闸室槛上水深3.5 m，上下闸首各设一道平面横拉钢闸门，配150 kN齿条式启闭机，阀门为平面直升钢闸门，配卷扬式启闭机。高港一线船闸剖面图如图1-7所示。

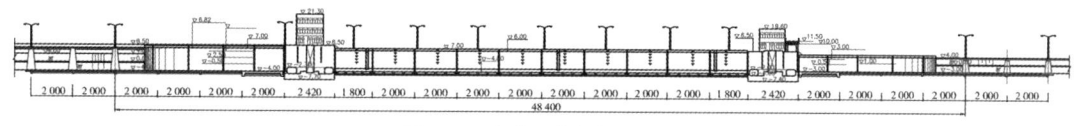

图1-7 高港一线船闸剖面图

6. 高港二线船闸

高港二线船闸位于一线船闸西侧，为Ⅲ级船闸，设计代表船型为1 000 t级，兼顾2×1 000 t顶推船及300~500 t级拖带船队，闸室长230 m，宽23 m，槛上水深4 m，工作闸门为钢质三角门，采用液压直推式启闭机，阀门为钢质平板门，配液压启闭机。高港二线船闸剖面图如图1-8所示。

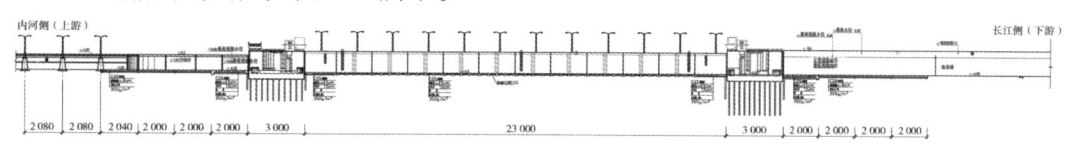

图1-8 高港二线船闸剖面图

四、工程作用

（1）提供江水东引水源。高港枢纽可自流引江600 m³/s或抽引江水300 m³/s，通过泰东河、通榆河、卤汀河等送水骨干河道将长江水送至里下河地区及江苏东部沿海地区，保证了里下河2.2万 km²区域内城乡生活、工农业生产及交通航运等用水，并为沿海港闸提供了冲淤水源。

（2）扩大江水北调能力。由高港枢纽引入的长江水，经泰州引江河、新通扬运河、三阳河、潼河，再由宝应站抽入里运河北送，为南水北调工程增添一个取水口。

（3）抽排里下河地区涝水。当里下河地区出现洪涝时，高港泵站可抽排涝水300 m³/s下泄入江，提高了里下河地区的防洪排涝标准。

（4）促进航运发展。泰州引江河为三级航道，可通行千吨级船舶，与新通扬运河、泰东河、通榆河等沟通了里下河和江苏东部沿海地区，实现了江海联运。

（5）改善区域水环境。泰州引江河干流可基本保持河道水质达Ⅱ类标准，高港枢纽向里下河送水时，沿海港闸适时排水，边引边排，可促进里下河地区河网水体流动，增加了地区水环境容量和自净能力。另外，高港泵站1#至3#机组可抽引长江水补充通南地区水源，改善区域水环境，促进人与自然和谐发展。

五、工程效益

泰州引江河工程具有引水、灌溉、排涝、航运、生态、旅游、水情教育等功能，全线被划定为调水保护区，水质常年达到Ⅱ类标准，工程自建成以来发挥了重要的作用。高港枢纽常年运行，节制闸年平均引水达 300 天、50 亿 m^3，截至 2021 年 12 月 31 日，累计自流引水 610.33 亿 m^3，抽排涝水 57.06 亿 m^3，抽引江水 3.95 亿 m^3，向通南高沙土地区送水 21.19 亿 m^3。

高港船闸是江苏水利系统规模最大、通行最繁忙的船闸，是泰州引江河这条"水上高速"的中转枢纽。近年来，高港一、二线船闸年通航量达 1.5 亿 t，工程建成以来已累计开放 52 万闸次，放行单机船 232 万余艘、船队 8 万余个，船舶通过量超 17 亿 t，为加速区域物资流通、推动区域经济发展作出了巨大的贡献，为苏北里下河和江苏沿海地区的经济发展提供了坚实的水利支撑和保障。

第二节　单位基本情况

一、单位性质

江苏省泰州引江河管理处成立于 1999 年 1 月 28 日，隶属于江苏省水利厅，为正处级、公益二类事业单位。承担的主要职能为：负责高港枢纽 1 座大型泵站、3 座中型水闸、2 座船闸及 1 座 110 kV 专用变电所的运行管理和泰州引江河河道的行业管理；协助省厅做好里下河腹部地区湖泊湖荡的保护、开发、利用和管理，推进河长制、湖长制相关工作。

二、内设机构

江苏省泰州引江河管理处（以下简称"管理处"）于 2004 年完成水管单位体制改革，管理处内设 10 个科室：办公室、组织人事科、党委办公室、工程管理科、水政科、财供科、湖泊管理科、经营科、监察室、工会；下设 3 个管理所：高港泵站管理所、高港水闸管理所、河道管理所。目前，管理处在编人员124人，其中领导班子5人、专业技术人员68人、工勤技能人员51人。

三、制度建设

江苏省泰州引江河管理处坚持以制度建设为依托，不断增强工作的规范化、科学化、制度化水平，对照国家和行业管理规范要求，抓好制度"废改立"，逐年完善规章制度体系，夯实工程管理基础，已经建立了由管理细则、操作规程和规章制度组成的制度体系，各类制度各有侧重，协调配合，共同发挥作用，保证了工程管理各项工作有章可循、有规可依。

四、水利风景区和水情教育

江苏省泰州引江河管理处利用现有水土资源，以"凤凰引江"水文化为灵魂，突出水文化、水生态、水科普，着力构建"一横三带四区"文化版块，重点打造科普培训区域、调度管理区域、生态文化区域、通航服务区域。在交通桥与疏港大道交界处三角区建立"凤生水起"双面浮雕墙；调度中心北侧"画园"建设"凤凰引江赋"水景、"凤凰引江""善泽东方""里下河韵""古运新曲""长江水脉""水美江苏"等雕塑和蘑菇型休息亭；建设科普长廊、云朵型安全观察设施、异形船民休息长廊及各类导向牌，充分挖掘历史文化内涵，完善水文化景点。

五、获得荣誉

江苏省泰州引江河管理处先后获得"全国文明单位""江苏省文明单位""全国水利文明单位""国家级水利工程管理单位""水利安全生产标准化一级单位""国家水利风景区""国家水情教育基地""全国水工程与水文化有机融合典型案例""全国中小学生研学实践教育基地""江苏省五一劳动奖状""江苏省精细化管理一级工程""江苏最美水地标水工程""档案工作先进单位"等荣誉。

高港泵站管理所先后获得"全国水利系统先进集体""全国模范职工小家""全国学习型先进班组""江苏省五一劳动奖状""江苏省工人先锋号""江苏省水利系统文明单位""全省水利系统先进单位""全省水利系统工程管理先进集体""全省水利系统防汛防旱先进集体"等荣誉号。

高港水闸管理所先后获得"全国职工职业道德建设百佳班组""江苏省工人先锋号""江苏省文明行业工作示范窗口单位""江苏省首批水利志愿服务站"等荣誉。

第二章

管理任务

一、编写原则

工作任务清单一般围绕单位的年度管理目标计划，结合工程日常管理工作进行编写，工作任务清单需按照工程实际每年制定，发生变化时及时修订。

二、任务清单分类

工作任务清单分为控制运用、工程检查、工程观测、维修养护、安全管理、制度建设、教育培训、档案管理、配套设施管理、水政管理、标志标牌管理和值班管理等。

第一节　泵站工程年度工作任务清单

一、控制运用

1. 控制运用任务清单分为开机运行任务清单与引水运行任务清单。
2. 控制运用任务清单主要包括调度管理指令执行、运行值班等。
3. 开机运行任务清单见表2-1，引水运行任务清单见表2-2。

表 2-1　开机运行任务清单

任务名称		工作内容	实施时间及频率	工作要求及成果	责任岗位
调度管理		接收指令	按调度指令	接收处防办调度指令	所长
		确定方案		根据调度指令、高港泵站运行规程，确定开启具体机组台数和运行工况	分管副所长
		指令执行		执行开、停机，工况调节指令，填写调度运用记录	运行班组
		指令回复		执行完毕后，向处防办回复指令执行情况	所长
开机	准备	组织人员	操作前	编排值班表，运行人员配置到位	分管副所长
		工程检查		设备和设施完好，绝缘符合要求，联动正常，填写检查记录	运行班组
		辅机系统运行		开启供水泵，辅机系统运行正常	

续表

任务名称		工作内容	实施时间及频率	工作要求及成果	责任岗位
开机	操作	主机投运	按照运行方案	填写主机开机操作票,通知水文站机组投运情况	运行班组
		工情、水情检查		对主辅机设备运行情况、水位、流态等水情进行检查	
		指令执行回复		及时向所长汇报开机指令执行情况	
停机	操作	主机停运	按调度指令	填写主机停机操作命令票,通知水文站机组停运情况	运行班组
		辅机停运		停辅机系统	
		工程检查		检查工程设备设施情况,填写检查记录	
		指令执行回复		向处防办汇报停机指令执行情况	
运行值班	值班管理	人员到岗	开机运行值班期间	运行人员到岗检查	值班所长 运行班组
		制度执行		严格执行岗位责任制、值班运行制度等	
		交接班		严格执行交接班制度	
		值班记录		填写开机运行值班记录	
		环境卫生		环境整洁,物品摆放在指定位置	
	运行监视	监视水位、流量、功率、电流、油温及瓦温等运行参数,视频监控	开机运行期间	严格按照运行值班工作标准执行	运行班组
	巡视检查	主机泵、主变压器、干式变压器、电气设备、辅助设备、厂房、上下游翼墙、上下游水流形态、漂浮物等	2小时1次 特殊情况增加频次	巡查路线、巡查周期和频次、巡查内容及要求参照工程检查内容	
		巡查记录		填写巡查记录	
		异常情况报告		重大事项及时向所长汇报	

表2-2 引水运行任务清单

任务名称	工作内容	实施时间及频率	工作要求及成果	责任岗位
调度管理	接收指令	按调度指令	接收处防办调度指令	所长
	确定方案		确定用泵站下层流道引水	
	指令执行回复		及时向处防办汇报引水指令执行情况,填写调度指令执行回执	
运行准备	组织人员	按调度指令	编排值班表,运行人员配置到位	分管副所长
	设施检查	按调度指令	打电话通知船闸管理所、水政科,确保上下游管理范围没有船只	值班人员

续表

任务名称	工作内容	实施时间及频率	工作要求及成果	责任岗位
启闭操作	闸门启闭	按调度指令操作过程操作结束	按运行操作规程进行启闭，填写开闸操作票或关闸操作票	值班人员
	工况巡视		观察上下游水位和流态，核对流量和闸门开高	
值班管理	人员到岗	引水运行期	值班人员到岗检查	值班长值班人员
	制度执行		严格执行岗位责任制、值班运行制度等	
	交接班		严格执行交接班制度	
	值班记录		填写值班记录	
	环境卫生		环境整洁，物品摆放在指定位置	

二、工程检查

1. 工程检查分为日常检查、定期检查和专项检查。

2. 日常检查分为日常巡查和经常检查。日常巡查主要是对泵站管理范围内的建筑物、设备、设施、工程环境进行巡视检查。经常检查主要对水工建筑物各部位、变压器、机组、闸门、启闭机、观测设施、通信设施、管理设施及管理范围内的河道、堤防和水流形态等进行检查。

3. 定期检查分为汛前检查、汛后检查、水下检查、试验检测等。

① 汛前检查：着重检查工程度汛准备情况和安全度汛措施的落实情况。对工程各部位和设施进行详细检查，并对主、辅机，站变、高、低压电器设备，微机监控系统等进行全面检查。

② 汛后检查：着重检查工程和设备度汛后的变化和损坏情况。

③ 水下检查：站身底板、伸缩缝完好情况，拦污栅是否变形，是否存在杂物卡阻现象。

④ 试验检测：主要包括电气试验、常用测量工具校验、特种设备检验和安全用具校验等。

4. 专项检查：当泵站超标准运用，遭受地震、风暴潮、台风或其他自然灾害时，必须对工程及设备进行检查，检查由管理所组织专业人员进行。对发现的问题应进行分析，编写专项检查报告，制定修复方案和计划，报管理处工程管理科（以下简称"处工管科"）。

5. 日常检查任务清单见表2-3，定期及专项检查任务清单见表2-4，汛前检查任务清单见表2-5，汛后检查任务清单见表2-6，试验检测任务清单见表2-7。

表 2-3　日常检查任务清单

任务名称		工作内容	实施时间及频率	工作要求及成果	责任岗位
日常检查	日常巡查	检查主机泵、主变压器、电气设备、辅助设备、厂房、上下游翼墙、上下游河道及两岸浆砌、护坡的工程状况，检查管理范围内有无违章情况；运行期间除检查上述项目外，还应检查河道水流状态、漂浮物及船只进出水河道禁区情况	每日2次	每日8点、18点按规定巡视路线及检查内容进行检查，填写日常巡查记录表，当下层流道大流量引水时或遭受不利因素影响时，对容易发生问题的部位应加强检查观察	值班长值班人员
	经常检查		每周五	按规定巡视路线及检查内容进行检查，填写经常检查记录表	值班长值班人员综合股

表 2-4　定期及专项检查任务清单

任务名称		工作内容	实施时间及频率	工作要求及成果	责任岗位
定期检查	汛前检查	检查建筑物、设备、设施状况，对电气设备和防雷设施进行预防性试验，并进行试运行；检查维修养护工程和度汛应急工程完成情况，安全度汛存在的问题及解决措施，防汛工作准备情况	3月底前完成	填写定期检查报告书和工程定期检查记录表，对检查发现的安全隐患或故障，应及时进行维修；对影响工程安全运行一时又无法解决的问题，应制定好应急抢险方案	所长副所长泵站运行工
	汛后检查	检查工程和设备度汛后的变化和损坏情况	10月底前完成	着重检查建筑物、设备、设施度汛后的变化和损坏情况，填写工程定期检查记录表，编写定期检查报告书	
	水下检查	检查站身底板、伸缩缝等的完好情况，拦污栅是否变形或存在杂物卡阻现象	4月底前完成	由专业潜水机构进行检查并提供水下检查报告，管理所进行资料汇总和分析整理	工程股
专项检查		工程及设备侧重性或全面性检查	遇特大洪水、超标准运用、台风、风暴潮、地震或重大工程事故时	对检查发现的安全隐患或故障，及时安排进行抢修；对影响工程安全运行一时又无法解决的问题，制定好应急抢险方案，并上报处工管科，编报专项检查报告	分管副所长技术人员检查人员

表 2-5　汛前检查任务清单

工作名称	工作内容	实施时间及频率	工作要求及成果	责任岗位
汛前检查	制定工作计划，成立工作组	1月底前完成	管理所成立汛前准备工作组，制定工作计划	所长
	制定任务清单，实施工作计划		根据汛前检查工作计划制定任务清单，落实到具体实施人员，明确时间节点	分管副所长
	修订规章制度	3月底前完成	根据上年度制度评估情况，修订完善规章制度	综合股

续表

工作名称	工作内容	实施时间及频率	工作要求及成果	责任岗位
汛前检查	预案修订、演练、应急准备、防汛物资、备品备件	3月底前完成	修订防洪、防台应急预案，生产安全事故应急处置方案，报安监科审批；落实应急物资、防汛物资，储备备品备件；有针对性地开展预案演练	技术人员 泵站运行工
	准备汛前检查备查资料		收集整理各项汛前检查备查资料，形成档案	
	检查报告及总结		编写汛前检查报告、汛前检查工作总结，制作汛前检查PPT并上报处工管科	分管副所长 运行股
	检查考核	4月	自查、互查、接受省厅汛前检查组检查	所长 分管副所长
	问题整改	立即整改	按要求进行整改，向处工管科反馈完成情况	分管副所长 设备股

表2-6　汛后检查任务清单

工作名称	工作内容	实施时间及频率	工作要求及成果	责任岗位
汛后检查	工程检查	10月底前完成	检查工程和设备度汛后的变化和损坏情况	技术人员 泵站运行工
	维修养护		开展相关维修养护工作	
	上报检查报告		编写汛后检查报告并上报处工管科	所长
	制定下年度维修计划	10月底前完成	根据汛后检查情况，制定下年度维修养护计划，并上报处工管科	所长 技术人员

表2-7　试验检测任务清单

项目名称	项目内容	实施时间及频率	工作要求及成果	责任岗位
电气试验	主变压器	3月	委托相关专业单位进行校验并出具电气试验报告，管理所进行分析归档	设备股
	干式变压器			
	主电机			
	高压设备			
	低压设备			
	测量仪表			
	保护装置			
	工作接地			
常用测量工具	万用表	3月	委托相关专业单位进行校验并出具校验报告及张贴校验标志	设备股
	兆欧表			
	钳形电流表			

续表

项目名称	项目内容	实施时间及频率	工作要求及成果	责任岗位
特种设备检验	起重机械	7月	检验厂房内行车，特种设备检验单位出具特种设备检验报告	设备股
安全用具	绝缘手套、绝缘靴	3月 9月	由检测单位出具检验报告，检验合格后，管理所及时更新安全用具试验合格证书标签，按要求更换不合格产品，并重新试验	设备股
	验电器	3月		
	绝缘棒			
	安全帽、安全带	3月及每次使用前	由管理所对安全帽、安全带进行外观和时效性检查，产品生产许可证、产品合格证和安全鉴定合格证书齐全	安全员

三、工程评级

工程评级任务清单见表2-8。

表2-8 工程评级任务清单

工作名称	工作内容	实施时间及频率	工作要求及成果	责任岗位
评级准备	成立评级小组	3月初	制定工程评级工作计划	所长
工程评级	机电设备评级	3月底前完成	对主水泵、主电机、闸门、启闭机、主变压器、站用变压器、所用变压器、高低压设备、励磁装置、保护装置、辅助设备、金属结构、自动化监控系统等进行评级	设备股 工程股 评级小组成员
	水工建筑物评级		对建筑物部分、进出水流道、进出水池、上下游翼墙、附属建筑物和设备、上下游引河、护坡进行评级	
成果认定	编写自评报告	3月底前完成	完成自评报告，报处工管科	所长

四、工程观测

泵站工程观测任务清单见表2-9。

表2-9 工程观测任务清单

任务名称	工作内容	实施时间及频率	工作要求及成果	责任岗位
工程观测	编制观测任务书	1月初	明确观测项目、观测时间与测次、观测方法与精度、观测成果要求等，报处工管科批准	工程股
	仪器校验	3月初	对电子水准仪进行校验	

续表

任务名称	工作内容	实施时间及频率	工作要求及成果	责任岗位
工程观测	垂直位移工作基点考证	逢五逢十年汛前完成	从国家点进行一等水准观测	工程股
	垂直位移	3月底前完成 10月底前完成	进行二等水准观测，及时整理分析观测数据	
	测压管水位	每月2次	每月阴历初三、十八及时整理分析观测数据	
	测压管管口高程考证	3月底前完成	进行四等水准观测，及时整理分析观测数据	
	测压管灵敏度试验	逢五逢十年4月底前完成	进行灵敏度试验，及时整理分析观测数据	
	断面桩桩顶高程考证	逢五逢十年4月底前完成	进行四等水准观测，及时整理分析观测数据	
	引河河床变形	4月底前完成 10月底前完成	汛前观测上下游，汛后观测下游，及时整理分析观测数据	
	建筑物伸缩缝	每季度1次	每季度第二个月月末观测伸缩缝变形，及时整理分析观测数据	
	堤防垂直位移	11月底前完成	进行四等水准观测，及时整理分析观测数据	
	堤防测压管水位	每月2次	每月初三、十八观测堤防测压管水位，及时整理分析观测数据	
	堤防测压管管口高程考证	11月底前完成	进行四等水准观测，及时整理分析观测数据	
资料整理	资料整编	7月底 12月底	资料互审	
	资料刊印	省厅审查后	完善观测资料后装订成册，并提交管理处	
	观测工作完成情况	每季度	每季度第三个月月末填报观测工作季度完成情况表	
	大型闸站工程观测报表	6月底 12月底	填报大型闸站工程观测数据报表	

五、维修养护

项目管理任务清单见表2-10，维修养护任务清单见表2-11。

表2-10 项目管理任务清单

任务名称	工作内容	实施时间及频率	工作要求及成果	责任岗位
项目管理	编报养护维修计划	养护项目按季度维修项目根据实施方案项目批复	根据相关定额编制工程养护维修计划	所长 副所长 技术人员
	实施准备		组织人员实施，或按规定选择实施队伍和物资采购	
	项目实施		对项目实施的进度、质量、安全、经费、档案资料进行管理	

续表

任务名称	工作内容	实施时间及频率	工作要求及成果	责任岗位
项目管理	项目验收	养护项目按季度维修项目根据实施方案项目批复	项目完工后，及时组织项目结算、审计及竣工验收	所长 副所长 技术人员
	项目管理卡		形成项目管理卡	
	绩效评价		开展项目绩效评价报告，接受上级部门审计、评价	

表2-11 维修养护任务清单

任务名称		工作内容	实施时间及频率	工作要求及成果	责任岗位
养护	水工建筑物养护	土工建筑物	发现缺损及时处理	堤防缺陷及时处理，护坡完好、整洁、植被完好；砌石护坡经常清扫，保持表面整洁；及时修复建筑物局部破损；及时打捞、清理漂浮物；填写水工建筑物养护记录	工程股
		石工建筑物			
		混凝土建筑物			
		防渗排水设施及伸缩缝			
		泵房			
	机电设备养护	主变压器	汛前、汛后全面养护各一次，日常管理发现缺陷及时修复	对变压器、动力柜、配电柜、开关柜清扫瓷套管和外壳灰尘、油迹，检查高低压套管有无破裂、放电痕迹、发热变色；检查螺丝是否紧固；保障触点牢靠，仪表正常，无灰尘；填写设备设施修试记录	运行股 设备股 泵站运行工
		干式变压器			
		高压动力柜			
		低压配电柜			
		现地控制柜			
		微机采集柜			
		主机组	汛前、汛后，试机、开机运行	汛前、汛后对设备进行全面养护、对试机和开机中发现的问题集中处理，填写设备设施修试记录	
		闸门	汛前、汛后各一次，日常管理发现问题及时修复	对钢质承重机构、行走支承装置、止水装置、防腐涂层等进行养护	
		启闭机		对机体、机架、防护罩、机械传动装置、制动装置、开式齿轮及钢丝绳、闸门开度指示器等进行养护	
		供水泵	汛前、汛后各一次	运行工作正常，漏水及时处理，油漆除锈	
		清污机、输送机		防腐涂漆处理，检查传送机构、制动器、齿耙，修整磨损皮带接口	
		拦河设施	每月1次	每月20日进行检查，保持完好，损坏及时恢复	
	通信及监控设施	监控、视频系统	每月1次	每月底对微机监控、视频监视系统的运行系统进行全面维护，对基本性能与重要功能进行测试；保证系统运行正常，每月底对监控数据进行备份	运行股
		备用对讲机	每季度1次	第一个月第一周周五检查、充电	

续表

任务名称		工作内容	实施时间及频率	工作要求及成果	责任岗位
养护	工程观测设施养护	垂直位移观测标点	每月1次	每月最后一周周五进行检查,根据需要补设标点,保持设施和编号完整、清洁	工程股
		测压管			
		断面桩			
		伸缩缝观测标点			
维修		维修项目实施	项目下达后	按照项目管理要求实施	项目负责人
		编制维修项目计划	10月底前完成	编制项目实施方案及经费预算,上报处工管科	所长技术人员

六、安全管理

安全管理任务清单见表2-12。

表2-12 安全管理任务清单

工作名称	工作内容	实施时间及频率	工作要求及成果	责任岗位
目标职责	工作目标	1月初	制定、分解年度目标	所长副所长综合股
			签订安全生产责任状	
		适时	目标评估及调整	
		每季度末	目标完成情况考核	
	机构和职责	及时调整	调整工作小组	
	安全生产投入	1月底前完成	制定安全生产费用使用计划	
		及时	更新台账	
	安全文化建设	1月底前完成	制定年度安全文化建设计划	
		适时	按年度计划开展安全文化活动	
	信息化建设	每月底	填报水利部安全生产信息管理系统相关报表	
		每月底	更新精细化平台中安全生产台账	
制度化管理	法规标准识别	12月底	识别、获取、发放相关法律法规及其他	副所长综合股
	文档管理	每月底	收集整理安全生产台账	
教育培训	制定年度教育培训计划	1月初	制定安全教育培训计划	综合股
	人员教育培训	每月1次	对主要负责人和安全员及职工进行培训	
		适时	做好相关方和外来人员安全教育、告知	
现场管理	设施设备管理	每10年1次	开展安全鉴定,收集除险加固资料	设备股工程股
		每年1次	做好特种设备、电气设备检验检测	
		适时	按工程管理规定开展各项工作,并做好相关记录	

续表

工作名称	工作内容	实施时间及频率	工作要求及成果	责任岗位
现场管理	作业行为	适时	按标准开展管理和作业，并做好相关记录	技术负责人安全员
		每半年1次	规范设置安全警示标志和职业病危害警示标识，并做好检查记录	
		适时	做好作业安全交底，收集相方和相关人员的资质证书和安全生产作业许可证，签订安全协议	
		适时	做好施工过程安全监督	
	职业健康	适时	配备职业健康保护设施、工具和用品，并规范使用；指定专人保管，定期校验和维护，做好相关记录	综合股
安全风险管控及隐患排查治理	安全风险管理	每季度末	危险源辨识及风险评价	综合股
		适时	对确认的危险源制定安全管理技术措施、风险告知等	
		4月底前完成	安全风险评估	
		适时	动态更新	
	重大危险源辨识和管理	每季度末	危险源辨识及风险评价	
		适时	对确认的危险源制定安全管理技术措施、应急预案和风险告知，建立台账并上报	
	隐患排查治理	工程管理及上级要求	隐患排查	副所长综合股
		及时	隐患治理	
		及时	验收与评估	
		每月底	信息上报	
	预警预测	每季度末	安全生产风险分析、预测	
		及时	安全预警信息发布	
应急管理	应急准备	及时	调整应急组织	所长技术人员
		3月底前完成	修订应急预案	
		3月底前完成	完善应急设施物资	
		及时	根据计划开展应急演练	
	应急处置	及时	根据预案启动或结束应急响应	
	应急评估	12月底	评估应急准备和应急处置	
事故查处	事故报告	及时	发生事故，及时报告	所长综合股
	零事故报告	每月底	由安全信息员通过信息系统上报	
持续改进	绩效评定	12月底	全面评价安全标准化信息管理体系运行情况，并形成正式文件	所长综合股
	持续改进	12月底	根据评定结果，拟定下年度工作计划	

七、制度管理

1. 制度管理任务清单主要包括制度编制、修订完善、制度有效性评估、执行效果评估。

2. 制度管理任务清单见表 2-13。

表 2-13　制度管理任务清单

工作名称	工作内容	实施时间及频率	工作要求及成果	责任岗位
制度管理	制定计划	1月初	制定修改完善计划，明确修订项目、内容及节点时间	所长 技术人员
	修订完善	3月底前完成	根据评价报告和管理条件变化情况，对各项制度进行修订完善	
	制度执行	全年	严格执行各项规章制度，形成过程资料	
	有效性评估	12月底	检查制度与适用的法律法规、标准规范及其他要求的符合性情况，据此进行修订	
	执行情况评估	12月底	对执行效果进行总结评估，形成评价报告	

八、教育培训

1. 教育培训任务包括制订年度培训计划，开展在岗人员专业技术和业务技能的学习与培训，每年对教育培训效果进行评估和总结，建立教育培训台账。

2. 教育培训任务清单见表 2-14。

表 2-14　教育培训任务清单

工作名称	工作内容	实施时间及频率	工作要求及成果	责任岗位
教育培训	制定年度培训计划	1月初	制订并上报年度教育培训计划	分管副所长
	制定月培训计划	每月初	根据年度培训计划，结合实际需要	主讲人
	开展教育培训	每月至少1次	开展职工岗位培训，法律法规、安全生产、规章制度、操作规程、专业技能、新技术、新知识等培训，每次培训后评估培训效果	高级技师 技术责任人
	新员工岗位培训	适时	与本岗位有关的岗位责任、规章制度、操作规程	高级技师 技术责任人
	特种作业	12月底	高压电工作业证、低压电工作业证、特种设备作业人员证（Q1和Q4）、建筑物消防员证复审	综合股
	总结	12月底	对当年教育培训进行统计、总结	综合股

九、档案管理

1. 根据技术资料存档制度、技术资料管理制度、技术资料查阅制度、技术资料销毁制度、电子资料管理制度等，收集、整理、归档各类资料档案。
2. 保持资料室内设施完好，环境整洁。
3. 档案管理任务清单见表2-15。

表2-15 档案管理任务清单

任务名称	工作内容	实施时间及频率	工作要求及成果	责任岗位
档案管理	档案收集整理	每月底	收集整理运行管理资料	运行股 设备股 工程股 综合股 档案管理员
		每月底	收集整理工程检查资料	
		每季度	每季度第三个月月末收集整理维修养护资料	
		每季度	每季度第三个月月末收集整理工程观测资料	
		每季度	每季度第三个月月末收集整理技术图表、音像资料同步	
	保管与保护	每月初	检查资料室温度、湿度，做好温湿度、借阅等记录	
	归档提交	12月底	对本年度档案资料进行全面检查归档，重要档案资料提交处档案室	

十、水政管理

1. 水行政执法人员定期开展水政巡查和水法规宣传，对发现的水事违法行为依法依规上报水政科，维护管理范围良好的水事秩序。
2. 水政管理任务清单见表2-16。

表2-16 水政管理任务清单

工作名称	工作内容	实施时间及频率	工作要求及成果	责任岗位
水政管理	日常巡查	每月2次	每月15日、30日进行巡查，发现水事违法行为立即制止，并上报水政科	水行政执法人员
	水法宣传及培训	3月	水法宣传、开展"世界水日""中国水周"宣传活动	所长 水行政执法人员

十一、标志标牌管理

1. 高港闸站工程设有标志标牌225个，按照《水闸泵站标志标牌规范》（DB32/T 3839-2020）进行管理。
2. 标志标牌管理任务清单见表2-17。

表 2-17 标志标牌管理任务清单

任务名称	工作内容	实施时间及频率	工作要求及成果	责任岗位
标志标牌管理	检查维护	每季度	每季度第一个月 20 日检查标志标牌是否完好，填写标志标牌检查维护记录表	综合股
	制作安装	适时	根据工程实际需要	

第二节　水闸工程年度工作任务清单

一、控制运用

1. 引水运行任务清单主要包括调度管理、运行准备、启闭操作和值班管理等。
2. 引水运行任务清单见表 2-18。

表 2-18　引水运行任务清单

任务名称	工作内容	实施时间及频率	工作要求及成果	责任岗位
调度管理	接收指令	按调度指令	接收处防办调度指令	所长
	确定方案		确定用节制闸引水	
	指令执行回复		及时向处防办汇报引水指令执行情况，填写调度指令执行回执	
运行准备	组织人员	按调度指令	编排值班表，运行人员配置到位	分管副所长
	设施检查		打电话通知船闸、水政科，确保上下游管理范围没有船只	值班人员
启闭操作	闸门启闭	按调度指令 操作过程 操作结束	按运行操作规程进行启闭，填写开闸操作票或关闸操作票	值班人员
	工况巡查		观察上下游水位和流态，核对流量和闸门开高	
值班管理	人员到岗	引水运行期	运行人员到岗检查	值班人员
	制度执行		严格执行岗位责任制、值班运行制度等	
	交接班		严格执行交接班制度	
	值班记录		填写值班记录	
	环境卫生		环境整洁，物品摆放在指定位置	

二、工程检查

1. 工程检查分为日常检查、定期检查、专项检查。

2. 日常检查分为日常巡查和经常检查。日常巡查主要是对管理所管理范围内的建筑物、设备、设施、工程环境进行巡视检查。经常检查主要对水工建筑物各部位、闸门、启闭机、观测设施、通信设施、管理设施及管理范围内的河道、堤防和水流形态等进行检查。

3. 定期检查分为汛前检查、汛后检查、水下检查、试验检测等。

① 汛前检查：着重检查工程度汛准备情况和安全度汛措施的落实情况。对工程各部位和设施进行详细检查，并对电气设备、微机监控系统等进行全面检查。

② 汛后检查：着重检查工程和设备度汛后的变化和损坏情况。

③ 水下检查：主要检查检查闸底板、工作门槽、检修门槽、消力池、翼墙、海漫及防冲槽情况，消除工程隐患。

④ 试验检测：主要包括电气试验、常用测量工具和安全用具校验等。

4. 专项检查：当水闸超标准运用，遭受地震、风暴潮、台风或其他自然灾害时，必须对工程及设备进行检查，检查由管理所组织专业人员进行。对发现的问题应进行分析，编写专项检查报告，制定修复方案和计划，报处工管科。

5. 日常检查任务清单见表2-19，定期及专项检查任务清单见表2-20，汛前检查任务清单见表2-21，汛后检查任务清单示见表2-22，试验检测任务清单见表2-23。

表2-19 日常检查任务清单

任务名称		工作内容	实施时间及频率	工作要求及成果	责任岗位
日常检查	日常巡查	检查设备、设施是否完好，工程运行状态是否正常，检查管理范围内有无违章情况；运行期间除检查上述项目外，还应检查河道水流状态、漂浮物及船只进出水河道禁区情况	每日2次	每日8点、18点按规定巡视路线及检查内容进行检查，填写巡视记录，当水闸引水流量超350 m^3/s 时或遭受不利因素影响时，对容易发生问题的部位应加强检查观察	值班长 值班人员
	经常检查		每周五	按规定巡视路线及检查内容进行检查，填写经常检查记录表	值班长 值班人员 综合股

表2-20 定期及专项检查任务清单

任务名称		工作内容	实施时间及频率	工作要求及成果	责任岗位
定期检查	汛前检查	检查建筑物、设备设施状况，对电气设备和防雷设施进行预防性试验，并进行试运行；检查维修养护工程和度汛应急工程完成情况，安全度汛存在的问题及解决措施，防汛工作准备情况	3月底前完成	填写工程定期检查记录表，对检查发现的安全隐患或故障，应及时安排进行维修；对影响工程安全运行一时又无法解决的问题，应制定好应急抢险方案	所长 副所长 闸门运行工

续表

任务名称		工作内容	实施时间及频率	工作要求及成果	责任岗位
定期检查	汛后检查	检查工程和设备度汛后的变化和损坏情况	10月底前完成	着重检查建筑物、设备、设施度汛后的变化和损坏情况，填写定期检查报告书和工程定期检查记录表	所长 副所长 闸门运行工
	水下检查	检查水闸底板、门槽、消力池等水下设施	4月底前完成	由专业潜水机构进行检查并提供水下检查报告，管理所进行资料汇总和分析整理	工程股
专项检查		工程及设备侧重性或全面性检查	遇特大洪水、超标准运用、台风、风暴潮、地震或重大工程事故时	对检查发现的安全隐患或故障，及时安排进行抢修；对影响工程安全运行一时又无法解决的问题，制定好应急抢险方案，并上报处工管科，编报专项检查报告	分管副所长 技术人员 检查人员

表2-21　汛前检查任务清单

工作名称	工作内容	实施时间及频率	工作要求及成果	责任岗位
汛前检查	制定工作计划，成立工作组	1月底前完成	管理所成立汛前准备工作组，制定工作计划	所长
	制定任务清单，实施工作计划		根据汛前检查工作计划制定任务清单，落实到具体实施人员，明确时间节点	分管副所长
	修订规章制度	3月底前完成	根据上年度制度评估情况，修订完善规章制度	综合股
汛前检查	预案修订、演练、应急准备、防汛物资、备品备件	3月底前完成	修订防洪、防台应急预案，生产安全事故应急处置方案，报安监科审批；落实应急物资、防汛物资，储备备品备件；有针对性地开展预案演练	技术人员 闸门运行工
	准备汛前检查备查资料		收集整理各项汛前检查备查资料，形成档案	
	检查报告及总结		编写汛前检查报告、汛前检查工作总结，制作汛前检查PPT并上报处工管科	分管副所长
	检查考核	4月	自查、互查、接受省厅汛前检查组检查	所长 分管副所长
	问题整改	立即整改	按要求进行整改，向处工管科反馈完成情况	分管副所长 设备股

表2-22　汛后检查任务清单

工作名称	工作内容	实施时间及频率	工作要求及成果	责任岗位
汛后检查	工程检查	10月底前完成	检查工程和设备度汛后的变化和损坏情况	技术人员 闸门运行工
	维修养护		开展相关维修养护工作	
	上报检查报告		编写汛后检查报告并上报处工管科	所长
	制定下年度维修计划	10月底前完成	根据汛后检查情况，制定下年度维修养护计划，并上报处工管科	所长 技术人员

表 2-23 试验检测任务清单

项目名称	项目内容	实施时间及频率	工作要求及成果	责任岗位
电气试验	低压设备	3月	委托相关专业单位进行校验并出具电气试验报告，高港泵站管理所进行分析归档	设备股
	电气设备			
	工作接地			
常用测量工具	万用表	3月	委托相关专业单位进行校验并出具校验报告及张贴校验标志	设备股
	兆欧表			
	钳形电流表			
安全用具	绝缘手套、绝缘靴	3月 9月	由检测单位出具检验报告，检验合格后，管理所及时更新安全用具试验合格证书标签，按要求更换不合格产品，并重新试验	设备股
	验电器	3月		
	绝缘棒			
	安全帽	3月及每次使用前	由管理所对安全帽、安全带进行外观和时效性检查，产品生产许可证、产品合格证和安全鉴定合格证书齐全	安全员

三、设备评级

设备评级任务清单如表 2-24 所示。

表 2-24 工程评级任务清单

工作名称	工作内容	实施时间及频率	工作要求及成果	责任岗位
评级准备	成立评级小组	3月初	制定设备评级工作计划	所长
设备评级	机电设备评级	3月底前完成	对闸门、启闭机、电气设备等进行评级	设备股评级小组
成果认定	编写自评报告	3月底前完成	完成自评报告，报处工管科	所长

四、工程观测

水闸工程观测任务清单见表 2-25。

表 2-25 工程观测任务清单

任务名称	工作内容	实施时间及频率	工作要求及成果	责任岗位
工程观测	编制观测任务书	1月初	明确观测项目、观测时间与测次、观测方法与精度、观测成果要求等，报处工管科批准	工程股
	仪器校验	3月初	对电子水准仪进行校验	
	垂直位移工作基点考证	逢五逢十年汛前完成	从国家点进行一等水准观测	
	垂直位移	3月底前完成 10月底前完成	进行二等水准观测，及时整理分析观测数据	

续表

任务名称	工作内容	实施时间及频率	工作要求及成果	责任岗位
工程观测	测压管水位	每月2次	每月阴历初三、十八进行测量并及时整理分析观测数据	工程股
	测压管管口高程考证	3月底前完成	进行四等水准观测，及时整理分析观测数据	
	测压管灵敏度试验	逢五逢十年4月底前完成	进行灵敏度试验，及时整理分析观测数据	
	断面桩桩顶高程考证	逢五逢十年4月底前完成	进行四等水准观测，及时整理分析观测数据	
	引河河床变形	4月底前完成 10月底前完成	汛前观测上下游，汛期观测下游，及时整理分析观测数据	
	建筑物伸缩缝	每季度1次	每季度第二个月月末观测伸缩缝变形，及时整理分析观测数据	
资料整理	资料整编	7月底 12月底	资料互审	
	资料刊印	省厅审查后	完善观测资料后装订成册，并提交管理处	
	观测工作完成情况	每季度	每季度第三个月月末填报观测工作季度完成情况表	
	大型闸站工程观测报表	6月底 12月底	填报大型闸站工程观测数据报表	

五、维修养护

项目管理任务清单见表 2-26，维修养护任务清单见表 2-27。

表 2-26 项目管理任务清单

任务名称	工作内容	实施时间及频率	工作要求及成果	责任岗位
项目管理	编报养护维修计划	养护项目按季度维修项目根据实施方案项目批复	根据相关定额编制工程养护维修计划	所长 副所长 技术人员
	实施准备		组织人员实施，或按规定选择实施队伍和物资采购	
	项目实施		对项目实施的进度、质量、安全、经费、档案资料进行管理	
	项目验收		项目完工后，及时组织项目结算、审计及竣工验收	
	项目管理卡		形成项目管理卡	
	绩效评价		开展项目绩效评价报告，接受上级部门审计、评价	

表 2-27 维修养护任务清单

任务名称		工作内容	实施时间及频率	工作要求及成果	责任岗位
养护	水工建筑物养护	土工建筑物	发现缺损及时处理	堤防缺陷及时处理，护坡完好、整洁、植被完好；局部缺损及时处理；砌石护坡经常清扫，保持表面整洁；及时修复建筑物局部破损；及时打捞、清理水闸前积存的漂浮物；填写水工建筑物养护记录	工程股
		石工建筑物			
		混凝土建筑物			
		防渗排水设施及伸缩缝			
		闸室			
	机电设备养护	低压配电柜	汛前、汛后全面养护各一次，日常管理发现缺陷及时修复	对动力柜、配电柜、开关柜清扫瓷套管和外壳灰尘、油迹，检查高低压套管有无破裂、放电痕迹、发热变色；检查螺丝是否紧固；保障触点牢靠，仪表正常，无灰尘；填写设备设施修试记录	运行股 设备股 闸门运行工
		现地控制柜			
		微机采集柜			
		闸门	汛前、汛后各一次，日常管理发现问题及时修复	对钢质承重机构、行走支承装置、止水装置、防腐涂层等进行养护	
		启闭机		对机体、机架、防护罩、机械传动装置、制动装置、开式齿轮及钢丝绳、闸门开度指示器等进行养护	
		拦河设施	每月1次	每月20日进行检查，保持完好，损坏及时恢复	
养护	通信及监控设施	监控、视频系统	每月底1次	对微机监控、视频监视系统的运行系统进行全面维护，对基本性能与重要功能进行测试；保证系统运行正常，每月底对监控数据进行备份	运行股
		备用对讲机	每季度1次	第一个月第一周周五进行检查、充电	
	工程观测设施养护	垂直位移观测标点	每月1次	每月最后一周周五进行检查并根据需要补设标点，保持设施和编号完整、清洁	工程股
		测压管			
		断面桩			
		伸缩缝观测标点			
维修		维修项目实施	项目下达后	按照项目管理要求实施	项目负责人
		编制维修项目计划	10月底前完成	编制项目实施方案及经费预算，上报处工管科	所长 技术负责人 技术人员

六、安全管理

安全管理任务清单见表 2-28。

表 2-28 安全管理任务清单

工作名称	工作内容	实施时间及频率	工作要求及成果	责任岗位
目标职责	工作目标	1月初	制定、分解年度目标	所长 副所长 综合股
		1月初	签订安全生产责任状	
		适时	目标评估及调整	
		每季度末	目标完成情况考核	
	机构和职责	及时调整	调整工作小组	
	安全生产投入	1月底前完成	制定安全生产费用使用计划	
		及时	更新台账	
	安全文化建设	1月底前完成	制定年度安全文化建设计划	
		适时	按年度计划开展安全文化活动	
	信息化建设	每月底	填报水利部安全生产信息管理系统相关报表	
		每月底	更新精细化平台中安全生产台账	
制度化管理	法规标准识别	12月底	识别、获取、发放相关法律法规及其他	副所长 综合股
	文档管理	每月底	收集整理安全生产台账	
教育培训	制定年度教育培训计划	1月初	制定安全教育培训计划	综合股
	人员教育培训	每月	对主要负责人和安全员及职工进行培训	
		适时	做好相关方和外来人员安全教育、告知	
现场管理	设施设备管理	每10年1次	开展安全鉴定，收集除险加固资料	设备股 工程股
		每年1次	做好特种设备、电气设备检验检测	
		适时	按工程管理规定开展各项工作，并做好相关记录	
	作业行为	适时	按标准开展管理和作业，并做好相关记录	技术负责人 安全员
		每半年1次	规范设置安全警示标志和职业病危害警示标识，并做好检查记录	
		适时	做好作业安全交底，收集相关方和相关人员的资质证书和安全生产作业许可证，签订安全协议	
		适时	做好施工过程安全监督	
	职业健康	适时	配备职业健康保护设施、工具和用品，并规范使用；指定专人保管，定期校验和维护，做好相关记录	综合股
安全风险管控及隐患排查治理	安全风险管理	每季度末	危险源辨识及风险评价	综合股
		适时	对确认的危险源制定安全管理技术措施、风险告知等	
		4月底前完成	安全风险评估	
		适时	动态更新	
	重大危险源辨识和管理	每季度末	危险源辨识及风险评价	
		适时	对确认的危险源制定安全管理技术措施、应急预案和风险告知，建立台账并上报	

续表

工作名称	工作内容	实施时间及频率	工作要求及成果	责任岗位
安全风险管控及隐患排查治理	隐患排查治理	工程管理及上级要求	隐患排查	副所长 综合股
		及时	隐患治理	
		及时	验收与评估	
		每月底	信息上报	
	预警预测	每季度末	安全生产风险分析、预测	
		及时	安全预警信息发布	
应急管理	应急准备	及时	调整应急组织	所长 技术人员
		3月底前完成	修订应急预案	
		3月底前完成	完善应急设施物资	
		及时	根据计划开展应急演练	
	应急处置	及时	根据预案启动或结束应急响应	
	应急评估	12月底	评估应急准备和应急处置	
事故查处	事故报告	及时	发生事故,及时报告	所长 综合股
	零事故报告	每月底	由安全信息员通过信息系统上报	
持续改进	绩效评定	12月底	全面评价安全标准化信息管理体系运行情况,并形成正式文件	所长 综合股
	持续改进	12月底	根据评定结果,拟定下年度工作计划	

七、制度管理

1. 制度管理任务清单主要包括制度编制、修订完善、执行效果评估等。

2. 制度管理任务清单见表2-29。

表2-29 制度管理任务清单

工作名称	工作内容	实施时间及频率	工作要求及成果	责任岗位
制度管理	制定计划	1月初	制定修改完善计划,明确修订项目、内容及节点时间	所长 技术人员
	修订完善	3月底前完成	根据评价报告和管理条件变化情况,对各项制度进行修订完善	
	制度执行	全年	严格执行各项规章制度,形成过程资料	
	有效性评估	12月底	检查制度与适用的法律法规、标准规范及其他要求的符合性情况,据此进行修订	
	执行情况评估	12月底	对执行效果进行总结评估,形成评价报告	

八、教育培训

1. 教育培训任务包括制订年度培训计划,开展在岗人员专业技术和业务技能的学习与培训,每年对教育培训效果进行评估和总结,建立教育培训台账。

2. 教育培训任务清单见表 2-30。

表 2-30 教育培训任务清单

工作名称	工作内容	实施时间及频率	工作要求及成果	责任岗位
教育培训	制定年度培训计划	1月初	制订并上报年度教育培训计划	分管副所长
	制定月培训计划	每月初	根据年度培训计划，结合实际需要	主讲人
	开展教育培训	每月至少1次	开展职工岗位培训，法律法规、安全生产、规章制度、操作规程、专业技能、新技术、新知识等培训，每次培训后评估培训效果	高级技师技术责任人
	新员工岗位培训	适时	与本岗位有关的岗位责任、规章制度、操作规程	高级技师技术责任人
	特种作业	12月底	低压电工作业证、建筑物消防员证复审	综合股
	总结	12月底	对当年教育培训进行统计、总结	综合股

九、档案管理

1. 根据技术资料存档制度、技术资料管理制度、技术资料查阅制度、技术资料销毁制度、电子资料管理制度等，收集、整理、归档各类资料档案。

2. 保持资料室内设施完好，环境整洁。

3. 档案管理任务清单见表 2-31。

表 2-31 档案管理任务清单

任务名称	工作内容	实施时间及频率	工作要求及成果	责任岗位
档案管理	档案收集整理	每月底	收集整理运行管理资料	运行股设备股工程股综合股档案管理员
		每月底	收集整理工程检查资料	
		每季度	每季度第三个月月末收集整理维修养护资料	
		每季度	每季度第三个月月末收集整理工程观测资料	
		每季度	每季度第三个月月末收集整理技术图表、音像资料同步	
	保管与保护	每月初	检查资料室温度、湿度，做好温湿度、借阅等记录	
	归档提交	12月底	对本年度档案资料进行全面检查归档，重要档案资料提交处档案室	

十、水政管理

1. 水行政执法人员定期开展水政巡查和水法规宣传，对发现的水事违法行为依法依规上报水政科，维护管理范围良好的水事秩序。

2. 水政管理任务清单见表 2-32。

表 2-32　水政管理任务清单

工作名称	工作内容	实施时间及频率	工作要求及成果	责任岗位
水政管理	日常巡查	每月 2 次	每月 15 日、30 日进行巡查，发现水事违法行为立即制止，并上报水政科	水行政执法人员
	水法宣传及培训	3 月	水法宣传、开展"世界水日""中国水周"宣传活动	所长 水行政执法人员

十一、标志标牌管理

1. 高港闸站工程设有标志标牌 225 个，按照《水闸泵站标志标牌规范》（DB32/T 3839-2020）进行管理。

2. 标志标牌管理任务清单见表 2-33。

表 2-33　标志标牌管理任务清单

任务名称	工作内容	实施时间及频率	工作要求及成果	责任岗位
标志标牌管理	检查维护	每季度	每季度第一个月 20 日查标志标牌是否完好，填写标志标牌检查维护记录表	综合股
	制作安装	适时	根据工程实际需要	

第三节　船闸工程年度工作任务清单

一、调度运行

1. 调度运行任务清单包括调度管理和运行操作。

2. 高港船闸调度中心根据上下游船舶待闸、水位、设备运行等情况，及时制定船舶调度方案，一线、二线船闸上下游闸口管理员接到调度方案后，精准执行，做好设备设施的检查及启闭闸阀门等准备工作，并按照闸阀门启闭操作流程进行启闭。

3. 调度管理任务清单如表 2-34 所示，运行操作任务清单如表 2-35 所示。

表 2-34 调度管理任务清单

任务名称	工作内容	实施时间及频率	工作要求及成果	责任岗位
调度管理	船舶调度方案确定	当班期间	依据《高港船闸船舶运行调度作业指导书》，结合上下游船舶待闸情况及上下游水位等，利用高港船闸船舶收费调度管理信息系统，科学合理编制每闸船舶调度方案，线上流转至闸口管理员	所长 运调股 工班长
	方案执行	当班期间	闸口管理员按照调度方案，正确规范操作闸阀门，指挥船舶进出闸	工班长 调度员
	执行回复	当班期间	船舶进闸完毕后，在高港船闸船舶收费调度管理信息系统内进行过闸确认操作，船舶过闸流程结束	闸口管理员

表 2-35 运行操作任务清单

任务名称	工作内容	实施时间及频率	工作要求及成果	责任岗位
运行操作	准备工作	当班期间	检查闸阀门、液压启闭机等设备有无异常；检查本侧闸门前后现场情况是否满足闸阀门启闭及船舶进出条件	技术员 调度员
	启闭操作	当班期间	按运行操作流程进行闸阀门的启闭。观察上、下游水位和流态，核对水位、闸阀门开度等数据，如有异常及时向技术员反馈	闸口管理员
	当班管理	当班期间	查看设备设施，严格执行交接班制度，保持运行场所环境卫生、物品整洁	调度员
	故障处理	适时	对运行故障处置及时得当	所长 工技股

二、工程检查

1. 工程检查分为日常检查、定期检查和专项检查。

2. 高港船闸日常检查分为日常巡查、经常检查和月巡查。日常巡查一般为每日对高港一线、二线船闸工程管理范围内的建筑物、设备、设施、工程环境进行巡视检查。经常检查为每周对建筑物各部位、闸门、启闭机、机电设备、观测设施、通信设施、管理范围内的河道等进行检查。月巡查一般为每月对主要水工建筑物和关键电气设备进行详细检查。

3. 定期检查分为汛前检查、汛后检查、水下检查、试验检测等。

① 汛前检查：检查工程度汛准备工作和安全度汛措施的落实情况，着重检查建筑物、设备和设施的最新状况，安全度汛存在问题及措施。工作任务主要包括成立组织机构、制定工作计划、开展工程检查观测、设备维修养护、落实应急措施、收集整理资料、编制检查报告、开展专项考核和问题整改提高等。

② 汛后检查：着重检查建筑物、设备设施度汛后的变化和损坏情况。

③ 水下检查：主要检查一线、二线船闸工程闸门轨道、输水廊道等水下情况。

④ 试验检测：主要包括电气试验、常用测量工具校验、安全塔电梯设备检验和安全用具校验等。

4. 专项检查：发生地震、风暴潮、台风或其他自然灾害，或发生重大工程事故后进行的特别检查。

5. 日常检查任务清单见表 2-36，定期及专项检查任务清单见表 2-37，试验检测任务清单见表 2-38。

表 2-36 日常检查任务清单

任务名称	工作内容	实施时间及频率	工作要求及成果	责任岗位
日常检查	日常巡查	每日 1 次	按规定巡视路线检查建筑物各部位、闸阀门、启闭机、液压泵站、机电设备、观测设施、管理范围内河道和堤防等总体情况	技术员 运行人员 值班人员
	经常检查	每周 2 次	详细检查建筑物、启闭机、闸门、电气设备、运行工况、观测设施、管理设施等具体情况	技术员 值班人员
	月巡查	每月末	对主要水工建筑物和关键电气设备进行详细检查	技术员 值班人员

表 2-37 定期及专项检查任务清单

任务名称	工作内容	实施时间及频率	工作要求及成果	责任岗位
定期检查	汛前检查	3 月底前完成	检查建筑物、闸阀门、启闭机、液压泵站、电气设备、自动化系统等设备设施状况，对电气设备和防雷设施进行预防性试验，并进行试运行；检查维修养护工程和度汛应急工程完成情况，安全度汛存在的问题及解决措施，防汛工作准备情况 填写定期检查记录簿和工程定期检查记录簿，对检查发现的安全隐患或故障，应及时安排进行维修；对影响工程安全运行一时又无法解决的问题，应制定好应急抢险方案	技术负责人 技术员
			修订规章制度，收集整理汛前检查备查资料	所长 技术负责人
			修订防台应急预案、生产安全事故应急处置方案等，报安监科审批；落实防汛物资，储备备品备件；开展预案演练	所长 技术负责人 技术员 安全员
			编写汛前检查报告、汛前检查工作总结，制作汛前检查 PPT 并上报处工管科	所长 技术负责人
		4 月	自查、互查、接受省厅汛前检查组检查	所长 技术负责人
		4 月	按要求进行整改，向处工管科反馈完成情况	所长 技术负责人

续表

任务名称	工作内容	实施时间及频率	工作要求及成果	责任岗位
定期检查	汛后检查	10月	检查建筑物和设备设施度汛后的变化和损坏情况，填写专项检查记录簿	技术负责人技术员
	水下检查	每季度1次	检修闸门槽、闸门底枢、承压块、止水、门底限位、闸首淤积情况，阀门止水以及主、侧轨道和滚轮、输水廊道淤积情况等，编写水下检查报告	技术负责人技术员
专项检查	全面检查或重点检查	遇特大洪水、超标准运用、台风、风暴潮、地震或重大工程事故时	对检查发现的安全隐患或故障，及时安排进行抢修；对影响工程安全运行一时又无法解决的问题，制定好应急抢险方案，并上报处工管科，编报专项检查报告	技术负责人技术员

表 2-38 试验检测任务清单

任务名称	工作内容	实施时间及频率	工作要求及成果	责任岗位
安全用具	绝缘靴、绝缘手套	3月9月	工频耐压试验，检验合格后管理部门及时更新安全用具试验合格证书标签，按要求更换不合格产品，并重新试验	技术员
	绝缘杆	3月		
电气试验	智能仪表、监控设备、发电机、干式变压器、启闭设备、控制柜及控制箱等	3月	委托专业机构检测并出具电气试验报告，管理所进行分析归档	技术员
	高压开关柜及保护装置	3月		
	10 kV 线路氧化锌避雷器试验	3月		
	防雷接地检测	4月	委托专业机构检测并出具防雷（静电）装置检测报告，管理所归档	技术员
常用仪表	万用表兆欧表	3月	相关专业单位出具检测报告并张贴检验标志	技术员

三、设备评级

设备评级任务清单如表 2-39 所示。

表 2-39 设备评级任务清单

工作名称	工作内容	实施时间及频率	工作要求及成果	责任岗位
评级准备	成立评级小组	一般每2年开展1次，设备状况发生变化时，需及时评级	制定工程评级工作计划	所长工技股评级小组
设备评级	机电设备评级		对闸门、启闭机、电气设备等进行评级	
成果认定	编写自评报告		完成自评报告，报处工管科	

四、工程观测

1. 工程观测任务包括开展垂直位移、引河河床变形、建筑物伸缩缝和堤防垂直位移、堤防测压管水位观测，处理分析观测数据并及时进行资料汇编。

2. 工程观测任务清单见表2-40。

表2-40　工程观测任务清单

任务名称	工作内容	实施时间及频率	工作要求及成果	责任岗位
工程观测	编制观测任务书	1月	明确观测项目、观测时间与测次、观测方法与精度、观测成果要求等，报处工管科批准	技术负责人
	仪器校验	3月	对电子水准仪进行校验	技术负责人技术员
工程观测	垂直位移	每季度1次	进行三等水准观测，及时整理分析观测数据	技术负责人技术员
	引河河床变形	4月 10月	汛前观测上下游，汛后观测下游，及时整理分析观测数据	
	建筑物伸缩缝	每季度1次	观测伸缩缝变形，及时整理分析观测数据	
	堤防垂直位移	11月	进行四等水准观测，及时整理分析观测数据	
	堤防测压管水位	每月2次	观测堤防测压管水位，及时整理分析观测数据	
资料整理	资料整编	7月 12月	资料互审	技术负责人技术员
	资料刊印	省厅审查后	完善观测资料后装订成册，并提交管理处	
	观测工作完成情况	每季度	填报观测工作季度完成情况表	

五、维修养护

1. 船闸工程维修养护内容主要包括高港一线和二线船闸水工建筑物、堤防和引河工程、闸阀门、启闭机、液压设备、电气设备及通信设备等管理设施。

2. 维修养护任务清单见表2-41。

表2-41　维修养护任务清单

任务名称	工作内容	实施时间及频率	工作要求及成果	责任岗位
养护	水工建筑物	缺损及时处理	两岸护坡缺陷及时处理，护坡完好、整洁、植被完好；局部缺损及时处理；砌石护坡经常清扫，保持表面整洁；及时修复建筑物局部破损；及时打捞、清理闸前积存的漂浮物；出现破损或漏水及时处理	技术员
	闸阀门	每月1次，运行中根据运行情况确定养护频率	门叶面板、梁等保持清洁；及时紧固配齐松动或丢失的构件；行走支承装置定期清理，保持清洁；保持运转部位的加油设施完好、畅通，并定期加油；止水装置保持完好，撕裂破损及时修补；及时对防腐涂层进行养护	

续表

任务名称	工作内容	实施时间及频率	工作要求及成果	责任岗位
养护	卷扬式启闭机	每月1次，运行中根据运行情况确定养护频率	机体、机架、防护罩及时清理，保持清洁，防护罩固定到位；机械传动装置的转动部位选用合适的润滑油脂养护；油位应保持在上、下限之间，油质须合格；开度指示器定期修复、校验；制动装置经常维护，适时调整，液压制动器及时补油,定期清洗、换油；开式齿轮及钢丝绳定期紧固，涂抹润滑油脂，保持清洁	技术员
	液压启闭机	每月1次，运行中根据运行情况确定养护频率	油泵保持清洁；油位满足使用需求油质须合格；仪表定期修复、校验；活塞杆定期检查维护；设备表面及时清理，保持清洁	
	电气设备	每月1次，运行中根据运行情况确定养护频率	对干式变压器、动力柜、配电柜、开关柜清扫瓷套管和外壳灰尘、油迹，检查高低压套管有无破裂、放电痕迹、发热变色；检查螺丝是否紧固；保障触点牢靠，仪表正常，无灰尘	
	监控及视频信息化	每月2次	对微机监控、视频监视系统的运行系统进行全面维护，对基本性能与重要功能进行测试；系统运行正常	
	备用电源	每月1次	按发电机规程保养，每月试运行1次	
	工程观测设施	每月1次	垂直位移观测标点、河床断面桩、水位计等保持完好，损坏及时恢复	
	拦河设施	每月1次	保持完好，损坏及时恢复	
	管理设施（标牌、标色、警示牌等）	每2周1次	定期检查，及时完善更新	
维修	维修项目实施	项目下达后	按照项目管理要求实施	项目负责人
	编制维修项目计划	10月	编制项目实施方案及经费预算，上报处工管科	所长技术负责人技术员

六、安全管理

1. 安全生产任务包括安全管理和安全鉴定。

2. 安全管理任务按照安全生产标准化一级单位建设要求开展。

3. 安全管理任务清单见表2-42。

表2-42 安全管理任务清单

任务名称	工作内容	实施时间及频率	工作要求及成果	责任岗位
目标职责	工作目标	1月	制定、分解年度目标	所长安监股安全员
			签订安全生产责任状	
		适时	目标评估及调整	

续表

任务名称	工作内容	实施时间及频率	工作要求及成果	责任岗位
目标职责	工作目标	每季度12月	目标完成情况考核	所长 安监股 安全员
	机构和职责	及时调整	调整工作小组	
	安全生产投入	1月	制定安全生产费用使用计划	
		及时	更新台账	
目标职责	安全文化建设	1月	制定年度安全文化建设计划	所长 安监股 安全员
		适时	按年度计划开展安全文化活动	
	信息化建设	每月	填报安全生产信息系统相关报表	
		每月1次	更新管理信息平台中安全生产台账	
制度化管理	法规标准识别	12月	识别、获取、发放相关法律法规及其他	安监股
	文档管理	每月	收集整理安全生产台账	
教育培训	制定年度教育培训计划	1月	制定年度教育培训计划	所长 技术员
	人员教育培训	每月	对主要负责人和安全员及一般职工进行培训；做好相关方和外来人员安全教育、告知	
现场管理	设施设备管理	按规程	按规定进行注册、变更；开展安全鉴定，收集除险加固资料；做好特种设备、电气设备检验检测；按工程管理规定开展各项工作，并做好相关记录	安监股 工技股
	作业行为	适时	按标准开展管理和作业，并做好相关记录；规范设置安全警示标志和职业病危害警示标识，并做好检查记录；做好作业安全交底，收集相关方和相关人员的资质证书和安全生产作业许可证，签订安全协议；做好施工过程安全监督	技术员 安全员
	职业健康	适时	配备职业健康保护设施、工具和用品，并规范使用；指定专人保管，定期校验和维护，做好相关记录	技术员 安全员
安全风险管控及隐患排查治理	安全风险管理	适时	安全风险辨识	技术员 安监股
		4月	安全风险评估	
		适时	变更管理	
	重大危险源辨识和管理	适时	对确认的危险源制定安全管理技术措施、应急预案和风险告知，建立台账并上报	
	隐患排查治理	工程管理及上级要求	隐患排查	所长 安监股
		及时	隐患治理	
		及时	验收与评估	
		每月	信息上报	
	预警预测	及时	每月安全活动时进行风险分析、预测，及时预警	
应急管理	应急准备	及时	调整应急组织	所长 技术员
		4月	修订应急预案	
		4月	完善应急设施物资	
		及时	根据计划开展应急演练	

续表

任务名称	工作内容	实施时间及频率	工作要求及成果	责任岗位
应急管理	应急处置	及时	根据预案启动或结束应急响应	所长安监股
	应急评估	年底	评估应急准备和应急处置	
事故查处	事故报告	及时	发生事故，及时报告	所长技术员
	零事故报告	每月	由安全信息员通过信息系统上报	
持续改进	绩效评定	12月	全面评价安全标准化信息管理体系运行情况，并形成正式文件	所长安监股
	持续改进	全年	根据评定结果，拟定下年度工作计划	

七、制度管理

1. 制度管理任务清单主要包括规章制度、管理细则、管理规程的修订完善和执行效果评估。

2. 制度管理任务清单见表2-43。

表2-43 制度管理任务清单

工作名称	工作内容	实施时间及频率	工作要求及成果	责任岗位
制度管理	制定计划	1月初	制定修改完善计划，明确修订项目、内容及节点时间	所长技术人员
	修订完善	3月底前完成	根据评价报告和管理条件变化情况，对各项制度进行修订完善	
	制度执行	全年	严格执行各项规章制度，形成过程资料	
	有效性评估	12月底	检查制度与适用的法律法规、标准规范及其他要求的符合性情况，据此进行修订	
	执行情况评估	12月底	对执行效果进行总结评估，形成评价报告	

八、教育培训

1. 教育培训任务包括制订年度教育培训计划，开展在岗人员业务技能的学习和培训，每年对教育培训效果进行评估和总结，建立教育培训台账。

2. 教育培训任务清单见表2-44。

表2-44 教育培训任务清单

任务名称	工作内容	实施时间及频率	工作要求及成果	责任岗位
教育培训	制定计划	1月	制订并上报年度教育培训计划	所长
	开展教育培训	每月	开展职工岗位培训，法律法规、安全生产、规章制度、操作规程、专业技能、新技术、新知识等培训，每次培训后评估培训效果	所长技术负责人
		适时	新员工岗位培训	所长
	总结	12月	对当年教育培训进行统计、总结	技术负责人

九、档案管理

1. 根据技术档案管理制度，收集、整理、归档各类资料档案。
2. 保持资料室内设施完好，环境整洁。
3. 档案管理任务清单见表 2-45。

表 2-45　档案管理任务清单

任务名称		实施时间及频率	工作要求及成果	责任岗位
档案管理	档案收集整理	每月	收集整理运行管理资料	所长 技术员
		每月	收集整理工程检查资料	
		每季度	收集整理维修养护资料	
		每季度	收集整理工程观测资料	
		每季度	收集整理技术图表、音像资料同步	
	保管与保护	每月	配备温湿度计，对资料室内温湿度进行观察，有异常及时对档案材料进行处置	
	归档提交	12月	对本年度档案资料进行全面检查归档，将重要档案资料提交处档案室	

十、配套设施管理

1. 配套设施管理任务清单主要包括卫生保洁和安全保卫。
2. 配套设施管理任务清单见表 2-46。

表 2-46　配套设施管理任务清单

任务名称	工作内容	实施时间及频率	工作要求及成果	责任岗位
卫生保洁	办公用房	公共部位每日保洁；门窗玻璃，两周1次	保持整洁、卫生、环境优美，公共范围内无积尘、无杂物、无污渍、无垃圾，设备设施完好清洁，各种物品资料摆放有序	所长 技术员
	道路、桥梁	每日1次		
	启闭机房、闸首	每周1次		
	启闭机械	每周1次		
	配电房、配电柜、现场控制箱等	两周1次	外表干净整洁，无污迹、灰尘	
	消防器材	每月1次		
安全保卫	24小时值班保卫	全年	对管理所进行巡查，保证安全，填写安保巡查记录	

十一、水政管理

1. 水行政执法人员定期开展水政巡查和水法规宣传，对发现的水事违法行为上报水政科，维护管理范围内良好的水事秩序。

2. 水政管理任务清单见表2-47。

表2-47 水政管理任务清单

任务名称	工作内容	实施时间及频率	工作要求及成果	责任岗位
水政管理	日常巡查	每日1次	日常巡查，发现水事违法行为立即制止，并上报水政科，填写水政巡查记录簿	水政巡查员
	水法宣传及培训	3月	水法宣传、开展"世界水日""中国水周"宣传活动	所长 水政巡查员

十二、标志标牌管理

1. 高港船闸工程设有标志标牌195个，按照《水闸泵站标志标牌规范》（DB32/T 3839-2020）进行管理。

2. 标志标牌管理任务清单见表2-48。

表2-48 标志标牌管理任务清单

任务名称	工作内容	实施时间及频率	工作要求及成果	责任岗位
标志标牌管理	检查维护	每季度1次	检查标志标牌是否完好，填写标志标牌检查维护记录表	技术负责人 技术员
	制作安装	适时	根据工程实际需要	

十三、值班管理

1. 值班管理任务主要包括人员配备与管理、巡查检查、台账资料等。

2. 值班管理任务清单见表2-49。

表2-49 值班管理任务清单

任务名称	工作内容	实施时间及频率	工作要求及成果	责任岗位
值班管理	值班	每天	解答船民业务咨询，接听船民举报电话，核实举报情况及时上报并采取必要措施，传达海事、泵站所信息等。严格执行交接班制度，如实填写所长值班记录，同时做好参观接待及突发事件处理等事务	值班所长
	岗位检查	每天1次	检查调度、闸口、航道、机电班等在岗情况	值班员

第三章

管理标准

第一节 泵站工程管理标准

一、控制运用工作标准

控制运用工作内容主要包括调度管理、运行操作、运行值班等。

调度管理工作标准如表 3-1 所示，运行操作工作标准如表 3-2 所示，运行值班工作标准如表 3-3 所示。

表 3-1 调度管理工作标准

序号		标准内容
1	指令接受	高港泵站的控制运用严格按照处防办下达的调度指令执行，不接受其他任何单位和个人的指令
2	确定方案	接到处防办的调度指令后，根据调度指令确定开机台数、开机顺序、运行工况
3	指令执行	高港泵站在接到开机调度指令后，立即做好准备工作，在指令规定的时间内完成开机任务
4	指令回复	指令应详细记录、复核，执行完毕后及时上报

表 3-2 运行操作工作标准

序号		标准内容
1	运行准备	接到调度指令后，值班运行人员应及时就位，检查现场有无影响运行的检修及试验作业，有关工作票应终结并全部收回。拆除不必要的遮拦设施，准备所需工具和记录表等
2		电话告知船闸、水政科开机调度指令内容
3		检查上、下游河道内应无船只及人员
4	设备检查	检查主电机绝缘情况，测量电机定子绝缘电阻值，采用 2 500 V 兆欧表测量，绝缘电阻 ≥ 10 MΩ，吸收比 ≥ 1.3；测量电机转子绝缘电阻值，采用 500 V 兆欧表测量，绝缘电阻 ≥ 0.5 MΩ。否则应进行干燥，合格后方可投运
5		检查上、下油缸油位、油色应正常，检查自吸排水泵应工作正常
7		检查微机系统工作正常，各卡件指示状态应准确，在微机监控界面设定工况
8		调试励磁系统，确认系统工作正常
9		检查微机保护压板连接应可靠，通讯正常
10		检查碳刷滑环、现场紧急停机按钮
11		检查上、下游相应闸门应动作可靠
12		进行机组联动试验

续表

序号		标准内容
13	设备检查	检查供水系统工作应可靠，机组相应闸阀应在全开位置
14		将主泵叶片角度调至 −4° 位置（4#～9# 主机）
15	设备操作	应由持有上岗证的泵站运行工或熟练掌握操作技能的技术人员按规程进行操作
16		严格执行操作票制度
17		机组开启后，应观察上、下游水位和进出水流态，检查机组振动、噪声，核对各项运行数据
18		开停机应填写开停机操作票，记录内容包括：指令接受时间、发令人、受令人、操作人、监护人、各机组开停机时间、运行工况等
19		运行机组变动，需报处防办备案
20		投运机组台数少于 9 台时，宜轮换开机

表 3-3 运行值班工作标准

序号		标准内容
1	人员配备与管理	运行值班人员应满足安全运行要求，值班人员应熟练掌握设备操作规程，具有事故应急处理能力及一般故障的排查能力
2		值班人员应严格遵守工作纪律，不得擅自离开工作岗位
3		运行值班人员不得做与值班无关的事，不得将非运行人员带入值班现场
4	值班及巡查	运行期实行 24 小时值班，密切注意机组运行工况，监视各运行技术参数
5		加强对工程设施检查和运行情况巡查，随时掌握工程状况，发现问题及时上报并落实处理措施
6		运行期间，每 2 小时对下列设备进行 1 次全面巡视检查：高压室、低压室、直流室、电缆层、变电所、站变室、厂房电机层、联轴层、供水泵、桥下启闭机、清污机
7	交接班	在交班前 30 分钟，由当班人员按交班内容要求做好交班准备，接班人员提前 15 分钟进入现场进行交接班
8	值班记录	运行值班人员应认真填写本班运行记录，交接时应重点将本班设备操作情况、发生的故障及处理情况进行说明

二、工程检查工作标准

工程检查包括日常检查、定期检查和专项检查。

日常检查工作标准如表 3-4 所示，定期检查工作标准如表 3-5 所示，专项检查工作标准如表 3-6 所示。

表 3-4 日常检查工作标准

序号		标准内容
1	日常巡查	日常巡查早晚各 1 次。开机前后、引水开关前后对现场进行巡查
2		建筑物、设备、设施是否完好；工程运行状态是否正常；是否有影响泵站安全运行的障碍物；管理范围内有无违章建筑物和危害工程安全的活动；工程环境是否整洁；水体是否受到污染
3	经常检查	非汛期检查频次：每周五检查 1 次；设计水位运行检查频次：每天应至少检查 1 次；超设计标准运行：每小时应至少检查 1 次
4		泵站运行期间，应按规定的巡查内容和要求对设备每 2 小时进行 1 次巡视检查

续表

序号		标准内容
5	检查记录	检查时应认真、及时填写检查记录,做到字迹清晰、内容完整、签字齐全
6	问题处理	遇有违章建筑和危害工程安全的活动应及时制止。工程运用出现异常情况,应及时采取措施进行处理,并及时上报

表 3-5 定期检查工作标准

序号		标准内容
1	汛前检查	4月上旬前完成
2		成立汛前检查工作小组,制定汛前检查工作方案,明确具体的任务内容、时间要求,落实到具体股室、具体人员
3		定期检查内容包括主电机、主水泵、110 kV系统、高压柜、低压配电系统、保护装置、自动化系统、励磁系统、水工建筑物、主机快速闸门启闭机、清污机等
4		汛前检查结合汛前保养工作同时进行,同时着重检查养护维修项目和度汛应急项目完成情况
5		对汛前检查中发现的问题应及时进行处理,对影响工程安全度汛而一时又无法在汛前解决的问题,应制定好应急抢险方案
6		全面修订防汛抗旱应急预案、反事故预案、现场应急处置方案,建立完善抢险队伍,有针对性地开展预案演练培训
7		完成规章制度修订完善、软件资料收集整理,检查增补防汛物资、备品备件等
8		规范填写检查记录,及时整理检查资料,对汛前检查情况及存在问题进行总结,提出初步处理措施,形成报告,并报处工管科
9		接受上级汛前专项检查,按要求整改提高,及时向处工管科反馈
10	汛后检查	10月底前完成
11		着重检查工程和设备度汛后的变化和损坏情况,按期完成批准的维修养护或防汛急办项目计划
12		对检查中发现的问题应及时组织人员修复或作为下一年度的维修项目上报
13		规范填写检查记录,及时整理检查资料,编写汛后检查报告并按规定上报
14	水下检查	每年汛前进行1次检查,主要检查站身底板、伸缩缝完好情况,拦污栅是否变形存在卡阻现象
15		规范填写检查记录,及时整理检查资料,编写水下检查报告并按规定上报
16	电气试验	每年汛期检查前对设备进行预防性试验
17		定期对常用测量工具进行校验,对特种设备和防雷接地等进行专项检测,委托具备资质的检测单位承担,并出具检测报告

表 3-6 专项检查工作标准

序号		标准内容
1	检查条件	当发生地震、风暴潮、台风或其他自然灾害时或超过设计水位、流量运行或发生重大工程事故后,发现较大隐患、异常或拟进行技术改造时应进行专项检查,检查由管理所组织专业人员进行
2	检查内容	应根据所遭受灾害或事故的特点来确定,着重检查建筑物、设备、设施的变化和损坏情况
3	重点部位	应对重点部位进行专门检查、检测或安全鉴定
4	问题处理及报告编写	对检查发现的问题应进行分析,编写专项检查报告,制定修复方案和计划并上报处工管科

三、工程评级工作标准

每年汛前对泵站机电设备、水工建筑物进行评级,工程评级按《江苏省泵站技术管理办法》(苏水管〔2004〕153号)及有关标准执行。

工程评级工作标准如表3-7所示。

表3-7 工程评级工作标准

序号		标准内容
1	机电设备评级	每年汛前检查时对泵站所有机电设备进行全面评级
2		评级范围包括主水泵、主电动机、主变压器、站(所)用变压器、其他电气设备、辅助设备及金属结构、计算机监控系统设备等
3		设备评级应按评级单元、单项设备逐级评定
4		评级单元为具有一定功能的结构或设备中自成系统的独立项目,如主电动机的定子、转子、轴承等,主水泵的泵轴、轴承等
5		单项设备为由独立部件组成并具有一定功能的结构或设备,如高低压开关柜、主电动机、主水泵等
6	水工建筑物评级	每年汛前检查时对泵站所有水工建筑物进行全面评级
7		评级应包括泵站建筑物部分、进出水流道、上下游翼墙、附属建筑物和设备、上下游引河、护坡等部分
8	问题处理	单项设备被评为三类的应限期整改
9		单位工程被评为三类的,管理所应及时向处工管科报告,由管理处向省水利厅申请安全鉴定,并落实处置措施
10	成果认定	编制评级报告,形成评级成果报处工管科认定

四、工程观测工作标准

按照《水利工程观测规程》(DB32/T 1713-2011)要求,监测泵站工程运行和安全状况,掌握工程状态变化,及时发现异常现象,分析原因,为采取处置措施提供依据。

工程观测工作标准如表3-8所示。

表3-8 工程观测工作标准

序号		标准内容
1	编制观测任务书	高港泵站等级为大(1)型,与高港节制闸采用闸站结合布置形式,根据地基土质情况、工程投入使用年限及工程控制运用要求,按照《水利工程观测规程》(DB32/T 1713-2011)的规定编制高港闸站观测任务书,经审批后执行
2	观测工作基本要求	保持观测工作的系统性和连续性,按照规定的项目、测次和时间在现场进行观测
3		四随(随观测、随记录、随计算、随校核)
4		四无(无缺测、无漏测、无不符合精度、无违时)
5		四固定(人员固定、设备固定、测次固定、时间固定)
6	垂直位移	垂直位移观测应符合二等测量要求,每年汛前、汛后各观测一次

续表

序号		标准内容
7	垂直位移	垂直位移以向下为正,向上为负,观测时,同时记录上、下游水位,工程运用情况及气温等
8		检查工作基点及观测标点的现状,清理覆盖标点和观测标志牌的杂物,对缺损的标点和标志牌进行补设,新埋设的标点15天后方可进行观测。地面标志清晰
9		定期检查观测设备,确保其性能良好。电子水准仪应在检测有效期内,有检定合格证书。钢钢尺上下圆水准气泡应一致,三脚架应完好,开合正常,尺垫应完好。
10		配观测员1人,记录员1人,撑伞员1人,扶尺员2人。观测人员需固定,不得中途更换人员
11		工程观测前应进行垂直位移观测线路的设计,中视点不多于2个,并绘制垂直位移观测线路图。线路图一经确定,在地物、地形未改变的情况下,不应改变测量路线、测站和转点,如有障碍物阻挡应立即进行清理,无法清理需修改路线图,保证观测工作顺利进行
12	扬压力	在每月阴历初三、十八长江高潮位时进行观测
13		使用平尺水位计观测测压管水位,最小读数至0.01 m
14		测压管管口高程按三等水准测量的要求,每年考证一次。测压管灵敏度试验每5年进行一次
15		定期对测压管内淤积进行观测,一般采用普通测锤进行。当管内淤塞已影响观测时,应及时进行清理。当管内淤积厚度超过透水段长度的1/3时,应进行掏淤。经充分研究确认副作用不大时,报请处工管科批准采用压力水冲洗
16		测压管被碎石、混凝土或其他材料堵塞,应及时进行清理
17		测压管如经灵敏度检查不合格,管内的淤积、堵塞经处理无效,或经资料分析测压管已失效时,在该孔附近钻孔重新埋设测压管
18	河道断面	下游断面每年汛前汛后各观测一次,上游断面每年汛前观测一次
19		采用无人测量船对河道断面进行观测
20		断面桩桩顶高程按四等水准测量的要求,每5年考证一次。如发现断面桩缺损,应及时补设并进行观测
21		使用测深仪观测时确保GPS、电子手簿、电台用电瓶、测深仪用电瓶电量充足,可正常使用;使用测深锤观测时应确保皮尺、测深锤及测绳完好。测量船只准备完毕,救生衣配备充足,安全宣传到位
22		配观测员2人,开船1人,辅助人员2人。观测人员需固定,不得中途更换
23		断面桩桩顶高程按四等水准测量的要求每5年考证一次
24	伸缩缝	每季度观测一次,在遇特殊情况时增加测次
25		观测采用游标卡尺测量标点间距离(精确至0.1 mm)
26	资料整理与汇编	每次观测结束后,应及时对记录资料进行计算和整理,并对观测成果进行初步分析,如发现观测精度不符合要求,应重测
27		如发现异常情况,应立即进行复测,查明原因后及时向处工管科报告,同时加强观测,并采取必要的措施
28		每年年底,对观测资料进行年终整编,对本年度观测成果进行全面审查,要求观测项目齐全、方法合理、数据准确有效、分析合理,并对当前工程状态进行评价
29		于第二年汛前将经江苏省河道管理局(以下简称"省河道局")审查合格的观测成果汇编成册,归入技术档案永久保存并报省厅备案

五、维修养护工作标准

泵站工程的养护维修应坚持"经常养护、及时维修、养修并重",对检查发现的缺陷和问题,应随时进行养护维修。泵站工程的养护一般结合汛前、汛后检查定期进行。设备清洁、润滑、调整等应视使用情况经常进行。应以恢复原设计标准或局部改善工程原有结构为原则,根据检查和观测成果,结合工程特点、运用条件、技术水平、设备材料和经费承受能力等因素制定维修方案。

1. 项目管理工作标准

项目管理主要包括项目计划编制、申报,维修养护项目实施、验收和总结等工作。

项目管理工作标准如表3-9所示。

表 3-9 项目管理工作标准

序号		标准内容
1	计划编报	工程养护项目计划按季度拟定,每季度第1个月10日前报处工管科审核、处分管领导审批
2		每年10月底前,根据定期检查、日常检查、专项检查和工程安全鉴定中发现的问题与隐患,编制下一年度工程维修项目计划,将纸质和电子件上报处工管科
3	实施准备	按照管理处工程维修项目经费通知的要求,明确项目负责人、技术负责人、安全员
4		参照《江苏省省级水利工程维修养护项目管理办法》(苏水管〔2015〕45号)编制项目实施方案
5		采用公开招标、邀请招标、竞争性谈判、询价、单一来源采购等方式进行项目采购
6		项目定标后,管理所拟定施工合同报财供科审查,安全生产协议报安监科备案,廉政协议报处纪律监督室备案
7	项目实施	对项目施工全过程进行安全监管,施工进场必须安全告知、特种作业人员必须现场验证、临时用电和动火作业必须审批、危险性较大的分部分项工程必须有专项方案、施工监管必须有记录
8		项目实施过程中应随时跟踪项目进展,建立施工管理日志,用文字、图像及视频记录工程施工过程发生的事件和形成的各种数据
9		如实反映主要材料、机械、用工及经费等的使用情况,做到专款专用,并及时填写项目实施情况记录表
10		汛期或工程运行期间实施的项目应向处防办备案
11	项目验收	维修项目验收,视具体情况,分材料及设备验收、工序验收、隐蔽工程验收、阶段验收
12		项目完工进行项目竣工验收
13		由几个分项组成的维修项目除项目竣工验收外,还应按分项目分别进行单项验收
14		工序验收、工程隐蔽部分、阶段验收,应在该工序或隐蔽部分施工结束时进行
15		材料及设备验收应具有材料各项检验资料、设备合格证、产品说明及图纸等随机资料
16		分部验收应具备相应的施工资料,包括质量检验数据、施工记载、图纸、试验资料、照片等资料
17		分项单项验收时应具备相应的维修实施情况记录、质量检查验收记录、施工过程照片;材料设备、工序、工程隐蔽部分或阶段验收资料,以及试运行的资料
18		工程竣工应具备相应的技术资料、竣工总结及图纸、照片、项目决算及内部审计报告等资料

续表

序号		标准内容
19	项目管理卡	工程养护维修项目实行项目管理卡制度,分别建立工程养护、维修项目管理卡

2. 水工建筑物养护维修工作标准

水工建筑物包括站身建筑物、进出水流道及引河、堤防及其他建筑物、观测设施等。

站身建筑物维修养护工作标准如表 3-10 所示,引河养护维修工作标准如表 3-11 所示,堤防设施及其他建筑物养护维修工作标准如表 3-12 所示,观测设施养护维修工作标准如表 3-13 所示。

表 3-10 站身建筑物维修养护工作标准

序号		标准内容
1	金属构件	建筑物上各种金属构件(镀锌者除外)应定期检查维护,一般每 5 年油漆一次,腐蚀性气体侵蚀严重和漆层容易剥落的地方,应增加油漆次数
2	进出水流道	进、出水流道过流壁面应光滑平整,定期清除附着在壁面的水生物和沉积物
3		定期对泵站的进、出水流道进行检查维护:钢筋混凝土管道应无裂缝、渗漏,表面混凝土无剥落,钢筋无外露,伸缩缝处沉陷应正常,无渗漏水
4	建筑物	泵房建筑物产生不均匀沉陷影响建筑物稳定时,应及时采取补救措施;在观测检查中对于发现的泵房建筑物裂缝、渗漏,表面混凝土剥落,钢筋外露,钢支承构件锈蚀现象应及时处理
5		水工建筑物的各种接缝、键槽等应定期检查,如发现填料不足或损坏时,应及时补充或修复
6	日常管护	未经计算和审核批准,禁止在建筑结构上开孔、增加荷重或进行其他改造工作
7		运行时应检查观测旋转机械或水力引起的结构振动,严禁在共振状态下运行
8		应防止过大的冲击荷载直接作用于泵房建筑物

表 3-11 引河养护维修工作标准

序号		标准内容
1	护底护坡	上、下游衬砌河道的护底和护坡平顺整洁,砌块完好,砌缝紧密,无勾缝脱落、松动、坍塌、隆起、底部掏空和垫层流失
2		石料无风化,砌石护坡无砌块松动、坍塌、隆起、滑坡、被风浪与水流冲翻以及人为破坏等现象,浆砌块石无裂缝、脱缝、倾斜、鼓肚、滑动,排水设施正常有效等
3		混凝土工程无磨损、风化、冻蚀、剥落、渗漏、气蚀、裂缝及其他损坏等现象。伸缩缝止水无损坏、漏水,填充物无流失
4	排水设施	河道两侧大堤顶面平整,排水良好,无塌陷、裂缝
5		无雨淋沟、浪窝、洞穴、裂缝、滑坡、异常渗漏、兽洞、蚁穴等现象,排水系统应畅通有效

表 3-12 堤防设施及其他建筑物养护维修工作标准

序号		标准内容
1	堤岸	建筑物与堤防结合完好,无开裂和绕渗破坏
2		上下游河道、护坡上无杂草、杂树,浆砌块石坡面平顺规整,无隆起、塌陷、裂缝,块石间浆液饱满,密实

续表

序号		标准内容
3	绿化环境	上下游堤顶地面上的植被要满足水土保持的要求，同时防止杂草的滋长，力求美观；保持排水畅通，防止产生雨淋沟
4		上下游河道的坡面及堤顶地面无垃圾

表 3–13 观测设施养护维修工作标准

序号		标准内容
1	垂直位移观测设施	定期检查观测工作基点及观测标点的现状，对缺少或破损的及时重新埋设，对被掩盖的及时清理
2		观测标点编号示意牌应清晰明确
3		出现地震、地面升降或受重车碾压等可能使观测设施产生位移的情况时，应随时对其进行考证
4	测压管	测压管灵敏度试验每 5 年进行一次，宜选择在水位稳定期进行，采用注水法进行测压管灵敏度试验。试验前，先测定管中水位，然后向管中注入清水，测得注水水面高程后，分别以 5 min、10 min、15 min、20 min、30 min、60 min 的间隔测量水位一次，直至水位回降至原水位并稳定 2 h 为止。记录测量结果，并绘制水位下降过程线。由于节制闸受潮汐影响，应连续观测测压管水位和上下游水位，然后根据上下游水位和测压管水位过程线加以判断
5		定期对测压管内淤积进行观测，一般采用普通测锤进行。当管内淤塞已影响观测时，应及时进行清理。当管内淤积厚度超过透水段长度的 1/3 时，应进行掏淤。经充分研究确认副作用不大时，报请处工管科批准采用压力水冲洗
6		测压管被碎石、混凝土或其他材料堵塞，应及时进行清理
7		测压管如经灵敏度检查不合格，管内的淤积、堵塞经处理无效，或经资料分析测压管已失效时，在该孔附近钻孔重新埋设测压管
8	断面桩	定期检查断面桩的现状，对缺少或破损的及时重新埋设，对被掩盖的及时清理
9		断面桩编号示意牌应清晰明确
10	伸缩缝	定期检查伸缩缝金属标点的现状，对缺少或破损的及时重新埋设，对被掩盖的及时清理
11		伸缩缝编号示意牌应清晰明确
12	观测仪器的校验维护	在每年观测任务开始前，将电子水准仪送往江苏省工程勘测研究院有限责任公司水利工程测绘仪器计量站进行检定，并取得相应的检定合格证书
13		观测仪器保存于干燥通风处，由专人保管。仪器箱中的干燥剂应定期检查，如发现干燥剂变成淡红色，应倒出烘晒，直到干燥剂颗粒变成宝石蓝色

六、安全生产工作标准

组织职工认真学习、贯彻执行《中华人民共和国水法》《中华人民共和国防洪法》《中华人民共和国安全生产法》和《江苏省水利工程管理条例》等有关法律法规，开展安全生产管理工作。安全生产包括安全管理、安全鉴定。

1. 安全管理

安全管理工作标准如表 3-14 所示。

表 3-14 安全管理工作标准

序号		标准内容
1	目标职责	明确安全生产管理机构，配备专（兼）职安全生产管理人员，建立健全安全管理网络和安全生产责任制
2		逐级签订安全生产责任书，并制定目标保证措施
3		按有关规定保证具备安全生产条件所必需的资金投入，并严格资金管理
4	制度化管理	建立健全安全生产规章制度和安全操作规程，改善安全生产条件，建立健全安全台账
5		及时识别、获取适用的安全生产法律法规和其他要求，归口管理部门每年发布一次适用的清单，建立文本数据库
6	教育培训	每年识别安全教育培训需求，编制培训计划，按计划进行培训，对培训效果进行评价
7		加强新员工、特种作业人员、相关方及外来人员教育培训工作
8	现场管理	现场设施管理工作标准参见维修养护工作标准中相关内容
9		作业时成立安全管理小组，配备专（兼）职安全员，与相关方签订安全生产协议，开展专项安全知识培训和安全技术交底，检查落实安全措施，规范各类作业行为
10	安全风险管控及隐患排查治理	定期开展危险源辨识和风险等级评价，设置安全风险公告牌、危险源告知牌，管控安全风险，消除事故隐患
11		对重大危险源进行登记建档，并按规定进行备案，同时对重大危险源采取技术措施和组织措施进行监控
12	应急管理	建立健全安全生产预案体系（综合预案、专项预案、现场处置方案等），将预案报处安监科备案，并通报有关应急协作单位，每年组织技术人员对预案进行修订，如工程管理条件发生变化应及时修订完善
13		安全应急预案或专项应急预案每年应至少组织 1 次演练，现场处置方案每半年应至少组织 1 次演练，且应有演练记录
14	事故查处	发生事故后应采取有效措施，组织抢救，防止事故扩大，并按有关规定及时向上级主管部门汇报，配合做好事故的调查及处理工作
15	持续改进	根据有关规定和要求，开展安全生产标准化建设，同时根据绩效评定报告，进行持续改进

2. 安全鉴定

安全鉴定工作标准如表 3-15 所示。

表 3-15 安全鉴定工作标准

序号		标准内容
1	鉴定要求及时间	泵站安全鉴定要求应按《江苏省泵站安全鉴定管理办法》（苏水规〔2020〕4号）执行
3	特殊安全鉴定	运行中遭遇超标准洪水、强烈地震、增水高度超过校核潮位的风暴潮或工程发生重大事故后，应及时进行安全检查，如出现影响安全的异常现象，应及时进行安全鉴定
4	单项工程安全鉴定	主电机、主水泵等单项工程达到折旧年限，应按有关规定和规范适时进行单项安全鉴定
5		对影响泵站安全运行的单项工程，应及时进行安全鉴定

续表

序号		标准内容
6	鉴定内容	泵站安全鉴定具体内容应按《泵站安全鉴定规程》（SL316-2015）的规定进行，包括现状调查、安全检测、安全复核等
7		根据安全复核结果，进行研究分析，作出综合评估，确定水闸工程安全类别，编制泵站安全评价报告，并提出加强工程管理、改善运用方式、进行技术改造、加固补强、设备更新或降等使用、报废重建等方面的意见
8	后续处理	经安全鉴定为二类泵站的，应编制维修方案，报管理处批准，必要时进行大修
9		经安全鉴定为三类泵站的，应及时组织编制除险加固计划，报管理处批准
10	应急方案	在三类泵站未处理前，应制定安全应急方案，并采取限制运用措施

七、制度管理工作标准

制度管理主要包括泵站工程管理细则、管理制度、运行规程的制订完善与执行等方面。

管理制度工作标准如表 3-16 所示。

表 3-16　管理制度工作标准

序号		标准内容
1	管理细则	结合高港泵站工程的规划设计和具体情况，编制《高港泵站工程管理细则》
2		工程实际情况和管理要求发生改变要及时进行修订，报处工管科批准
3		管理细则应有针对性、可操作性，能全面指导工程技术管理工作，主要内容包括：工程概况、控制运用、设备运行管理、建筑物管理、设备维护与检修管理、工程观测、工程检查、精细化管理、安全管理与环境管理、维修养护项目管理、信息管理、管理设施设备等
4	规章制度与运行规程	规章制度、运行规程条文应规定工作的内容、程序、方法，要有针对性和可操作性
5		规章制度、运行规程应经过批准，并印发执行
6		管理细则、规章制度、运行规程应汇编成册，组织培训学习
7	执行与评估	开展规章制度执行情况监督检查，并将规章制度执行情况与单位、个人评先评优和绩效考核挂钩
8		每年对规章制度执行效果进行评估、总结

八、教育培训工作标准

教育培训工作主要包括制订培训计划、岗前培训、安全生产教育培训、评价总结等。
教育培训工作标准如表 3-17 所示。

表 3-17　教育培训工作标准

序号		标准内容
1	制定计划	制定年度教育培训计划
2	业务培训	开展在岗人员专业技术和业务技能的学习与培训，运行管理岗位人员培训每年不少于 6 次，应完成规定的学时，职工年培训率应达到 100%

续表

序号		标准内容
3	业务培训	管理细则、规章制度、应急预案等应按规定及时组织培训
4		泵站运行关键岗位和特种作业人员应按照有关规定进行培训并持证上岗
5	岗前培训	首次上岗的运行管理人员应实行岗前教育培训，具备与岗位工作相适应的专业知识和业务技能
6	安全生产教育培训	所长、安全生产管理人员：所长、安全生产管理人员初次安全培训时间不得少于32学时，每人每年再培训时间不得少于12学时
7		在岗作业人员：一般在岗作业人员每人每年安全生产教育和培训时间不得少于12学时
8		新员工：新员工的三级安全培训教育时间不得少于24学时
9	评价总结	每年对教育培训效果进行评估和总结，建立教育培训台账

九、资料管理工作标准

1. 技术资料管理工作标准

建立技术资料管理制度，由熟悉工程管理、掌握资料管理知识并经培训取得上岗资格的专职或兼职人员管理资料，资料设施保持齐全、清洁、完好。

技术档案管理工作标准如表 3-18 所示。

表 3-18 技术档案管理工作标准

序号		标准内容
1	范围及周期	技术资料包括以文字、图表等纸质件及音像、电子文档等磁介质、光介质等形式存在的各类资料
2		应及时收集技术资料，运行资料整理与整编每季度进行 1 次
3	建档立卡	各类设备均应建档立卡，文字、图表等资料应规范齐全，分类清楚、存放有序，及时归档
4	保管借阅	严格执行保管、借阅制度，做到收借有手续，按时归还
5		资料管理人员工作变动时，应按规定办理交接手续
6	资料室管理	温度、湿度应控制在规定范围内
7		资料室照明应选用白炽灯或白炽灯型节能灯
8	电子化管理	积极推行档案管理电子化

2. 技术图表管理工作标准

技术图表标准主要依据《科学技术档案案卷构成的一般要求》（GB/T 11822-2008）、《江苏省档案管理条例》、《泵站技术管理规程》（GB/T 30948-2021）和《水闸泵站标志标牌规范》（DB32/T 3839-2020）的有关规定制定。

技术图表管理工作标准如表 3-19 所示。

表 3-19　技术图表管理工作标准

序号		标准内容
1	范围及内容	技术图表主要包括工程概况、平立剖面图、流量曲线图、电气主接线图、设备检修揭示图、巡视检查路线图等
2	工程概况	工程概况应包含工程地理位置、工程等别、主水泵、主电机型号、单机流量、单机功率和泵站扬程等主要技术指标
3	三视图	泵站三视图主要包括平面布置图、立面布置图、剖面图，三视图中应标明泵站结构的主要尺寸和重点部位高程，并尽量分色绘制
4	设备揭示图	主要设备揭示图包括主电机、主水泵、主变压器、高低压开关设备、辅机设备、金属构件等。揭示图中应注明主要设备的出厂时间、安装时间、等级评定时间、大修周期、小修周期和设备保养责任人等信息
5	电气主接线图	电气主接线图包括高压主接线图和低压主接线图，主接线图中设备名称与编号应与现场一致，主接线中各电压等级的线路应按规范进行分色绘制
6	张贴位置	技术图表张贴在泵房、主变室、高低压开关室、控制室等合适位置，图表中的内容应准确，图表格式应相对统一，表面应整洁美观。固定牢靠，定期检查维护

十、标志标牌设置标准

标志标牌主要包括导视类、公告类、名称编号类、安全类等，其颜色、规格、材质、内容及安装等应符合《水闸泵站标志标牌规范》（DB32/T 3839-2020）规定，同时结合工程结构及设备的实际情况布置明示。

1. 导视类标志标牌设置标准

导视类标志标牌包括工程路网导视标牌、工程区域总平面布置图标牌、工程区域内建筑物导视标牌、建筑物内楼层导视标牌等。

导视类标志标牌设置标准如表 3-20 所示。

表 3-20　导视类标志标牌设置标准

序号		标准内容
1	设置要求	导视类标志标牌应保证信息的连续性和内容的一致性
2	布置顺序	导视标牌有多个不同方向的目的地时，宜按照向前、向左和向右的顺序布置
3		同一方向有多个目的地时，宜按照由近及远的空间位置从上至下集中排列
4		导视标牌应标注每层布置的功能间名称，标牌内容从上向下应按照高楼层向低楼层的顺序布置
5	重点区域	宜配套设置巡视路线地贴标牌，重点部位宜设置重点部位运行巡视点标牌，明确关键部位的巡视点，提醒运行工作人员加强巡视

2. 公告类标志标牌设置标准

公告类标志标牌包括工程简介标牌、工程设计标牌、工程管理标牌、参观须知标牌、管理范围和保护范围公告牌、水法规告示标牌、工程建设永久性责任标牌、管理制度标牌、关键岗位责任制标牌、操作规程标牌、巡视内容标牌等。

公告类标志标牌设置标准如表 3-21 所示。

表 3-21 公告类标志标牌设置标准

序号		标准内容
1	设置要求	公告类标志标牌一般为单面设置，必要时可设置双面标牌
2	设置部位	公告类标志标牌一般设置在建筑物入口、门厅入口、参观起点等醒目位置
3		水法规告示标牌一般设置在泵站上下游的左右岸、入口、公路桥以及拦河浮筒处。水法规告示标牌数量可根据实际需要确定，一般不宜少于 4 块
4		控制运用类管理制度标牌宜设置在控制室、值班室；工程检查、观测、维修养护管理制度及关键岗位责任制标牌宜设置在办公室、值班室；操作规程标准宜设置在操作现场；巡视内容标牌等宜设置在巡视现场

3. 名称编号类标志标牌设置标准

名称编号类标志标牌包括单位名称标牌、建筑物名称标牌、房间名称标牌、管理界桩标牌、管理区域分界碑标牌、安全警戒区标志标牌、工程观测设施名称标牌、里程桩、百米桩、设备名称标牌、按钮、指示灯、旋转开关标牌、管道名称流向标牌、管路闸阀标牌、液位指示线标牌、起重机额定起重量标牌等。

名称编号类标志标牌设置标准如表 3-22 所示。

表 3-22 名称编号类标志标牌设置标准

序号		标准内容
1	名称要求	有厂家标志标牌的优先使用厂家自带的标志标牌，没有的应后期制作
2		名称一般使用中文，也可同时使用英文
3	建筑物	每个建（构）筑物宜设置建筑物名称标牌，一般设置于建（构）筑物顶部、建（构）筑物侧面或建（构）筑物主出入口处
4	机电设备	设备名称标牌应配置在设备本体或附近醒目位置，宜设置于柜眉，应面向操作人员
5	开关指示	指示灯、按钮和旋转开关旁宜设置文字标志标牌，提示操作功能和运行状态等。一般设置在相关按钮、指示灯、旋转开关下部适当位置
6	同类设备	同类设备按顺序编号，编号标志标牌内容包括设备名称及阿拉伯数字编号
7		编号标牌颜色组合宜为白底红字、白底蓝字、红底白字、蓝底白字等，可参照设备底色选定。同类设备编号标牌尺寸应一致，设置在容易辨识、固定且相对平整的位置
8	旋转设备	旋转机械有旋转方向标牌，旋转方向标牌内容为功能箭头。电机旋转方向标志宜设置在电机的外罩上。闸门升降方向标志宜设置在启闭机外罩上

4. 安全类标志标牌设置标准

安全类标志标牌一般包括禁止标志标牌、警告标志标牌、指令标志标牌、提示标志标牌、安全警戒线、消防标志标牌、电力标志标牌、交通标志标牌、职业健康告知牌、危险源点警示牌等。

安全类标志标牌设置标准如表 3-23 所示。

表 3-23 安全类标志标牌设置标准

序号		标准内容
1	设置要求	多个安全标志标牌在一起设置时，应按警告、禁止、指令、提示类型的顺序，先左后右、先上后下的排列
2		上下游的左右岸、入口、公路桥以及拦河浮筒处应设置安全类标志标牌，总量一般不宜少于 4 块，可根据现场实际需要适当增加标牌数量

续表

序号		标准内容
3	警戒线	电气设备、机械设备、消防设备下方等危险场所或危险部位周围应设置安全警戒线和防护设施。电气设备、机械设备所在区域、楼梯第一级台阶上用黄色警戒线，消防箱、消防柜及灭火器的安全隔离区用红白警戒线
4		危险部位、拦河浮筒上用黄黑警戒线，安全警戒线的宽度宜为 50~150 mm
5	标牌管理	现有的安全类标志标牌缺失、数量不足、设置不符合要求的，应及时补充、完善或替换

第二节　水闸工程管理标准

一、控制运用工作标准

控制运用工作内容主要包括调度管理、运行操作、运行值班等。

1. 调度管理工作标准

调度管理工作标准如表 3-24 所示。

表 3-24　调度管理工作标准

序号		标准内容
1	指令接受	水闸的控制运用严格按照处防办下达的调度指令执行，不接受其他任何单位和个人的指令
2	指令执行	高港节制闸在接到开闸引水调度指令后，立即做好准备工作，在半小时内按照开闸操作票内容完成开闸任务。在接到关闸调度指令后，立即做好准备工作，并按照关闸操作票内容关闸
		高港泵站接到调度指令为通南地区服务时，关闭高港调度闸，打开高港送水闸。接到调度指令为里下河地区服务时，关闭高港送水闸，打开高港调度闸
3	调度运用	高港节制闸应根据处防办的调度指令引水，不得超标准引水，并控制上下游水位在设计标准或规定的水位以内；全力引水时，应在长江高潮时尽量多引水，并随潮位变化适时调整闸门开高，低潮时应防止倒流
		在冬季枯水季节，当长江潮位低于内河水位时，关闭高港送水闸，打开高港调度闸，利用高港泵站 1#~3# 主机可抽引江水 100 m³/s，通过高港调度闸向里下河及沿海苏东地区补水；关闭高港调度闸，打开高港送水闸，利用高港泵站 1#~3# 主机可抽引江水 100 m³/s，向通南地区补水
		当里下河腹部地区发生洪涝时，关闭高港送水闸，打开高港调度闸，运用高港泵站 1#~3# 主机可抽排涝水 100 m³/s，通过高港调度闸为里下河腹部地区排涝
4	指令回复	指令应详细记录、复核，执行完毕后及时上报

2. 运行操作工作标准

运行操作工作标准如表 3-25 所示。

表 3-25　运行操作工作标准

序号		标准内容
1	运行准备	接到启闭指令后，值班运行人员应及时就位
2		检查上游、下游管理范围和安全警戒区内有无船只、漂浮物或其他影响闸门启闭或危及闸门、建筑物安全的施工作业，并进行妥善处理
3		检查闸门启、闭状态，有无卡阻。启闭设备、监控系统及供电设备是否符合安全运行要求。观察上、下游水位和流态，核查当前流量与闸门开度
4	启闭操作	应由持有上岗证的闸门运行工或熟练掌握操作技能的技术人员按规程进行操作
5		过闸流量应与上、下游水位相适应，使水跃发生在消力池内。当初始开闸或较大幅度增加流量时，应分次开启，每次泄放的最大流量、闸门开启高度应分别根据"始流时闸下安全水位-流量关系曲线""闸下开高－水位－流量关系曲线"确定。应在闸下水位稳定后才能再次增加开启高度
6		过闸水流应平稳，避免发生集中水流、折冲水流、回流、漩涡等不良流态。关闸或减少过闸流量时，应避免下游河道水位下降过快
7		闸门应由中间孔向两侧依次对称开启，由两侧向中间孔依次对称关闭。闸门启闭过程中，应避免停留在易发生振动的位置
8		闸门开启后，应观察上、下游水位和流态，核对流量与闸门开度
9		闸门运用应填写启闭记录，记录内容包括：启闭依据、操作时间、操作人员、启闭顺序、闸门开度及历时、启闭机运行状态、上下游水位、流量、流态、异常或事故处理情况等

3. 运行值班工作标准

运行值班工作标准如表 3-26 所示。

表 3-26　运行值班工作标准

序号		标准内容
1	人员配备与管理	运行值班人员应满足规范要求，值班人员应熟练掌握设备操作规程和程序，具有事故应急处理能力及一般故障的排查能力
2		值班人员应严格遵守工作纪律，不得擅自离开工作岗位
3		运行值班人员应着劳动防护服，保持仪表整洁，认真值班，精心操作，不得做与值班无关的事，不负责接待参观，不得将非运行人员带入值班现场
4	值班及巡查	汛期及运行期实行 24 小时值班，密切注意水情，及时掌握水文、气象、洪水、旱情预报，严格执行调度指令，做好工程运行管理工作
5		加强对工程设施检查观测和运行情况巡视检查，随时掌握工程状况，发现问题及时上报并落实处理措施
6		运行期间，每天上午 8 点及下午 6 点对水闸建筑物、运行设备、附属设施及河道进行检查
7	交接班	水闸运行需要交接班的，在交班前 30 分钟，由当班人员按交班内容要求做好交班准备，接班人员提前 15 分钟进入现场进行交接班
8	值班记录	运行值班人员应认真填写运行、交接班等记录。交接时应重点对本班设备操作情况、发生的故障及处理情况进行说明

二、工程检查工作标准

工程检查包括日常检查、定期检查和专项检查等。

1. 日常检查工作标准

日常检查包括日常巡查、经常检查。

日常检查工作标准如表 3-27 所示。

表 3-27　日常检查工作标准

序号		标准内容
1	日常巡查	日常巡查早晚各 1 次。在高水位、节制闸流量超 350 m³/s 运行时应增加巡查频次
2	日常巡查	主要检查建筑物、设备、设施是否完好；工程运行状态是否正常；是否有影响水闸安全运行的障碍物；管理范围内有无违章建筑和危害工程安全的活动；工程环境是否整洁；水体是否受到污染
3	经常检查	非汛期每周五检查 1 次，设计水位运行时每天应至少检查 1 次，超设计标准运行时每小时应至少检查 1 次
4	经常检查	主要检查混凝土建筑有无损坏和裂缝；堤防、护坡是否完好；翼墙有无损坏、倾斜和裂缝；启闭机有无渗油现象，钢丝绳排列是否正常，有无松动现象；闸门有无振动；电气设备运行状况是否正常；观测设施、管理设施是否完好；通信设施运行状况是否正常；管理范围内有无违章建筑和危害工程安全的活动；工程环境是否整洁；水体是否受到污染
5	检查记录	检查时应认真、及时填写检查记录，做到字迹清晰、内容完整、签字齐全
6	问题处理	遇有违章建筑和危害工程安全的活动应及时制止；工程运用出现异常情况，应及时采取措施进行处理，并及时上报

2. 定期检查工作标准

定期检查主要包括汛前检查、汛后检查、水下检查。

定期检查工作标准如表 3-28 所示。

表 3-28　定期检查工作标准

序号		标准内容
1	汛前检查	成立度汛准备工作小组，制定度汛准备工作计划，明确具体的任务内容、时间要求，落实到具体股室、具体人员
2	汛前检查	检查建筑物、设备和设施的最新状况；检查养护维修工程和度汛应急工程完成情况，安全度汛存在问题及措施；检查防汛工作准备情况
3	汛前检查	汛前检查结合汛前保养工作同时进行，同时着重检查养护维修项目和度汛应急项目完成情况
4	汛前检查	对汛前检查中发现的问题应及时进行处理，对影响工程安全度汛而一时又无法在汛前解决的问题，应制定好应急抢险方案
5	汛前检查	全面修订防汛抗旱应急预案、反事故预案、现场应急处置方案；建立完善抢险队伍，有针对性地开展预案演练培训
6	汛前检查	完成规章制度修订完善和软件资料收集整理
7	汛前检查	对汛前检查情况及存在问题进行总结，提出初步处理措施，形成报告，并报处工管科
8	汛前检查	接受省厅检查，按要求整改提高，及时向处工管科反馈

续表

序号		标准内容
9	汛后检查	着重检查工程和设备度汛后的变化和损坏情况，一般在 10 月底前完成
10		按期完成批准的维修养护和防汛应急项目
11		对检查中发现的问题应及时组织人员修复或作为下一年度的维修项目上报
12	水下检查	一般 2 年进行一次检查，检查闸底板、消力池、伸缩缝、翼墙、海漫及防冲槽等完好情况，检修门槽部位是否存在杂物卡阻
13	电气试验	定期对电气设备、安全用具等进行预防性试验，防雷接地专项检测，应由具备资质的检测单位进行检测，出具检测报告
14	成果资料	规范填写检查记录，及时整理检查资料，编写检查报告并按规定上报

3. 专项检查工作标准

专项检查工作标准如表 3-29 所示。

表 3-29 专项检查工作标准

序号		标准内容
1	检查条件	当发生地震、风暴潮、台风或其他自然灾害时或水闸超过设计水位、流量运行或发生重大工程事故后，发现较大隐患、异常或拟进行技术改造时应进行专项检查
2	检查内容	应根据所遭受灾害或事故的特点来确定，着重检查建筑物、设备和设施的变化和损坏情况
3		应对重点部位进行专门检查、检测或安全鉴定
4	问题处理	对检查发现的问题应进行分析，编写专项检查报告，制定修复方案和计划并上报
5	成果资料	专项检查记录及报告可参照定期检查

三、设备评级工作标准

定期对闸门、启闭机等进行设备评级。

设备评级工作标准如表 3-30 所示。

表 3-30 设备评级工作标准

序号		标准内容
1	评级时间	每 2 年对闸门、启闭机等进行 1 次评级，结合定期检查进行
2		设备大修时，结合大修进行全面评级；非大修年份结合设备运行状况和维护保养情况进行相应的评级
3		设备更新后，及时进行评级
4		设备发生重大故障、事故经修理投入运行的，次年应进行评级
5		正在进行更新改造的工程，不进行设备评级
6	评级内容	评级工作按照评级单元、单项设备、单位工程逐级评定
7	问题处理	单项设备被评为三类的应限期整改；单位工程被评为三类的，管理所应及时向处工管科报告，由管理处向省水利厅申请安全鉴定，并落实处置措施
8	成果认定	编制评级报告，形成评级成果报处工管科认定

四、工程观测工作标准

按照《水利工程观测规程》（DB32/T 1713-2011）要求，监测水闸工程运行和安全状况，掌握工程状态变化，及时发现异常现象，分析原因，为采取处置措施提供依据。

工程观测工作标准如表 3-31 所示。

表 3-31 工程观测工作标准

序号		标准内容
1	观测任务及组织实施	根据地基土质情况、工程投入使用年限及工程控制运用要求，按照《水利工程观测规程》（DB32/T 1713-2011）的规定编制观测任务书，经审批后执行。观测任务书应明确观测项目、观测时间与测次、观测方法与精度、观测成果要求等
2		保持观测工作的系统性和连续性，按照规定的项目、测次和时间在现场进行观测。做到随观测、随记录、随计算、随校核，无缺测、无漏测、无不符合精度、无违时；人员固定、设备固定、测次固定、时间固定
3	垂直位移	节制闸垂直位移观测应符合二等测量要求；送水闸、调度闸观测应符合三等测量要求
4		汛前、汛后进行一次观测。经资料分析工程垂直位移趋于稳定的可改为每年观测一次
5	测压管	在每月阴历初三、十八长江高潮位时进行观测
6		测压管管口高程按三等水准测量的要求，每年考证一次。测压管灵敏度试验每 5 年进行一次
7	河道断面	节制闸下游断面每年汛前汛后各观测一次，上游断面每年汛前观测一次；送水闸、调度闸断面每年汛前观测一次
8		断面桩桩顶高程按四等水准测量的要求，每 5 年考证一次。如发现断面桩缺损，应及时补设并进行观测
9	伸缩缝	每季度观测一次，在遇特殊情况时增加测次
10	资料整理与汇编	每次观测结束后，应及时对记录资料进行计算和整理，并对观测成果进行初步分析，如发现观测精度不符合要求，应重测；如发现数据异常，应立即进行复测并分析原因
11		每年 6 月底和 12 月底，报送水闸工程的测压管水位观测情况、最大渗流量及其规律是否有一致性和合理性，垂直位移最大间隔位移量、最大不均匀位移量及是否正常分析，引河最大冲刷（淤积）深度和冲淤总量等观测分析成果
12		每年的 1 月 15 日前完成上一年度的资料整编工作，每年 1 月底前，报送上一年度工程观测成果分析和观测工作总结

五、维修养护工作标准

水闸工程的养护维修坚持"经常养护、及时维修、养修并重"，对检查发现的缺陷和问题，随时进行养护维修。水闸工程的养护结合汛前、汛后检查定期进行。设备清洁、润滑、调整等视使用情况经常进行。

1. 项目管理工作标准

项目管理工作标准如表 3-32 所示。

表 3-32 项目管理工作标准

序号		标准内容
1	计划编报	工程养护项目计划按季度拟定,每季度第 1 个月 10 日前报处工管科审核、处分管领导审批
2		每年 10 月底,根据定期检查、日常检查、专项检查和工程安全鉴定中发现的问题与隐患,编制下一年度工程维修项目计划,将纸质和电子件上报处工管科
3	实施准备	按照管理处工程维修项目经费通知的要求,明确项目负责人、技术负责人、安全员
4		参照《江苏省省级水利工程维修项目实施方案管理办法》编制项目实施方案
5		采用公开招标、邀请招标、竞争性谈判、询价、单一来源采购等方式进行项目采购
6		项目定标后,管理所拟定施工合同报财供科审查,安全生产协议报安监科备案,廉政协议报纪律监督室备案
7	项目实施	对项目施工全过程进行安全监管,施工进场必须安全告知、特种作业人员必须现场验证、临时用电和动火作业必须审批、危险性较大的分部分项工程必须有专项方案、施工监管必须有记录
8		项目实施过程中应随时跟踪项目进展,建立施工管理日志,用文字及图像记录工程施工过程发生的事件和形成的各种数据
9		如实反映主要材料、机械、用工及经费等的使用情况,做到专款专用,并及时填写项目实施情况记录表
10		汛期或工程运行期间实施的项目应向上级防汛主管部门备案
11	项目验收	维修项目验收,视具体情况,分材料及设备验收、工序验收、隐蔽工程验收、阶段验收;项目完工进行项目竣工验收;由几个分项目组成的维修项目除项目竣工验收外,还应按分项目分别进行单项验收
12		工序验收、工程隐蔽部分、阶段验收,应在该工序或隐蔽部分施工结束时进行
13		材料及设备验收应具有材料各项检验资料、设备合格证、产品说明及图纸等随机资料
14		分部验收应具备相应的施工资料,包括质量检验数据、施工记载、图纸、试验资料、照片等资料
15		分项单项验收时应具备相应的维修实施情况记录、质量检查验收记录、施工过程照片;材料设备、工序、工程隐蔽部分或阶段验收资料,以及试运行的资料
16		工程竣工应具备相应的技术资料、竣工总结及图纸、照片、项目决算及内部审计报告等资料
17	项目管理卡	工程养护维修项目实行项目管理卡制度,分别建立工程养护、维修项目管理卡

2. 混凝土及砌石工程养护维修工作标准

混凝土及砌石工程养护维修工作主要包括混凝土及砌石工程养护、混凝土及砌石工程维修。

混凝土及砌石工程养护工作标准如表 3-33 所示,混凝土及砌石工程维修工作标准如表 3-34 所示。

表 3-33　混凝土及砌石工程养护工作标准

序号		标准内容
1	闸室	应经常清理建筑物表面，保持清洁整齐，积水、积雪应及时清除；门槽、闸墩等处如有散落物、杂草或杂物、苔藓、蚧贝、污垢等应予清除；闸门槽、底坎等部位淤积的砂石、杂物应及时清除。底板、消力池范围内的石块和淤积物应定期清除；及时打捞、清理闸前积存的漂浮物；及时修复建筑物局部破损
2	岸墙、翼墙	岸墙、翼墙、挡土墙上的排水孔均应保持畅通；孔内淤积应及时清除
3	工程桥面	工作桥、工作便桥、交通桥桥面应定期清扫，保持桥面排水孔泄水畅通
4	反滤排水	反滤设施、减压井、导渗沟及消力池、护坦上的排水井（沟、孔）或翼墙、护坡上的排水管应保持畅通，如有堵塞、损坏，应予疏通、修复；反滤层淤塞或失效应重新补设排水井（沟、孔、管）
5	防冻措施	雨雪后应立即清除建筑物表面及其机械设备上的积雪、积水，防止冻结，冻坏建筑物和设备

表 3-34　混凝土及砌石工程维修工作标准

序号		标准内容
1		水闸的混凝土结构严重受损，影响安全运用时，应拆除并修复损坏部分；在修复消力池底板、护坦等工程部位混凝土结构时，重新敷设垫层（或反滤层）；在修复翼墙部位混凝土结构时，重新做好墙后回填、排水及其反滤体
2		混凝土结构承载力不足的，可采用增加断面、改变连接方式、粘贴钢板或碳纤维布等方法补强加固
3		混凝土裂缝处理，应考虑裂缝所处的部位及环境，按裂缝深度、宽度及结构的工作性能，选择相应的修补材料和施工工艺，在低温季节裂缝开度较大时进行修补。渗（漏）水的裂缝，应先堵漏，再修补
4		混凝土渗水处理，可按混凝土缺陷性状和渗水量，采取相应的处理方法
5	混凝土工程	修补混凝土冻融剥蚀，应先凿除损伤的混凝土，再回填满足抗冻要求的混凝土（砂浆）或聚合物混凝土（砂浆）。混凝土（砂浆）的抗冻等级、材料性能及配比，应符合国家现行有关技术标准的规定
6		钢筋锈蚀引起的混凝土损害，应先凿除已破损的混凝土，处理锈蚀的钢筋，损害面积较小时，可回填高抗渗等级的混凝土（砂浆），并用防碳化、防氯离子和耐其他介质腐蚀的涂料保护，也可直接回填聚合物混凝土（砂浆）；损害面积较大、施工作业面许可时，可采用喷射混凝土（砂浆），并用涂料封闭保护；回填各种混凝土（砂浆）前，应在基面上涂刷与修补材料相适应的基液或界面黏结剂；修补被氯离子侵蚀的混凝土时，应添加钢筋阻锈剂
7		混凝土空蚀修复，应首先清除造成空蚀的条件（如体型不当、不平整度超标及闸门运用不合理等），然后对空蚀部位采用高抗空蚀材料进行修补，如高强硅粉钢纤维混凝土（砂浆）、聚合物水泥混凝土（砂浆）等，对水下部位的空蚀，也可采用树脂混凝土（砂浆）进行修补
8		位于水下的闸底板、闸墩、岸墙、翼墙、铺盖、护坦、消力池等部位，如发生表层剥落、冲坑、裂缝、止水设施损坏，应根据水深、部位、面积大小、危害程度等不同情况，选用钢围堰、气压沉柜等设施进行修补，或由潜水人员采用特种混凝土进行水下修补
9	砌石工程	浆砌石工程发生底部淘空、垫层散失等现象时，应参照《水闸施工规范》（SL 27-2014）中有关规定按原状修复。施工时应做好相邻区域的垫层、反滤、排水等设施
10		浆砌石工程墙身渗漏严重的，可采用灌浆、迎水面喷射混凝土（砂浆）或浇筑混凝土防渗墙、墙后导渗等措施

续表

序号		标准内容
11	砌石工程	浆砌石墙基出现冒水冒沙现象，应立即采用墙后降低地下水位和墙前增设反滤设施等办法处理
12		水闸的防冲设施（防冲槽、海漫等）遭受冲刷破坏时，一般可加筑消能设施或采用抛石笼、柳石枕和抛石等方法处理

3. 堤岸及引河工程养护维修工作标准

堤岸及引河工程养护维修主要包括堤岸及引河工程养护、堤岸工程维修、引河工程维修。

堤岸及引河工程养护工作标准如表 3-35 所示，堤岸及引河工程维修工作标准如表 3-36 所示。

表 3-35 堤岸及引河工程养护工作标准

序号		标准内容
1	堤岸工程	护堤及堤顶道路定期清扫，对植被进行养护，对排水设施进行定期检查疏通
2		护堤遭受白蚁、害兽危害时，应采用毒杀、诱杀、捕杀等方法防治；蚁穴、兽洞可采用灌浆或开挖回填等方法处理
3	引河工程	应保持河面清洁，经常清理河面漂浮物

表 3-36 堤岸及引河工程维修工作标准

序号		标准内容
1	堤岸工程	护堤出现雨淋沟、浪窝、塌陷和岸墙、翼墙后填土区发生跌塘、沉陷时，采用机械或人工方式进行修复，外运符合要求的土料，分层回填夯实并整平
2		护堤发生管涌、流土现象时，应按照"上截、下排"原则及时进行处理。主要在管涌、流土入渗处，采取"临水截渗"措施，对管涌、流土入口进行封堵；同时在管涌、流土出口用透水材料进行反滤压重保护，既能使透水层不再被破坏，又可降低渗水压力，使险情得以稳定。具体抢护方法是在堤背水坡设置反滤围井、减压围井及透水压渗台等
3		护堤发生裂缝时，应针对裂缝特征处理，干缩裂缝、冰冻裂缝和深度 ≤ 0.5 m，宽度 ≤ 5 mm 的纵向裂缝，一般可采取封闭缝口处理；表层裂缝，可采用开挖回填处理；非滑动性的内部深层裂缝，宜采用灌浆处理；当裂缝出现滑动迹象时，则严禁灌浆
4		护堤出现滑坡现象时，应针对产生原因按"上部减载、下部压重"和"迎水坡防渗、背水坡导渗"等原则进行处理
5		节制闸上下游左岸堤顶路面为混凝土路面，路面如发生局部破损，采用直接灌浆或扩缝补块方法对路面裂缝和破损进行修补；路面脱空和坑洞，采用灌浆法进行修复；路面接缝处填缝料如有脱落缺失现象，应及时清理嵌入杂物，采用适宜材料灌缝填补；路面出现大面积破损，应全面翻修（包括垫层）
6	引河工程	河床冲刷坑危及防冲槽或河坡稳定时，应立即抢护，一般可采用抛石或沉排等方法处理，不影响工程安全的冲刷坑，可不作处理
7		根据每年河床断面测量结果，河床淤积影响工程效益时，应及时申报维修专项，采用机械疏浚的方法清淤

4. 闸门养护维修工作标准

闸门养护维修主要包括闸门养护、闸门维修。

闸门养护工作标准如表 3-37 所示，闸门维修工作标准如表 3-38 所示。

表 3-37 闸门养护工作标准

序号		标准内容
1	门叶	及时清理面板、梁系及支臂附着的水生生物、泥沙和漂浮物等杂物，梁格、臂杆内无积水，保持清洁
2		及时紧固配齐松动或丢失的构件连接螺栓
3		闸门运行中发生振动时，应查找原因，采取措施消除或减轻
4	行走支承装置	定期清理行走支承装置，保持清洁
5		保持运转部位的加油设施完好、畅通，并定期加油。弧形门支铰等难以加油部位，定期采用高压油泵加油
6		定期清洗支铰轴油孔、油槽，并注油
7	吊耳	定期清理吊耳
8		吊耳变形时，可矫正，但不应出现裂纹、开焊
9	止水装置	止水橡皮磨损、变形的，应及时调整达到要求的预压量
10		止水橡皮断裂的，可粘接修复
11		对止水橡皮的非摩擦面，可涂防老化涂料
12	闸门埋件	定期清理门槽，保持清洁
13		闸门的预埋件应有暴露部位非滑动面的保护措施，保持与基体连接牢固、表面平整、定期冲洗。主轨的工作面应光滑平整并在同一垂直平面，其垂直平面误差应符合设计规定
14	检修闸门	检修闸门放置应整齐有序，并进行防腐保护，如局部破损或止水损坏，应进行维修

表 3-38 闸门维修工作标准

序号		标准内容
1	门叶	闸门构件强度、刚度或蚀余厚度不足应按设计要求补强或更换
2		闸门构件变形应矫正或更换
3		门叶的一、二类焊缝开裂应在确定深度和范围后及时补焊
4		门叶连接螺栓孔腐蚀应扩孔并配相应的螺栓
5	行走支承装置	轨道变形、断裂、磨损严重应更换
6		支铰发生裂纹的，应更换，确认不影响安全的，可补焊
7	吊耳	吊耳的轴销裂纹或磨损、腐蚀量＞原直径10%时，应更换
8		吊耳的连接螺栓腐蚀，可除锈防腐，腐蚀严重的，应更换
9		受力拉板腐蚀量＞原厚度的10%时，应更换
10	止水装置	止水橡皮严重磨损、变形或老化、失去弹性，门后水流散射或设计水头下渗漏量＞0.2 L/（s·m）时，应更换
11		止水压板螺栓、螺母应齐全，压板局部变形可矫正；严重变形或腐蚀应更换
12	闸门埋件	埋件破损面积＞30%时，应全部更换
13		埋件局部变形、脱落应局部更换
14		止水座板出现蚀坑时，可涂刷树脂基材料或喷涂不锈钢材料整平
15	闸门防腐	当涂层普遍出现剥落、鼓泡、龟裂、明显粉化等老化现象时，应全部重新做新的防腐涂层或封闭涂层

5. 启闭机养护维修工作标准

启闭机养护维修主要包括卷扬式启闭机的养护、卷扬式启闭机的维修。

卷扬式启闭机养护工作标准如表3-39所示,卷扬式启闭机维修工作标准如表3-40所示。

表3-39 卷扬式启闭机养护工作标准

序号		标准内容
1	标志标牌	启闭机应编号清楚,设有转动方向指示标志。节制闸编号应面向下游,从左到右,编号分别为1#、2#、3#、4#、5#;送水闸、调度闸编号应面向调度区,从左到右,送水闸编号分别为1#、2#、3#,调度闸编号分别为1#、2#、3#、4#
2		启闭机传动轴等转动部位应涂红色油漆,油杯涂黄色标志
3	机体防护	启闭机机架、机体表面应保持清洁,除转动部位的工作面外,应采取防腐蚀措施
4		防护罩应固定到位,防止齿轮等碰壳
5	润滑	注油设施(油孔、油杯等)应保持完好,油路应畅通,无阻塞现象。油封应密封良好,无漏油现象。根据工程启闭频率定期检查保养,清洗注油设施,并更换油封,换注新油
6		机械传动装置的转动部位应及时加注润滑油,选用3#锂基润滑脂;减速箱内油位应保持在油标尺上、下限之间,油质应合格;油杯内油量应充足,并经常在闸门启闭运行时旋转油杯,使轴承得到润滑
7	传动装置	启闭机的连接件应保持紧固,不得有松动现象
8		开式齿轮及齿形联轴节应保持清洁,表面润滑良好,无损坏及锈蚀
9		应保持滑轮组润滑、清洁、转动灵活,滑轮内钢丝绳不得出现脱槽、卡槽现象;若钢丝绳卡阻、偏磨应调整
10		钢丝绳应定期清洗保养,并涂抹防水油脂。钢丝绳两端固定部件应紧固、可靠
11		钢丝绳在闭门状态下不得过松
12	制动装置	制动装置应经常维护,适时调整,确保动作灵活、制动可靠
13	高度指示	闸门高度显示采用高度仪及编码器组合,定期检查,确保编码器、联轴器、齿轮轴之间连接正常,运转灵活

表3-40 卷扬式启闭机维修工作标准

序号		标准内容
1	大修周期	应根据启闭机相关技术规程,结合启闭机运行情况和实际状况,确定大修周期,按时进行大修
2	机架	启闭机机架不得有明显变形、损伤或裂纹,底脚连接应牢固可靠
3		机架焊缝出现裂纹、脱焊、假焊,应补焊
4	传动装置	启闭机联轴节连接的两轴同轴度应符合规定
5		滑动轴承的轴瓦、轴颈,出现划痕或拉毛时修刮平滑。轴与轴瓦配合间隙超出规定时,更换轴瓦
6		启闭机卷筒及轴定位准确、转动灵活,卷筒表面、幅板、轮缘、轮毂等不得有裂纹或明显损伤
7		钢丝绳达到《起重机钢丝绳保养、维护、检验和报废》(GB/T 5972-2016)规定的报废标准时,应予更换;更换的钢丝绳规格应符合设计要求,应有出厂质保资料;更换钢丝绳时,缠绕在卷筒上的预绕圈数,应符合设计要求,无规定时,应大于4圈,其中2圈为固定用,另外2圈为安全圈
8		钢丝绳在卷筒上应排列整齐,不咬边、不偏档、不爬绳;卷筒上固定应牢固,压板、螺栓应齐全,压板、夹头的数量及距离应符合《钢丝绳用压板》(GB/T 5975-2006)的规定

续表

序号		标准内容
9	传动装置	双吊点闸门钢丝绳应保持双吊点在同一水平，防止闸门倾斜；一台启闭机控制多孔闸门时，应使每一孔闸门在开启时保持同高
10		发现钢丝绳套内浇注块粉化、松动时，应立即重浇
11	制动装置	制动装置制动轮、闸瓦表面不得有油污、油漆、水分等
12		闸瓦退距和电磁铁行程调整后，应符合《水利水电工程启闭机制造安装及验收规范》（SL/T 381—2021）的有关规定，闸瓦表面磨损严重，应更换
13		制动轮的铆钉断裂、脱落，应及时更换补齐
14		主弹簧变形，失去弹性时，应予更换

6.电气设备养护维修工作标准

电气设备养护维修主要包括电动机的养护维修、闸门控制柜的养护维修及防雷接地设施的养护维修。

电动机养护维修工作标准如表3-41所示，闸门控制柜养护维修工作标准如表3-42所示，防雷接地设施养护维修工作标准如表3-43所示。

表3-41 电动机养护维修工作标准

序号		标准内容
1	外壳	电动机的外壳应经常擦拭，保持无尘、无污、无锈
2	零部件	接线盒应防潮，压线螺栓应紧固，损坏应更换
3	电机本体	轴承内的润滑脂应保持填满空腔内1/2～1/3，油质合格
4		定子与转子间的间隙要保持均匀
5		轴承如有松动、磨损，应及时更换
6		绕组的绝缘电阻值应定期使用500 V兆欧表进行检测，电阻值<0.5 MΩ时，应进行干燥处理，如绕组绝缘老化，应视老化程度采用浸绝缘漆、干燥或更换绕组

表3-42 闸门控制柜养护维修工作标准

序号		标准内容
1	闸高仪	修复、更新出现故障或损坏的闸门高度仪
2	接触器	更换不符合要求的接触器
3	闭锁装置	检查电气闭锁装置是否灵敏可靠

表3-43 防雷接地设施养护维修工作标准

序号		标准内容
1	接地要求	接地电阻>4 Ω时，应补充或完善接地极
2		及时修补局部破损的防雷接地器支架的防腐涂层
3		避雷带的腐蚀量>截面的30%时，应更换
4		导电部件的焊接点或螺栓接头如脱焊、松动应予补焊或旋紧
5	校验、检验等	电器设备的防雷设施应按供电部门的有关规定进行定期校验
6		防雷设施的构架上，严禁架设低压线、广播线及通讯线
7		建筑物防雷设施每年应在雷雨季前委托有资质的单位进行检测
8		避雷器不满足要求的应及时更换

7.通信及监控设施养护维修工作标准

通信及监控设施养护维修主要包括通信设施养护维修、监控系统硬件设施的养护维修、监控系统软件系统的养护维修。

通信设施养护维修工作标准如表3-44所示，微机监控系统硬件设施养护维修工作标准如表3-45所示，微机监控系统软件养护维修工作标准如表3-46所示，视频监视系统养护维修工作标准如表3-47所示。

表3-44 通信设施养护维修工作标准

序号		标准内容
1	通信设备	定期对无线AP、固定电话、对讲机等通信设备进行检查维护和清洁除尘，如有故障及时修理或更换
2	辅助设施	及时修复、更新故障或损坏的电源等辅助设施

表3-45 微机监控系统硬件设施养护维修工作标准

序号		标准内容
1	设备本体	经常对微机现场采集控制箱内控制器单元、I/O模块单元、交换机、电源模块、交流温控器等硬件进行检查维护和清洁除尘
2		及时修复故障，更换零部件
3		经常对工程师站、操作员站及网络系统进行检查维护，及时修复故障
4		定期对采集控制箱外观检查与清洁
5		定期对采集控制箱内机架、基座、接线端子检查和紧固
6		定期对采集控制箱内外各类电源线、信号线、控制线、通讯线、接地线等进行检查、紧固、修复，对电缆标牌及接线标号进行检查、修复

表3-46 微机监控系统软件养护维修工作标准

序号		标准内容
1	操作权限	应制定计算机控制操作规程并严格执行，明确管理权限
2	安全管理	加强对计算机和网络的安全管理，配备必要的防火墙，监控设施应采用专用网络
3	备份	每月对数据库进行一次备份，并做好备份记录
4		有管理权限的人员对软件进行修改或设置时，修改或设置前后的软件应分别进行备份，并做好修改记录
5	记录	对运行中出现的问题详细记录，并通知开发人员解决和维护
6		及时统计并上报有关报表

表3-47 视频监视系统养护维修工作标准

序号		标准内容
1	设备本体	经常对摄像机镜头清洁除尘，摄像机老化图像模糊的及时更换
2	配件	定期对常用配件（电源模块、交换机、光纤接线盒等）进行检查

8.管理设施养护维修工作标准

管理设施养护维修工作标准如表3-48所示。

表3-48 管理设施养护维修工作标准

序号		标准内容
1	房屋	控制室、启闭机房等房屋建筑地面和墙面完好、整洁、美观、通风良好、无渗漏
2	道路	管理区道路和对外交通道路应经常养护，保持通畅、整洁、完好

续表

序号		标准内容
3	办公、生产设施等	经常清理办公设施、生产设施、消防设施等，工程管理范围内应整洁、卫生，绿化经常养护
4	标志标牌	定期对工程标牌（包括安全警示牌、宣传牌等）进行检查维修或补充，确保标牌完好、醒目、美观
5	观测设施	垂直位移标点、测压管、断面桩等观测设施完好，能够正常观测使用
6	照明	及时修复故障照明系统
7		工程主要部位的警示灯、照明灯应保持完好，过闸的输电线路及其他信号线，应排列整齐、穿管固定或埋入地下

六、安全生产工作标准

组织职工认真学习、贯彻执行《中华人民共和国水法》《中华人民共和国防洪法》《中华人民共和国安全生产法》和《江苏省水利工程管理条例》等有关法律法规，开展安全生产管理工作。安全生产包括安全管理、安全鉴定。

安全管理工作标准如表 3-49 所示，安全鉴定工作标准如表 3-50 所示。

表 3-49　安全管理工作标准

序号		标准内容
1	目标职责	明确安全生产管理机构，配备专（兼）职安全生产管理人员，建立健全安全管理网络和安全生产责任制
2		逐级签订安全生产责任书，并制定目标保证措施
3		按有关规定保证具备安全生产条件所必需的资金投入，并严格资金管理
4	制度化管理	建立健全安全生产规章制度和安全操作规程，改善安全生产条件，建立健全安全台账
5		及时识别、获取适用的安全生产法律法规和其他要求，归口管理部门每年发布一次适用的清单，建立文本数据库
6	教育培训	每年识别安全教育培训需求，编制培训计划，按计划进行培训，对培训效果进行评价
7		加强新员工、特种作业人员、相关方及外来人员教育培训工作
8	现场管理	现场设施管理工作标准参见维修养护工作标准中相关内容
9		作业时成立安全管理小组，配备专（兼）职安全员，与相关方签订安全生产协议，开展专项安全知识培训和安全技术交底，检查落实安全措施，规范各类作业行为
10	安全风险管控及隐患排查治理	定期开展危险源辨识和风险等级评价，设置安全风险公告牌、危险源告知牌，管控安全风险，消除事故隐患
11		对重大危险源进行登记建档，并按规定进行备案，同时对重大危险源采取技术措施和组织措施进行监控
12	应急管理	建立健全安全生产预案体系（综合预案、专项预案、现场处置方案等），将预案报处安监科备案，并通报有关应急协作单位，每年组织技术人员对预案进行修订，如工程管理条件发生变化应及时修订完善
13		安全应急预案或专项应急预案每年应至少组织 1 次演练，现场处置方案每半年应至少组织 1 次演练，且应有演练记录

续表

序号		标准内容
14	事故查处	发生事故后应采取有效措施，组织抢救，防止事故扩大，并按有关规定及时向上级主管部门汇报，配合做好事故的调查及处理工作
15	持续改进	根据有关规定和要求，开展安全生产标准化建设，同时根据绩效评定报告，进行持续改进

表 3-50　安全鉴定工作标准

序号		标准内容
1	鉴定要求及时间	水闸安全鉴定要求应按《江苏省水闸安全鉴定管理办法》（苏水规〔2020〕3号）执行
3	特殊安全鉴定	运行中遭遇超标准洪水、强烈地震、增水高度超过校核潮位的风暴潮或工程发生重大事故后，应及时进行安全检查，如出现影响安全的异常现象，应及时进行安全鉴定
4	单项工程安全鉴定	闸门、启闭机等单项工程达到折旧年限，应按有关规定和规范适时进行单项安全鉴定
5		对影响水闸安全运行的单项工程，应及时进行安全鉴定
6	鉴定内容	水闸安全鉴定具体内容应按《水闸安全评价导则》（SL 214-2015）、《江苏省水闸安全鉴定管理办法》（苏水规〔2020〕3号）的规定进行，包括现状调查、安全检测、安全复核等
7		根据安全复核结果，进行研究分析，作出综合评估，确定水闸工程安全类别，编制水闸安全评价报告，并提出加强工程管理、改善运用方式、进行技术改造、加固补强、设备更新或降等使用、报废重建等方面的意见
8	后续处理	经安全鉴定为二类水闸的，应编制维修方案，报管理处批准，必要时进行大修
9		经安全鉴定为三类水闸的，应及时组织编制除险加固计划，报管理处批准
10	应急方案	在三类水闸未处理前，应制定安全应急方案，并采取限制运用措施

七、制度管理工作标准

制度管理主要包括水闸工程管理细则、管理制度、运行规程的制订完善与执行等方面。管理制度工作标准如表 3-51 所示。

表 3-51　管理制度工作标准

序号		标准内容
1	管理细则	结合水闸工程的规划设计和具体情况，编制《高港水闸工程管理细则》
2		工程实际情况和管理要求发生改变要及时进行修订，报处工管科批准
3		管理细则应有针对性、可操作性，能全面指导工程技术管理工作，主要内容包括：总则、工程概况、控制运用、工程检查与设备评级、工程观测、养护修理、安全管理、技术资料与档案管理、其他工作等
4	规章制度与运行规程	规章制度、运行规程条文应规定工作的内容、程序、方法，要有针对性和可操作性
5		规章制度、运行规程应经过批准，并印发执行
6	执行与评估	管理细则、规章制度、运行规程应汇编成册，组织培训学习
7		开展规章制度执行情况监督检查，并将规章制度执行情况与单位、个人评先评优和绩效考核挂钩
8		每年对规章制度执行效果进行评估、总结

八、教育培训工作标准

教育培训工作主要包括制定培训计划、新职工入职培训、安全生产教育培训、特种作业人员培训等。

教育培训工作标准如表 3-52 所示。

表 3-52 教育培训工作标准

序号		标准内容
1	业务培训	制定年度教育培训计划，开展在岗人员专业技术和业务技能的学习与培训，运行管理岗位人员培训每年不少于 6 次，应完成规定的学时，职工年培训率应达到 100%
2		管理细则、规章制度、应急预案等应按规定及时组织培训
3		水闸运行关键岗位和特种作业人员应按照有关规定进行培训并持证上岗
4	岗前培训	首次上岗的运行管理人员应实行岗前教育培训，具备与岗位工作相适应的专业知识和业务技能
5	安全培训	所长、安全生产管理人员：所长、安全生产管理人员初次安全培训时间不得少于 32 学时，每人每年再培训时间不得少于 12 学时
6		在岗作业人员：一般在岗作业人员每人每年安全生产教育和培训时间不得少于 12 学时
7		新员工：新员工的三级安全培训教育时间不得少于 24 学时
8	评价总结	每年对教育培训效果进行评估和总结，建立教育培训台账

九、资料管理工作标准

1. 技术资料管理工作标准

建立技术资料管理制度，由熟悉工程管理、掌握资料管理知识并经培训取得上岗资格的专职或兼职人员管理资料，资料设施保持齐全、清洁、完好。

技术档案管理工作标准如表 3-53 所示。

表 3-53 技术档案管理工作标准

序号		标准内容
1	范围及周期	技术资料包括以文字、图表等纸质件及音像、电子文档等磁介质、光介质等形式存在的各类资料
2		应及时收集技术资料，运行资料整理与整编每季度进行 1 次
3	建档立卡	各类设备均应建档立卡，文字、图表等资料应规范齐全，分类清楚，存放有序，及时归档
4	保管借阅	严格执行保管、借阅制度，做到收借有手续，按时归还
5		资料管理人员工作变动时，应按规定办理交接手续
6	资料室管理	温度、湿度应控制在规定范围内
7		资料室照明应选用白炽灯或白炽灯型节能灯
8	电子化管理	积极推行档案管理电子化

2. 技术图表管理工作标准

技术图表标准主要依据《科学技术档案案卷构成的一般要求》（GB/T 11822-

2008）、《江苏省档案管理条例》、《水闸工程管理规程》（DB32/T 3259-2017）和《水闸泵站标志标牌规范》（DB32/T 3839-2020）的有关规定制定。

技术图表管理工作标准如表 3-54 所示。

表 3-54　技术图表管理工作标准

序号		标准内容
1	范围及内容	技术图表主要包括工程概况、平立剖面图、流量曲线图、电气主接线图、设备检修揭示图、巡视检查路线图等
2	工程概况	工程概况应包含工程地理位置、工程等别、启闭机型号、闸门形式、设计流量、校核流量和工程效益等主要技术指标
3	三视图	水闸三视图主要包括平面布置图、立面布置图、剖面图，三视图中应标明水闸结构的主要尺寸和重点部位高程，并尽量分色绘制
4	设备揭示图	主要设备揭示图包括启闭机、闸门等。揭示图中应注明主要设备的出厂时间、安装时间、等级评定时间、大修周期、小修周期和设备保养责任人等信息
5	电气主接线图	电气主接线图包括高压主接线图和低压主接线图，主接线图中设备名称与编号应与现场一致，主接线中各电压等级的线路应按规范进行分色绘制
6	张贴位置	技术图表张贴在启闭机房等合适位置，图表中的内容应准确，图表格式应相对统一，表面应整洁美观。固定牢靠，定期检查维护

十、标志标牌设置标准

标志标牌主要包括导视类、公告类、名称编号类、安全类等，其颜色、规格、材质、内容及安装等应符合《水闸泵站标志标牌规范》（DB32/T 3839-2020）规定，同时结合工程结构及设备的实际情况布置明示。

1. 导视类标志标牌设置标准

导视类标志标牌包括工程路网导视标牌、工程区域总平面布置图标牌、工程区域内建筑物导视标牌、建筑物内楼层导视标牌等。

导视类标志标牌设置标准如表 3-55 所示。

表 3-55　导视类标志标牌设置标准

序号		标准内容
1	设置要求	导视类标志标牌应保证信息的连续性和内容的一致性
2	布置顺序	导视标牌有多个不同方向的目的地时，宜按照向前、向左和向右的顺序布置
3		同一方向有多个目的地时，宜按照由近及远的空间位置从上至下集中排列
4		导视标牌应标注每层布置的功能间名称，标牌内容从上向下应按照高楼层向低楼层的顺序布置
5	重点区域	宜配套设置巡视路线地贴标牌，重点部位宜设置重点部位运行巡视点标牌，明确关键部位的巡视点，提醒运行工作人员加强巡视

2. 公告类标志标牌设置标准

公告类标志标牌包括工程简介标牌、工程设计标牌、工程管理标牌、参观须知标牌、管理范围和保护范围公告牌、水法规告示标牌、工程建设永久性责任标牌、管理制度标牌、关键岗位责任制标牌、操作规程标牌、巡视内容标牌等。

公告类标志标牌设置标准如表3-56所示。

表3-56 公告类标志标牌设置标准

序号		标准内容
1	设置要求	公告类标志标牌一般为单面设置，必要时可设置双面标牌
2	设置部位	公告类标志标牌一般设置在建筑物入口、门厅入口、参观起点等醒目位置
3		水法规告示标牌一般设置在泵站上下游的左右岸、入口、公路桥以及拦河浮筒处。水法规告示标牌数量可根据实际需要确定，一般不宜少于4块
4		控制运用类管理制度标牌宜设置在控制室、值班室；工程检查、观测、维修养护管理制度及关键岗位责任制标牌宜设置在办公室、值班室；操作规程标准宜设置在操作现场；巡视内容标牌等宜设置在巡视现场

3. 名称编号类标志标牌设置标准

名称编号类标志标牌包括单位名称标牌、建筑物名称标牌、房间名称标牌、管理界桩标牌、管理区域分界碑标牌、安全警戒区标志标牌、工程观测设施名称标牌、里程桩、百米桩、设备名称标牌、按钮、指示灯、旋转开关标牌、管道名称流向标牌、管路闸阀标牌、液位指示线标牌、起重机额定起重量标牌等。

名称编号类标志标牌设置标准如表3-57所示。

表3-57 名称编号类标志标牌设置标准

序号		标准内容
1	名称要求	有厂家标志标牌的优先使用厂家自带的标志标牌，没有的应后期制作
2		位名称一般使用中文，也可同时使用英文
3	建筑物	每个建筑物宜设置建筑物名称标牌，一般设置于建筑物顶部、建筑物侧面或建筑物主出入口处
4	机电设备	设备名称标牌应配置在设备本体或附近醒目位置，宜设置于柜眉，应面向操作人员
5	开关指示	指示灯、按钮和旋转开关旁宜设置文字标志标牌，提示操作功能和运行状态等。一般设置在相关按钮、指示灯、旋转开关下部适当位置
6	同类设备	同类设备按顺序编号，编号标志标牌内容包括设备名称及阿拉伯数字编号
7		编号标牌颜色组合宜为白底红字、白底蓝字、红底白字、蓝底白字等，可参照设备底色选定。同类设备编号标牌尺寸应一致，设置在容易辨识、固定且相对平整的位置
8	旋转设备	旋转机械有旋转方向标牌，旋转方向标牌内容为功能箭头。电机旋转方向标志宜设置在电机的外罩上。闸门升降方向标志宜设置在启闭机外罩上

4. 安全类标志标牌设置标准

安全类标志标牌一般包括禁止标志标牌、警告标志标牌、指令标志标牌、提示标志标牌、安全警戒线、消防标志标牌、电力标志标牌、交通标志标牌、职业健康告知牌、危险源点警示牌等。

安全类标志标牌设置标准如表3-58所示。

表3-58 安全类标志标牌设置标准

序号		标准内容
1	设置要求	多个安全标志标牌在一起设置时，应按警告、禁止、指令、提示类型的顺序，先左后右、先上后下的排列
2		上下游的左右岸、入口、公路桥以及拦河浮筒处应设置安全类标志标牌，总量一般不宜少于4块，可根据现场实际需要适当增加标牌数量

续表

序号		标准内容
3	警戒线	电气设备、机械设备、消防设备下方等危险场所或危险部位周围应设置安全警戒线和防护设施。电气设备、机械设备所在区域、楼梯第一级台阶上用黄色警戒线，消防箱、消防柜及灭火器的安全隔离区用红白警戒线
4		危险部位、拦河浮筒上用黄黑警戒线，安全警戒线的宽度宜为 50~150 mm
5	标牌管理	现有的安全类标志标牌缺失、数量不足、设置不符合要求的，应及时补充、完善或替换

第三节 船闸工程管理标准

一、控制运用工作标准

控制运用工作内容主要包括调度管理、运行操作、运行值班等。

调度管理工作标准见表 3-59，运行操作工作标准见表 3-60，值班所长工作标准见表 3-61。

表 3-59 调度管理工作标准

序号		标准内容
1	船舶建档	① 核定的船舶准载吨位误差不超过 5% ② 船舶信息录入无偏差，照片清晰可辨 ③ 能在 5 分钟内办结船舶建档业务
2	登记缴费	① 指导船员正确使用微信登记、缴费 ② 能在 2 分钟内办结现场登记、售票业务 ③ 办理线下业务时，月度登记售票差错率为零
3	船舶调度	① 能在 5 分钟内完成船舶预调度 ② 提前 40 分钟预告调度船舶 ③ 月度闸次、闸号安排差错率为零 ④ 接电话和使用高频时，应音量适宜，文明礼貌
4	调度执行	① 正确操作信号灯，宣传引导船舶安全有序进出闸 ② 能经过广播设备发出准确的指挥口令 ③ 过闸确认闸次差错率为零 ④ 系统信息数据与实船过闸差错率为零

表 3-60　运行操作工作标准表

序号			标准内容
1	运行准备	人员就位	运行人员应按排班表按时到岗
		安全检查	检查有无影响闸门启闭或危及闸门、建筑物安全的施工作业，并进行妥善处理
		设备检查	启闭设备、监控系统及供电设备是否符合安全运行要求
2	启闭操作	操作人员	应由接受过闸阀门操作及安全培训并熟练掌握操作技能的技术人员按规程进行操作
		启闭方案	① 水位差≤1 m 时，一次提阀到位 ② 水位差>1 m 时，分两节提阀。第一次提升 1 m；当水位差减少至 1 m 时，再次提阀到位
		状态观察	闸阀门启闭后，闸口调度员应严密监视闸门开度及闸门前后船舶状态，遇到紧急情况要及时按紧急停机按钮
		记录填写	通过运行调度系统和自动化控制系统自动记录

表 3-61　值班所长工作标准

序号			标准内容
1	人员配备与管理	值班人员	值班人员应熟练掌握规章制度，具有事故应急处理能力及一般故障的排查能力
		工作纪律	值班人员应严格遵守工作纪律，不得擅自离开工作岗位
		注意事项	值班人员应仪表整洁，发现问题及时研究解决，做好记录，不得做与值班无关的事。如有特殊情况，需经领导批准，安排顶替人员后方可离开
2	值班及巡查	值班要求	值班所长实行 24 小时值班
		巡视检查	加强对工程设施和运行情况巡视检查，随时掌握工程状况及当班职工的工作和思想情况，发现问题及时上报并落实处理措施
3	交接班	交接班要求	当班人员按交班内容要求做好交班准备，接班人员按时到岗进行交接班
4	值班记录	记录填写	通过值班记录本进行记录

二、工程检查工作标准

高港船闸工程检查分为日常检查、定期检查和专项检查等，应按相关规定开展并填写记录，及时整理检查资料，汛前、汛后检查报告应分别于 4 月上旬、10 月下旬报处工管科。

1. 日常检查工作标准

日常检查包括日常巡查、经常检查和月巡查。

日常检查工作标准如表 3-62 所示。

表 3-62　日常检查工作标准

序号		标准内容
1	日常巡查	日常巡查一般每日 1 次。在高水位时应增加巡查频次，日常巡查可结合经常检查进行
2		主要检查船闸建筑物、设备、设施是否完好；工程运行状态是否正常；是否有影响船闸安全运行的障碍物；管理范围内有无违章建筑和危害工程安全的活动；工程环境是否整洁；水体是否受到污染

续表

序号		标准内容
3	经常检查	经常检查一般每周2次
4		主要检查闸室混凝土有无损坏和裂缝，房屋是否完好，伸缩缝填料有无流失；堤防、护坡是否完好，排水是否畅通，有无雨淋沟、塌陷、缺损等现象；导航墙有无损坏倾斜和裂缝，伸缩缝填料有无流失；启闭机有无渗油，外观及罩壳是否完好；钢丝绳排列是否正常，有无明显的变形等不正常情况；闸阀门有无振动、漏水现象，闸下流态是否正常；电气设备运行状况是否正常，电线、电缆有无被损，开关、按钮、仪表、安全保护装置等动作是否灵活、准确可靠；观测设施、管理设施是否完好，使用是否正常；通信设施运行状况是否正常；警示浮筒设施是否完好，是否有影响船闸安全运行的障碍物；管理范围内有无违章建筑和危害工程安全的活动；工程环境是否整洁等
5	月巡查	月巡查一般每月末一次
6		主要检查水工建筑物是否完好，有无裂缝、塌陷等损坏现象；闸阀门是否完好，有无损坏，运行是否正常；启闭机有无渗油，外观及罩壳是否完好；电气设备运行是否正常等
7	检查记录	检查时应认真、及时填写检查记录，做到字迹清晰、内容完整、签字齐全
8	问题处理	遇有违章建筑和危害工程安全的活动应及时制止
		工程运用出现异常情况，应及时采取措施进行处理，并及时上报

2. 定期检查工作标准

定期检查包括汛前检查、汛后检查、水下检查、试验检测等。

定期检查工作标准如表3-63所示。

表3-63 定期检查工作标准

序号		标准内容
1	汛前检查	一般在3月底前完成
2		成立度汛准备工作小组，制定度汛准备工作计划，明确具体的任务内容、时间要求，落实到具体部门、具体人员
3		检查建筑物、设备和设施的最新状况，养护维修工程和度汛应急工程的完成情况，安全度汛存在问题及措施，防汛工作准备情况
4		完成规章制度修订完善和软件资料收集整理
5		全面修订防汛抗旱应急预案、反事故预案、现场应急处置预案；建立完善抢险队伍，有针对性地开展预案演练培训
6		汛前检查可结合汛前保养工作同时进行，同时着重检查养护维修项目和度汛应急项目完成情况
7		检查增补防汛物资、备品备件等
8		对汛前检查情况及存在问题进行总结，提出初步处理措施，形成报告，并报上级主管部门
9		接受上级汛前专项检查，按要求整改提高，及时向处工管科反馈
10		对汛前检查中发现的问题应及时进行处理；对影响工程安全度汛而又无法在汛前解决的问题应制定好应急抢险方案
11		规范填写检查记录，及时整理检查资料，编写汛前检查报告并按规定上报
12	汛后检查	10月底前完成
13		着重检查工程和设备度汛后的变化和损坏情况，按期完成批准的维修养护或防汛急办项目计划

续表

序号		标准内容
14	汛后检查	对检查中发现的问题应及时组织人员修复或作为下一年度的维修项目上报
15		规范填写检查记录，及时整理检查资料，编写汛后检查报告并按规定上报
16	水下检查	一般每季度进行1次水下检查；如遇过闸船舶在过闸期间搁浅、碰撞闸门等应增加检查次数
17		闸门部分主要检查底枢、止水、承压块、闸门门底限位、闸首淤积情况；阀门部分主要检查止水、主轨道、两侧滚轮、输水廊道淤积情况；其他部分主要检查门内外护坦情况、闸首钢护木情况、其他水下部位
18		规范填写检查记录，及时整理检查资料，编写水下检查报告并按规定上报
19	电气试验	定期对电气设备、安全用具等进行预防性试验，涉及特种设备检测和防雷接地专项检测的，应由具备资质的检测单位进行检测，出具检测报告

3. 专项检查工作标准

专项检查工作标准如表3-64所示。

表3-64 专项检查工作标准

序号		标准内容		
1	检查条件	自然灾害	当船闸遭受特大洪水、风暴潮、强烈地震	应及时组织对工程进行专项检查
		重大工程事故	发生重大工程事故时	
		其他	参照相关标准	
2	检查内容	应根据所遭受灾害或事故的特点来确定，着重检查建筑物、设备和设施的变化和损坏情况		
3	重点部位	应对重点部位进行专门检查、检测或安全鉴定		
4	问题处理	对检查发现的问题应进行分析，制定修复方案和计划并上报		
5	报告填写	规范填写检查记录，及时整理检查资料，编写专项检查报告并按规定上报		

三、设备评级工作标准

每2年对船闸闸阀门、启闭机等进行设备评级。

设备评级工作标准如表3-65所示。

表3-65 设备评级工作标准

序号		标准内容
1	评级时间	每2年对闸门、启闭机等进行1次评级，结合定期检查进行
2		设备大修时，结合大修进行全面评级；非大修年份结合设备运行状况和维护保养情况进行相应的评级
3		设备更新后，及时进行评级
4		设备发生重大故障、事故经修理投入运行的，次年应进行评级
5		正在进行更新改造的工程，不进行设备评级
6	评级内容	评级工作按照评级单元、单项设备、单位工程逐级评定
7	问题处理	单项设备被评为三类的应限期整改；单位工程被评为三类的，管理所应及时向处工管科报告，由管理处向省水利厅申请安全鉴定，并落实处置措施
8	成果认定	编制评级报告，形成评级成果报处工管科认定

四、工程观测工作标准

工程观测工作按照《水利工程观测规程》（DB32/T 1713-2011）要求，监测船闸工程运行和安全状况，掌握工程状态变化，及时发现异常现象，分析原因，为采取处置措施提供依据。

工程观测工作标准见表3-69。

表3-69 工程观测工作标准

序号		标准内容
1	编制观测任务书	根据高港船闸的规模、结构布局、地基土质情况、工程投入使用年限及工程控制运用要求，按照《水利工程观测规程》（DB32/T 1713-2011）的规定编制高港一线船闸观测任务书、高港二线船闸观测任务书并上报，经审批后执行
2	观测工作基本要求	保持观测工作的系统性和连续性，按照规定的项目、测次和时间进行观测
		随观测、随记录、随计算、随校核
		无缺测、无漏测、无不符合精度、无违时
		人员固定、设备固定、测次固定、时间固定
3	观测项目	垂直位移：高港一线船闸设有垂直位移观测标点94个，高港二线船闸设有垂直位移观测标点90个
		河道断面：高港一线船闸、高港二线船闸共用一条引航道，在上游设有11个断面，下游设有19个断面
		伸缩缝：高港一线船闸设有伸缩缝标点34对；高港二线船闸设有伸缩缝标点45对
4	观测方法	垂直位移：高港一线、二线船闸观测均使用电子水准仪
		河道断面：采用无人测量船对河道断面进行观测
		伸缩缝：采用游标卡尺测量标点间距离
5	施工期观测	工程施工期间的观测工作由施工单位负责，在交付管理单位管理后，由管理单位进行，双方应做好交接工作
6	资料整理与汇编	所有资料需按规定签署姓名，做到责任到人
		每次观测结束后，应及时对记录资料进行计算和整理，并对观测成果进行初步分析，如发现观测精度不符合要求，应重测；如发现数据异常，应立即进行复测并分析原因
		观测发现工程有异常时，应报告处工管科，并采取必要的措施
		每年年底，处工管科组织技术人员对观测资料进行年终整编，对本年度观测成果进行全面审查
		第二年汛前将经省河道局审查合格的观测成果汇编成册，归入技术档案永久保存并报省厅备案

五、养护维修工作标准

船闸工程的养护维修坚持"经常养护、及时维修、养修并重"，对检查发现的缺陷和问题，随时进行养护维修。船闸工程的养护结合汛前、汛后检查定期进行。设备清洁、润滑、调整等视使用情况经常进行。

项目管理工作标准见表3-70，混凝土及砌石工程养护工作标准见表3-71，混凝土工程维修工作标准见表 3-72，砌石工程维修工作标准见表 3-73，堤岸及引航道工程养护工作标准见表 3-74，堤岸及引航道工程维修工作标准见表 3-75，闸门养护维修工作标准见表 3-76，阀门养护维修工作标准见表 3-77，启闭机养护维修工作标准见表 3-78，电气设备养护维修工作标准见表 3-79，工程信息管理系统养护维修工作标准见表 3-80，管理设施养护维修工作标准见表 3-81。

表 3-70 项目管理工作标准

序号			标准内容
1	计划编报		每年 10 月底，根据定期检查、日常检查、专项检查和工程安全鉴定中发现的问题与隐患，编制下一年度工程维修项目计划，将纸质和电子件上报处工管科
2	实施准备		按照管理处工程维修项目经费通知的要求，明确项目负责人、技术负责人、安全员
			参照《江苏省省级水利工程维修项目管理办法》（苏水管〔2015〕45 号）编制项目实施方案
			采用公开招标、邀请招标、竞争性谈判、询价、单一来源采购等方式进行项目采购
			项目定标后，管理所拟定施工合同报财供科审查，安全生产协议报安监科备案，廉政协议报处纪律监督室备案
3	项目实施		对项目施工全过程进行安全监管，施工进场必须安全告知、特种作业人员必须现场验证、临时用电和动火作业必须审批、危险性较大的分部分项工程必须有专项方案、施工监管必须有记录
			项目实施过程中应随时跟踪项目进展，建立施工管理日志，用文字及图像记录施工中发生的事件和形成的各种数据
			如实反映主要材料、机械、用工及经费等的使用情况，做到专款专用，并及时填写项目实施情况记录表
			汛期或运行期间实施的项目应向上级防汛主管部门备案
4	项目验收	验收类别	维修项目验收，视具体情况，分材料及设备验收、工序验收、隐蔽工程验收、阶段验收
			项目完工进行项目竣工验收
			由几个分项目组成的维修项目除项目竣工验收外，还应按分项目分别进行单项验收
		验收时间	工序验收、工程隐蔽部分、阶段验收，应在该工序或隐蔽部分施工结束时进行
		材料及设备验收	材料及设备验收应具有材料各项检验资料、设备合格证、产品说明及图纸等随机资料
		分部验收	分部验收应具备相应的施工资料，包括质量检验数据、施工记载、图纸、试验资料、照片等资料
		分项单项验收	分项单项验收时应具备相应的维修实施情况记录、质量检查验收记录、施工过程照片；材料设备、工序、工程隐蔽部分或阶段验收资料，以及试运行的资料
		工程竣工验收	工程竣工应具备相应的技术资料、竣工总结及图纸、照片、项目决算及内部审计报告等资料
5	项目管理卡		工程养护维修项目实行项目管理卡制度，分别建立工程养护、维修项目管理卡

表 3-71　混凝土及砌石工程养护工作标准

序号			标准内容
1	闸室	表面清洁	应经常清理建筑物表面，保持清洁整齐，积水、积雪应及时排除
		杂物清洁	门槽、闸墩等处如有散落物、杂草或杂物、苔藓、蚝贝、污垢等应予清除；闸门槽、底坎等部位淤积的砂石、杂物应及时清除；底板、消力池、门库范围内的石块和淤积物应定期清除
		漂浮物打捞	应及时打捞、清理闸室内积存的漂浮物
		破损处理	应及时修复建筑物局部破损
2	公路桥		公路桥桥面适时清扫，保持桥面排水孔泄水畅通；排水沟杂物及时清理，保持排水畅通
3	翼墙、导航墙、护坡		翼墙、导航墙、护坡上的排水管保持畅通，如有堵塞、损坏，应及时疏通、修复
4	永久伸缩缝		永久伸缩缝填充物老化、脱落、流失及时充填封堵。永久伸缩缝处理，按其所处部位、原止水材料以及承压水头选用相应的修补方法

表 3-72　混凝土工程维修工作标准

序号		标准内容
1	混凝土结构严重受损	影响安全运用时，应拆除并修复损坏部分；在修复消力池底板、护坦等工程部位混凝土结构时，重新铺设垫层（或反滤层）；在修复翼墙部位混凝土结构时，重新做好墙后回填、排水及其反滤体
2	混凝土结构承载力不足	采用增加断面、改变连接方式、粘贴钢板或碳纤维布等方法补强加固
3	混凝土裂缝处理	考虑裂缝所处的部位及环境，按裂缝深度、宽度及结构的工作性能，选择相应的修补材料和施工工艺，在低温季节裂缝开度较大时进行修补。渗（漏）水的裂缝，先堵漏，再修补。表层裂缝宽度小于规定的最大裂缝宽度允许值时，可不予处理或采用表面喷涂料封闭保护；表层裂缝宽度大于规定的最大裂缝宽度允许值时，宜采用表面粘贴片材或玻璃丝布、开槽充填弹性树脂基砂浆或弹性嵌缝材料进行处理；深层裂缝和贯穿性裂缝，为恢复结构的整体性，宜采用灌浆补强加固处理；影响建筑物整体受力的裂缝，以及因超载或强度不足而开裂的部位，可采用粘贴钢板或碳纤维布、增加断面、施加预应力等方法补强加固
4	混凝土渗水处理	按混凝土缺陷性状和渗水量，采取相应的处理方法：混凝土掏空、蜂窝等形成的漏水通道，当水压力 <0.1 MPa 时，可采用快速止水砂浆堵漏处理；当水压力 ≥ 0.1 MPa 时，可采用灌浆处理；混凝土抗渗性能低，出现大面积渗水时，可在迎水面喷涂防渗材料或浇筑混凝土防渗面板进行处理；混凝土内部不密实或网状深层裂缝造成的散渗，可采用灌浆处理；混凝土渗水处理，也可采用经过技术论证的其他新材料、新工艺和新技术
5	修补混凝土冻融剥蚀	先凿除已损伤的混凝土，再回填满足抗冻要求的混凝土或聚合物混凝土（砂浆）。混凝土（砂浆）的抗冻等级、材料性能及配比，应符合国家现行有关技术标准的规定
6	钢筋锈蚀引起的混凝土损害	凿除已破损的混凝土，处理锈蚀的钢筋，损害面积较小时，可回填高抗渗等级的混凝土，并用防碳化、防氯离子和耐其他介质腐蚀的涂料保护，也可直接回填聚合物混凝土；损害面积较大、施工作业面许可时，可采用喷射混凝土，并用涂料封闭保护；回填各种混凝土前，应在基面上涂刷与修补材料相适应的基液或界面黏结剂；修补被氯离子侵蚀的混凝土时，应添加钢筋阻锈剂

续表

序号		标准内容
7	混凝土空蚀修复	应首先清除造成空蚀的条件（如体型不当、不平整度超标及闸门运用不合理等），然后对空蚀部位采用高抗空蚀材料进行修补，如高强硅粉钢纤维混凝土（砂浆）、聚合物水泥混凝土（砂浆）等，对水下部位的空蚀，也可采用树脂混凝土（砂浆）进行修补
8	混凝土表面碳化处理	按不同的碳化深度采用相应的措施，碳化深度接近或超过钢筋保护层时，可按钢筋锈蚀引起的混凝土损害的要求进行处理；碳化深度较浅时，应首先清除混凝土表面附着物和污物，然后喷涂防碳化涂料封闭保护
9	混凝土表面防护	混凝土表面喷涂涂料，预防或阻止环境介质对建筑物的侵害。如发现涂料老化、局部损坏、脱落、起皮等现象，及时修补或重新封闭
10	位于水下的闸底板、闸墩、导航墙、铺盖、护坦、消力池等部位	发生表层剥落、冲坑、裂缝、止水设施损坏，应根据水深、部位、面积大小、危害程度等不同情况，选用钢围堰、气压沉柜等设施进行修补，或由潜水人员采用特种混凝土进行水下修补

表 3-73 砌石工程维修工作标准

序号		标准内容
1	砌石护坡遇有松动、塌陷、隆起、底部掏空、垫层散失等现象	参照《水闸施工规范》（SL 27-2014）中有关规定按原状修复。施工时应做好相邻区域的垫层、反滤、排水等设施
2	浆砌石工程墙身渗漏严重	可采用灌浆、迎水面喷射混凝土（砂浆）或浇筑混凝土防渗墙等措施。浆砌石墙基出现冒水冒沙现象，应立即采用墙后降低地下水位和墙前增设反滤设施等办法处理

表 3-74 堤岸及引航道工程养护工作标准

序号		标准内容
1	护堤及堤顶道路	经常清理，对植被进行养护，对排水设施进行疏通
2	护堤遭受白蚁、害兽危害	采用毒杀、诱杀、捕杀等方法防治；蚁穴、兽洞可采用灌浆或开挖回填等方法处理
3	河面清洁	清理河面漂浮物
4	水下测量	定期对引航道进行水下测量，确保引航道处于良好通航状态

表 3-75 堤岸及引航道工程维修工作标准

序号		标准内容
1	护堤出现雨淋沟、浪窝、塌陷和翼墙后填土区发生跌塘、沉陷时	随时修补夯实
2	护堤发生管涌、流土现象	按照"上截、下排"原则及时进行处理
3	护堤发生裂缝	针对裂缝特征处理。干缩裂缝、冰冻裂缝和深度≤0.5 m，宽度≤5 mm 的纵向裂缝，一般可采取封闭缝口处理；表层裂缝，可采用开挖回填处理；非滑动性的内部深层裂缝，宜采用灌浆处理；当裂缝出现滑动迹象时，则严禁灌浆
4	护堤出现滑坡迹象	针对产生原因按"上部减载、下部压重"和"迎水坡防渗、背水坡导渗"等原则进行处理
5	河床冲刷坑危及护坡稳定	立即抢护，一般可采用抛石或沉排等方法处理，不影响工程安全的冲刷坑，可暂不作处理
6	引航道淤积	及时采用机械疏浚方法清淤

表 3-76 闸门养护维修工作标准

序号			标准内容
1	钢构件变形严重或开裂		采取矫正、补强等措施修复
2	构件表面局部锈蚀		清理并重新补漆
3	焊缝裂纹、脱焊		进行清理并补焊
4	橡胶护木		橡胶护木出现破损应修复或更换
5	工作桥面板、扶手栏杆		变形严重或损坏的应矫正或更换,锈蚀部位应进行清理并重新补漆
6	运转轴与滑动轴		运转轴与滑动轴之间应紧密,运转自如,对磨损严重、间隙过大导致运行不平稳的应进行拆解检测
7	闸门底枢		紧固螺栓松动或脱落的应及时紧固或补齐
8	闸门	推拉牵引装置	闸门推拉牵引装置出现连接不可靠、松动、磨损、链条长短不正常时,应及时调整、紧固、更换
		吊杆、销轴	闸门吊杆变形、损坏,销轴出现裂纹或磨损、腐蚀量超过原直径的10%,应及时更换
		侧向导轮	闸门侧向导轮紧固螺栓、螺母松动或脱落时,应及时紧固或补齐
		轨道、轨床	闸门轨道、轨床松动、变形或磨损时应及时修复或更换;轨道压板及螺栓缺损或脱落时应及时补齐
9	润滑泵		润滑泵元件损坏或严重磨损,应予以更换
10	闸门止水		闸门止水磨损、变形的及时调整达到要求的预压量;止水橡皮严重磨损、变形或老化、失去弹性,门后水流散射时及时更换
11	止水压板		止水压板局部变形的,可矫正;严重变形或腐蚀的,及时更换;止水压板锈蚀严重时及时更换,压板螺栓、螺母应齐全
12	闸门埋件		闸门埋件破损面积超过30%时,全部更换;埋件局部变形、脱落的,局部更换

表 3-77 阀门养护维修工作标准

序号		标准内容
1	阀门门叶	清理面板、梁系及支臂,保持清洁
		及时紧固配齐松动或丢失的构件连接螺栓
		阀门在运行中发生振动时,及时查找原因,采取措施消除或减轻
		阀门构件强度、刚度或蚀余厚度不足的,按设计要求补强或更换
		阀门构件变形的,矫正或更换
		门叶的一类、二类焊缝开裂,在确定深度和范围后及时补焊
		门叶连接螺栓孔锈蚀的,可扩孔并配相应的螺栓
2	阀门行走支承	清理行走支承装置,保持清洁
		及时拆卸清洗滚轮堵塞的油孔,并注油
		销轴磨损、腐蚀量超过设计标准时,修补或更换
		滚轮踏面磨损的可补焊,并达到设计的圆度;滚轮发生裂纹的,更换,确认不影响安全时,可补焊
3	阀门吊座	清理吊座,保持清洁
		吊座变形时,可矫正,出现裂纹、开焊时及时更换
		吊座与门体联结牢固,销轴的活动部位及时清洗加油,销轴出现裂纹或磨损、腐蚀量超过原直径的10%,及时更换

续表

序号		标准内容
3	阀门吊座	吊座连接螺栓腐蚀的，可除锈防腐；腐蚀严重的，及时更换
		吊座与门叶连接螺栓出现松动或脱落时，应及时紧固或更换
4	阀门止水	阀门止水磨损、变形的，及时调整达到要求的预压量
		止水橡皮断裂的，可黏结修复
		止水橡皮严重磨损、变形或老化、失去弹性，门后水流散射时，及时更换
		止水压板局部变形的，可矫正；严重变形或腐蚀的应更换
		对止水橡皮的非摩擦面，可涂防老化涂料
		止水压板锈蚀严重时，及时更换，压板螺栓、螺母应齐全
		止水螺栓脱落的应补全，发生松动变形的应更换
5	阀门埋件	清理阀门门槽，保持清洁
		埋件破损面积超过30%时，全部更换
		埋件局部变形、脱落的，局部更换
		止水座板出现坑蚀时，可涂刷树脂基材料或喷镀不锈钢材料整平

表 3-78 启闭机养护维修工作标准

序号		标准内容
1	卷扬式启闭机	启闭机机架（门架）、启闭机防护罩、机体表面应保持清洁，除转动部位的工作面外，应采取防腐蚀措施。防护罩应固定到位，防止齿轮等碰壳
		注油设施应保持完好，油路应畅通，无阻塞现象。油封应密封良好，无漏油现象
		启闭机的连接件应保持紧固，不得有松动现象
		启闭机传动轴等转动部位应涂红色油漆
		机械传动装置的转动部位应及时加注润滑油，应根据启闭机转速或说明书要求选用合适的润滑油脂；减速箱内油位应保持在上、下限之间，油质应合格
		阀门开度指示器应定期校验，确保运转灵活指示准确
		制动装置应经常维护，适时调整，确保动作灵活、制动可靠；液压制动器及时补油，定期清洗、换油
		应保持滑轮组润滑、清洁、转动灵括，滑轮内钢丝绳不得出现脱槽、卡槽现象；若钢丝绳卡阻，偏磨应调整
		钢丝绳应在汛前、汛后各进行一次清洗保养，并涂抹防水油脂。钢丝绳两端固定部件应紧固、可靠；钢丝绳在闭门状态下不得过松
		启闭机机架不得有明显变形、损伤或裂纹，底脚连接应牢固可靠。机架焊缝出现裂纹、脱焊、假焊，应补焊
		启闭机联轴节连接的两轴同轴度应符合规定。弹性联轴节内弹性圈如出现老化、破损现象，应予更换
		滑动轴承的轴瓦、轴颈，出现划痕或拉毛时应修刮平滑。轴与轴瓦配合间隙超过规定时，应更换轴瓦。滚动轴承的滚子及其配件，出现损伤、变形或磨损严重时，应更换
		制动装置制动轮、闸瓦表面不得有油污、油漆、水分等；闸瓦退距调整后，应符合《水利水电工程启闭机制造安装及验收规范》（SL/T 381—2021）的有关规定；制动轮出现裂纹、砂眼等缺陷，应进行整修或更换；制动带磨损严重，应予更换。主弹簧变形，失去弹性时，应予更换
		滑轮组轮缘裂纹、破伤以及滑轮槽磨损超过允许值时，应更换

续表

序号		标准内容
1	卷扬式启闭机	卷扬式启闭机卷筒及轴应定位准确、转动灵活，卷筒表面、幅板、轮缘、轮毂等不得有裂纹或明显损伤
		钢丝绳达到《起重机钢丝绳保养、维护、检验和报废》（GB/T 5972-2016）规定的报废标准时，应予更换；更换的钢丝绳规格应符合设计要求，应有出厂质保资料。更换钢丝绳时，缠绕在卷筒上的预绕圈数，应大于4圈，其中2圈为固定用，另外2圈为安全圈
		钢丝绳在卷筒上应排列整齐，不咬边、不偏档、不爬绳；卷筒上固定应牢固，压板、螺栓应齐全，压板、夹头的数量及距离应符合《钢丝绳用压板》（GB/T 5975-2006）的规定
2	齿轮齿条式启闭机	齿轮、齿条出现下列情况时应予更换：断齿、齿面裂纹或剥落、变形、干涉损伤、齿面点蚀损坏达到啮合面的15%、齿厚磨损量达到齿厚的10%
		滚珠出现锈蚀、裂纹、伤痕、麻点或变色的，应予更换
		制动器修理应符合下列规定：制动器架严重变形、扭曲或断裂的，应予更换；制动器零件出现裂纹，销轴或轴孔磨损量超过原直径5%时，应更换相应零部件；制动弹簧变形较大或出现裂纹、较明显的锈蚀等损伤，应予更换；制动闸瓦厚度磨损达原厚度的40%时，应予更换；制动轮的工作面有0.5 mm以上凹凸不平时应修磨，出现裂纹、制动轮面凹凸不平度达1.5 mm或轮缘磨损达原厚度的40%时应予更换
		滚动轴承出现裂纹或严重锈蚀、剥蚀、磨损的，应予更换
		减速器润滑油质应与产品说明书规定相符。油封和结合面不得漏油，否则应拆解修复
3	液压启闭机	油缸支架与基体连接应牢固，活塞杆外露部位设软防尘装置
		调控装置及指示仪表应定期检查
		工作油液应定期检测，油质应符合规定
		经常检查油箱油位，液位计显示数字应≥100；吸油管和回油管口保持在油面下
		油泵、油管系统应无渗油现象
		液压启闭机的活塞环、油封出现断裂、失去弹性、变形或磨损严重的，应予更换
		油缸内壁及活塞杆出现轻微锈蚀、划痕、毛刺，应磨刮平滑。油缸和活塞杆有单面压磨痕迹时，分析原因后，予以处理
		液压管路出现焊缝脱落、管壁裂纹、应及时修理或更换。修理前应先将管道内油液排净后才能进行施焊。严禁在未拆卸管件的管路上补焊。管路需要更换时应与原设计规格相一致
		更换失效的空气干燥器、液压油过滤器部件
		液压系统有滴、冒、漏现象时，及时修理或更换密封件
		油箱焊缝漏油需要补焊时，可参照管路补焊的有关规定进行处理。补焊后应作注水渗漏试验，要求保持12 h无渗漏现象
		油缸检修组装后，应按设计要求作耐压试验
		管路上使用的闸阀、弯头、三通等零件壁身有裂纹、砂眼或漏油时，均应更换新件。更换前，应单独作耐压试验。试验压力为工作压力的1.5倍，保持10 min以上无渗漏时，才能使用
		当管路漏油缺陷排除后，应作耐压试验，试验压力为工作压力的1.25倍，保持30 min无渗漏，才能投入使用
		油泵检修后，应将油泵溢流阀全部打开，连续空转超30 min，不得有异常现象。空转正常后，在监视压力表的同时，将溢流阀逐渐旋紧，使管路系统充油（充油时应排除空气）。管路充满油后，调整油泵溢流阀，使油泵在工作压力25%、50%、75%、100%的情况下分别连续运转15 min，应无振动、杂音和温升过高现象
		空转试验完毕后，调整油泵溢流阀，使其压力达到工作压力的1.1倍时动作排油，此时应无剧烈振动和杂音

表 3-79 电气设备养护维修工作标准

序号		标准内容
1	供配电设施	定期检查供配电设备绝缘件，绝缘电阻不应小于 1 MΩ，每年检查保护接地连接情况，接地电阻不应大于 4 Ω
		不间断电源蓄电池每 3 个月人工切除市电，深放电一次，蓄电池每 2~3 年更换一次
		检查发电机组输出电压，其正常范围应保持在 380 V~400 V，输出频率应为 50 Hz，稳态波动应在 ±0.5% 以内，发电机组冷却温度应在 80℃~90℃
		发电机组缸体、燃油、机油、各类管路无渗漏
		定期对太阳能电池板、蓄电池等供电设备进行现场检查，发现故障应及时处理
2	干式变压器	通风散热系统保持清洁无灰尘
		检查引出线接头是否紧固，螺栓是否松动，引线是否正常，绝缘是否良好
		检查变压器接地装置是否完好，螺栓是否松动
		对各种保护装置、测量装置及操作控制箱进行检修、维护
		修复或更换损坏的零部件
3	电气控制系统	定期检查控制系统的强落、急停、暂停等安全保护功能
		定期检查闸阀门位置检测装置运行情况
		电动机绝缘电阻不小于 0.5 MΩ，电气控制柜、闸阀门电动机接地电阻要不大于 4 Ω
		定期对后备应急控制系统进行功能性检查
4	光电线缆、电缆沟、电缆桥架	定期检查光电缆线路的接头、标志牌、接地线连接情况
		定期检查电缆桥架支架牢固情况，电缆沟盖板、支架损伤、缺失应及时修补

表 3-80 工程信息管理系统养护维修工作标准

序号		标准内容
1	通信设施	及时修理、更新故障或损坏(如雷击)的通信设备及设施
		及时修复、更新故障或损坏的电源等辅助设施
2	监控系统硬件设施	每季度一次对传感器、可编程序控制器、指示仪表、保护设备、视频系统、计算机及网络等系统硬件进行检查维护和清洁除尘；及时修复故障，更换零部件
		更换损坏的防雷系统的部件或设备
3	监控系统软件系统	制定计算机控制操作规程并严格执行，明确管理权限
		加强对计算机和网络的安全管理，配备必要的防火墙，监控设施采用专用网络
		每月月底对软件和数据库进行备份，对技术文档妥善保管
		有管理权限的人员对软件进行修改或设置时，修改或设置前后的软件分别进行备份，并做好修改记录
		对运行中出现的问题详细记录，并通知开发人员解决和维护
		及时统计并上报有关报表

表 3-81 管理设施养护维修工作标准

序号		标准内容
1	房屋	控制室、启闭机房等房屋建筑地面和墙面完好、整洁、美观、通风良好，无渗漏
2	道路	管理区道路和对外交通道路应经常养护，保持通畅、整洁、完好。
3	办公、生产设施	经常清理办公设施、生产设施、消防设施等，工程管理范围内应整洁、卫生、绿化经常养护

续表

序号		标准内容
4	标志标牌	定期对工程标牌（包括安全警示牌、宣传牌等）进行检查维修或补充，确保标牌完好、醒目、美观
5	观测设施	垂直位移标点、测压管、断面桩等观测设施完好，能够正常观测使用
6	照明	及时修复故障照明系统
		工程主要部位的警示灯、照明灯应保持完好，过闸的输电线路及其他信号线，应排列整齐、穿管固定或埋入地下

六、安全生产工作标准

安全生产包括安全管理、安全鉴定。安全管理工作标准见表3-82，安全鉴定工作标准见表3-83。

表3-82 安全管理工作标准

序号		标准内容
1	目标职责	明确安全生产管理机构，配备专（兼）职安全生产管理人员，建立健全安全管理网络和安全生产责任制
		逐级签订安全生产责任书，并制定目标保证措施
		保证具备安全生产条件所必需的资金投入，并严格资金管理
2	制度化管理	建立健全安全生产规章制度和安全操作规程，改善安全生产条件，建立健全安全台账
		及时识别、获取适用的安全生产法律法规和其他要求，归口管理部门每年发布一次适用的清单，建立文本数据库
3	教育培训	每年识别安全教育培训需求，编制培训计划，按计划进行培训，对培训效果进行评价
		加强新员工、特种作业人员及外来人员等人员教育培训工作
4	现场管理	现场设施管理工作标准参见维修养护工作标准中相关内容
		作业时成立安全管理小组，配备专（兼）职安全员，与相关方签订安全生产协议，开展专项安全知识培训和安全技术交底，检查落实安全措施，规范各类作业行为
5	安全风险管控及隐患排查治理	定期开展危险源辨识和风险等级评价，设置安全风险公告牌、危险源告知牌，管控安全风险，消除事故隐患
		对重大危险源进行登记建档，并按规定进行备案，同时对重大危险源采取技术措施和组织措施进行监控
6	应急管理	建立健全安全生产预案体系（综合预案、专项预案、现场处置方案等），将预案报上级主管部门备案，并通报有关应急协作单位，每年组织技术人员对预案进行修订，如工程管理条件发生变化应及时修订完善
		安全应急预案或专项应急预案每年应至少组织1次演练，现场处置方案每半年应至少组织1次演练，且应有演练记录
7	事故查处	发生事故后管理单位应采取有效措施，组织抢救，防止事故扩大，并按有关规定及时向上级主管部门汇报，配合做好事故的调查及处理工作
8	持续改进	根据有关规定和要求，开展安全生产标准化建设，同时根据绩效评定报告，进行持续改进

表 3-83 安全鉴定工作标准

序号		标准内容
1	鉴定要求	安全鉴定要求应按《江苏省水闸安全鉴定管理办法》（苏水规〔2020〕3号）执行
2	鉴定时间	
	正常安全鉴定	船闸首次安全鉴定应于新建、改扩建、加固竣工验收后5年内进行，以后每隔10年进行1次安全鉴定
	特殊安全鉴定	运行中遭遇超标准洪水、强烈地震、增水高度超过校核潮位的风暴潮或工程发生重大事故后，应及时进行安全检查，如出现影响安全的异常现象，应及时进行安全鉴定
	单项工程安全鉴定	① 闸门、启闭机等单项工程达到折旧年限，应按有关规定和规范适时进行单项安全鉴定 ② 对影响水闸安全运行的单项工程，应及时进行安全鉴定
3	鉴定内容	
	具体内容	船闸安全鉴定具体内容应按《水闸安全评价导则》(SL 214-2015)、《江苏省水闸安全鉴定管理办法》（苏水规〔2020〕3号）的规定进行，包括现状调查、安全检测、安全复核等
	评价报告	根据安全复核结果，进行研究分析，作出综合评估，确定水闸工程安全类别，编制水闸安全评价报告，并提出加强工程管理、改善运用方式、进行技术改造、加固补强、设备更新或降等使用、报废重建等方面的意见
4	后续处理	三类闸 及时编制除险加固计划，报水利厅批准

七、制度管理工作标准

制度管理主要包括工程管理细则、管理制度、操作规程的制订完善与执行等方面。制度管理工作标准见表 3-84。

表 3-84 制度管理工作标准

序号		标准内容
1	管理细则	
	编制	结合工程的规划设计和具体情况，编制《高港船闸工程管理细则》
	修订	工程实际情况和管理要求发生改变要及时进行修订，报上级主管部门批准
	主要内容	管理细则应有针对性、可操作性，能全面指导工程技术管理工作，主要内容包括：总则、工程概况、控制运用、工程检查与设备评级、工程观测、养护修理、安全管理、技术资料与档案管理、其他工作等
2	管理制度与操作规程	管理制度、操作规程条文应规定工作的内容、程序、方法，要有针对性和可操作性
		管理制度、操作规程应经过批准，并印发执行
3	执行与评估	管理细则、规章制度、运行规程应汇编成册，组织培训学习
		开展规章制度执行情况监督检查，并将规章制度执行情况与单位、个人评先评优和绩效考核挂钩
		每年对规章制度执行效果进行评估、总结

八、教育培训工作标准

教育培训工作主要包括制定培训计划、新职工入职培训、安全生产教育培训、特种作业人员培训等。

教育培训工作标准见表 3-85。

表 3-85　教育培训工作标准

序号	标准内容	
1	制定计划	制定年度教育培训计划，开展在岗人员专业技术和业务技能的学习与培训，运行管理岗位人员培训每年不少于 6 次，应完成规定的学时，职工年培训率应达到 100%
		管理细则、规章制度、应急预案等应按规定及时组织培训
		闸门运行关键岗位和特种作业人员应按照有关规定进行培训并持证上岗
2	岗前培训	首次上岗的运行管理人员应实行岗前教育培训，具备与岗位工作相适应的专业知识和业务技能
3	安全培训	所长、安全生产管理人员：所长、安全生产管理人员初次安全培训时间不得少于 32 学时，每人每年再培训时间不得少于 12 学时
		在岗作业人员：一般在岗作业人员每人每年安全生产教育和培训时间不得少于 12 学时
		新员工：新员工的三级安全培训教育时间不得少于 24 学时
4	评价总结	每年对教育培训效果进行评估和总结，建立教育培训台账

九、资料管理工作标准

技术资料应由熟悉工程管理、掌握资料管理知识的人员管理，资料设施保持齐全、清洁、完好。

技术资料管理工作标准见表 3-86，技术图表管理工作标准见表 3-87。

表 3-86　资料管理工作标准

序号	标准内容	
1	范围及周期	技术资料包括以文字、图表等纸质件及音像、电子文档等磁介质、光介质等形式存在的各类资料
		高港水闸管理所应及时收集技术资料，对于控制运用频繁的工程，运行资料整理与整编宜每季度进行 1 次；对于运用较少的工程，运行资料整理与整编宜每年进行 1 次
2	建档立卡	各类工程和设备均应建档立卡，文字、图表等资料应规范齐全，分类清楚、存放有序，及时归档
3	保管借阅	严格执行保管、借阅制度，做到收借有手续，按时归还
		资料管理人员工作变动时，应按规定办理交接手续
4	资料室管理	温度、湿度应控制在规定范围内
		资料室照明应选用白炽灯或白炽灯型节能灯
5	电子化管理	积极推行档案管理电子化

表 3-87　技术图表管理工作标准

序号	标准内容	
1	范围及内容	技术图表主要包括工程概况、船闸平立剖面图、电气主接线图、设备检修揭示图、巡视检查路线图等
2	工程概况	工程概况应包含工程地理位置、工程等别、启闭机型号、闸门形式，设计流量、校核流量和工程效益等主要技术指标
3	三视图	船闸三视图主要包括平面布置图、立面布置图、剖面图，三视图中应标明船闸结构的主要尺寸和重点部位高程，并尽量分色绘制
4	设备揭示图	主要设备揭示图包括启闭机、闸门等。揭示图中应注明主要设备的出厂时间、安装时间、等级评定时间、大修周期、小修周期和设备保养责任人等信息

续表

序号		标准内容
5	电气主接线图	电气主接线图中设备名称与编号应与现场一致，主接线中各电压等级的线路应按规范进行分色绘制
6	张贴位置	技术图表张贴在启闭机房等合适位置，图表中的内容应准确，图表格式应相对统一，表面应整洁美观。固定牢靠，定期检查维护

十、标志标牌设置工作标准

标志标牌主要包括导视类、公告类、名称编号类、安全类等，其颜色、规格、材质、内容及安装等应符合《水闸泵站标志标牌规范》（DB32/T 3839-2020）规定，同时结合工程结构及设备的实际情况布置明示。

标志标牌设置工作标准见表3-88。

表3-88　标志标牌设置工作标准

序号			标准内容
1	导视类	设置要求	导视类标志标牌应保证信息的连续性和内容的一致性
		布置顺序	导视标牌有多个不同方向的目的地时，宜按照向前、向左和向右的顺序布置
			同一方向有多个目的地时，宜按照由近及远的空间位置从上至下集中排列
			导视标牌应标注每层布置的功能间名称，标牌内容从上向下应按照高楼层向低楼层的顺序布置
		重点区域	宜配套设置巡视路线地贴标牌，重点部位宜设置重点部位运行巡视点标牌，明确关键部位的巡视点，提醒运行工作人员加强巡视
2	公告类	设置要求	公告类标志标牌一般为单面设置，必要时可设置双面标牌
		设置部位	公告类标志标牌一般设置在建筑物入口、门厅入口、参观起点等醒目位置
			水法规告示标牌一般设置在上下游的左右岸、入口、公路桥以及拦河浮筒处。水法规告示标牌数量可根据实际需要确定，一般不宜少于4块
			控制运用类管理制度标牌宜设置在控制室、值班室；工程检查、观测、维修养护管理制度及关键岗位责任制标牌宜设置在办公室、值班室；操作规程标准宜设置在操作现场；巡视内容标牌等宜设置在巡视现场
3	名牌编号类	名称要求	有厂家标志标牌的优先使用厂家自带的标志标牌，没有的应后期制作
			管理单位名称一般使用中文，也可同时使用英文
		建筑物	每个建(构)筑物宜设置建筑物名称标牌，一般设置于建(构)筑物顶部、建(构)筑物侧面或建(构)筑物主出入口处
		机电设备	设备名称标牌应配置在设备本体或附近醒目位置，宜设置于柜眉，应面向操作人员
		开关指示	指示灯、按钮和旋转开关旁宜设置文字标志标牌，提示操作功能和运行状态等。一般设置在相关按钮、指示灯、旋转开关下部适当位置
		同类设备	同类设备按顺序编号，编号标志标牌内容包括设备名称及阿拉伯数字编号
			编号标牌颜色组合宜为白底红字、白底蓝字、红底白字、蓝底白字等，可参照设备底色选定。同类设备编号标牌尺寸应一致，设置在容易辨识、固定且相对平整的位置
		旋转设备	旋转机械有旋转方向标牌，旋转方向标牌内容为功能箭头。闸门升降方向标志宜设置在启闭机外罩上

续表

序号			标准内容
4	安全类	设置要求	多个安全标志标牌在一起设置时，应按警告、禁止、指令、提示类型的顺序，先左后右、先上后下的排列
			上下游的左右岸、入口、公路桥以及拦河浮筒处应设置安全类标志标牌，总量一般不宜少于4块，可根据现场实际需要适当增加标牌数量
		警戒线	电气设备、机械设备、消防设备下方等危险场所或危险部位周围应设置安全警戒线和防护设施。电气设备、机械设备所在区域、楼梯第一级台阶上用黄色警戒线，消防箱、消防柜及灭火器的安全隔离区用红白警戒线
			危险部位、拦河浮筒上用黄黑警戒线，安全警戒线的宽度宜为50~150 mm
		标牌管理	现有的安全类标志标牌缺失、数量不足、设置不符合要求的，应及时补充、完善或替换

第四章

管理制度

第一节 工程管理篇

一、《水利工程维修养护项目管理办法》

第一条 为加强水利工程维修养护项目管理，规范项目实施行为，提高项目预算执行效率和专项资金使用效益，根据《江苏省省级水利工程维修养护项目管理办法》（苏水管〔2015〕45号）、《江苏省省级水利发展资金管理办法》（苏财规〔2019〕8号）等相关规定，结合我处实际，制定本办法。

第二条 本办法适用于使用财政专项资金实施的水利工程防汛应急、维修养护等项目。自有资金项目的实施参照执行。

第三条 工程维修养护项目应当遵循项目责任制、专款专用、绩效管理的原则。项目实施单位承担项目管理的主体责任，严格项目预算绩效目标管理，负责项目的质量、进度、安全、资料和资金管理等。

第四条 工程维修项目管理的内容包括：项目申报、项目实施方案制定、项目采购、施工管理、项目验收与经费管理、项目考核。

工程养护项目管理的内容包括：季度养护计划的制定、项目采购、施工管理、项目验收与经费管理。

第五条 工程维修养护项目主要指涵闸、泵站、堤防等水利工程正常维修养护，具体包括：水工建筑物、闸门、启闭机、机电设备、自动监控系统及设施、安全设施和附属设施的维修养护，物料动力消耗、植物防护、安全鉴定等。

水利工程附属设施包括机房及管理房、水利工程专用道路及交通桥、工程检查观测设施、工程管理标志牌（碑）、护堤（坝）地、围墙护栏、工程信息化设施等维修养护。

第六条 处属有关单位应根据定期检查、经常检查、日常检查、专项检查和工程安全鉴定中发现的问题与隐患，按照轻重缓急原则，加强前期调研，拟定项目预算绩效目标，研判项目立项的必要性、实施的可行性，编制项目实施方案，核实工程量和预算，认真编制工程维修计划，申报下一年度工程维修项目计划。主要内容包括：

（一）项目名称。能概括地反映工程及其主要部位、主要存在问题和处理方法。

（二）项目说明。简明扼要地反映工程部位存在的主要问题及项目实施的必要性（项目申请设立的依据、项目实施产生的作用和意义）、实施方案、工程量和预算经费等。

（三）项目预算。编制依据为《江苏省水利工程养护修理预算定额（试行）》《江苏省水利工程预算定额》及其他相关定额。材料价格按实施方案编制前一季度或前一个月的《泰州工程造价管理》期刊中的价格水平考虑。预算价格的组成采用工程量清单格式，计价方法采用综合单价法。采用综合单价法编制的预算表应附单价分析表。

项目申报经费包括必要的建设管理、勘测、设计、质量检测、监理及决算审计等费用。

第七条 工程管理科对各单位报送的维修项目计划进行汇总，组织对项目的立项必要性、实施可行性、合规性进行初步审核，拟定出下一年度全处工程维修初步计划，经处主任办公会研究同意后报省厅审批。养护项目不实行年度计划申报。

第八条 项目实施单位应明确项目负责人、技术负责人、安全员。项目负责人由实施单位主要负责人或分管负责人担任，技术负责人一般由具有工程师职称或工作三年以上（含三年）的技术人员担任。项目安全员由具备所实施项目安全管理能力的技术人员担任。

第九条 项目实施方案参照《江苏省省级水利工程维修项目实施方案管理办法（试行）》编制。制定的项目实施方案应科学合理，在保证质量的前提下优化施工方案；预算编制需根据现行的有关行业定额及现行取费标准、市场信息价格等按实编制。

第十条 实施方案内容应与批复的内容相一致，经处工程管理科审查，报处主任办公会研究后实施。项目实施方案须在项目下达后 2 个月内完成审批。遇到工程抢险等紧急情况时，在征得厅有关部门同意并办理相关手续后可提前实施。

第十一条 工程养护项目计划由各单位按季度拟定，每季度第 1 个月 10 日前报处工程管理科审核、处分管领导审批。单项养护费用一般应低于 10 万元。养护项目一般不上报实施方案。对于单项工程预算经费达到 5 万元以上的特别养护项目需编制实施方案并报批，方案编制参照维修项目实施方案要求。

第十二条 招标采购项目须在采购活动开始前进行招标立项审查，不得化整为零、分期分批规避招标采购程序。

第十三条 实施单位招标前填报招标采购项目立项需求审批表，明确采购需求、技术要求，由财供（审计）科、纪律监督室、工程管理科等部门进行联合审查，对项目复杂技术要求高的可以聘请外部专家参与审查。

审查通过后，经分管该项目的处领导签字确认，报处主要领导同意。

第十四条 招标采购项目采购文件审查以及采购过程管理应严格按管理处相关采购管理办法执行。

第十五条 项目定标后，应及时按规定签订合同，安全生产协议报安监科备案，廉政协议报纪律监督室备案。

第十六条 实施单位将开工报告、合同（协议书）、施工组织设计、施工图等一起报工程管理科审查，分管领导批准。有防汛要求的还应制定防汛应急措施。开工报告未经批复的，不得开工。

第十七条 经批准的项目实施方案不得随意变更。特殊情况确需变更的，由实施单位向管理处书面请示，经同意后方可实施。施工中工作量有变化应履行相关签证手续，签证单应理由充分、资料齐全、过程透明、先签后建，工程签证单报工程管理科备案，预计签证单经费超过合同价10%，报主任办公会研究后实施。

第十八条 项目实施单位负责对项目施工全过程进行安全监管，施工进场必须安全告知、特种作业人员必须现场验证、临时用电和动火作业必须审批、危险性较大的分部分项工程必须有专项方案、施工监管必须有记录。

第十九条 项目实施单位负责对项目施工质量的检查验收，重点对原材料、设备质量和隐蔽工程进行验收，质量检查验收应按照江苏省《水利工程施工质量检验与评定规范》（DB32/T 2334—2013）及其他相关验收标准进行质量检验，并填写质量检验表，必要时请相关专业机构进行质量检测。

第二十条 项目实施单位应做好施工日志，及时收集技术资料、影像资料，影像资料需能反映施工前、中、后维修情况。

第二十一条 项目实施单位应做好项目施工进度的统计工作，于每月25日前将工程进度、经费支付进度报工程管理科，工程管理科每月月底前将项目进度报省水利厅。

第二十二条 项目实施单位严格养护项目管理，按批准的实施计划，及时组织实施。项目实施过程中应加强质量、安全、工期和经费管理，建立工程养护情况记录，留下影像等资料。每个单项应填写养护情况表和养护费用明细表，并及时进行完工验收和项目资料的整理。

第二十三条 工程维修项目验收分为材料及设备验收、工序验收、隐蔽工程验收、阶段验收、完工验收和竣工验收等。

第二十四条 材料及设备验收、工序验收、隐蔽工程验收、阶段验收、完工验收由实施单位组织。

严格项目设计、重要材料、重大设备、大宗物资原料、重点施工工序等关键环节的质量监管，质量监管过程应留有纪要、记录、图片、质量检验合格证明等相应监管资料。

第二十五条 工程维修项目实行工程质量验收报告审查制度，项目负责人要统筹做好工程质量验收方案计划制定和验收结果报告工作。合同金额10万元及以上的项目，完工验收前，需填报《工程质量验收方案（计划）报告单》，经相关部门审查，处相应项目分管领导和纪委审批。

严格按照审查后的质量验收方案进行验收，根据验收结果填写《工程质量验收结果报告单》，由具体承办人（2人以上）和项目负责人向纪委和分管领导报告，纪委和分管领导签字确认。

第二十六条 实施单位应在项目完工验收合格后 15 日内，将审核后的项目结算资料报处审计科，由处审计科及时组织开展竣工决算审计，形成审计报告。项目实施单位根据审计报告编制项目决算。

第二十七条 项目实施单位在项目完工后及时申请竣工验收。验收应具备：已按批准的实施方案完成全部工程内容；项目完工验收合格；完成投资并通过审计（或审核）；项目资料档案验收合格。

第二十八条 竣工验收由工程管理科组织，成立由实施单位、工程管理科、财供科、纪律监督室等部门人员及相关专业技术人员组成的验收小组。

验收主要内容包括完成的项目及具体工作量、项目质量、经费预算执行、审计情况等。验收资料包括下达批复文件、施工单位选择相关资料、合同文本、过程控制、工程量核定、经费预算执行、决算审计报告及其他相关资料等。验收程序包括现场查看、项目实施单位及施工单位汇报、审计情况汇报、查阅资料、验收纪要、工程维修项目管理卡（工程养护项目管理卡）等。

第二十九条 项目档案资料由项目实施单位存档。电子件及时上传至项目管理信息系统。

项目前期资料、招投标资料、设备和物资采购合同、设备产品合格证、技术说明书、质量检查验收记录、影像资料、经费支付资料、施工单位结算、审计资料等均作为管理卡的附件一并存档。

第三十条 实施单位要加强项目实施进度管理，当年下达的项目要当年完工，完成资金支付。项目完工结算审核价大于合同价的，必须由项目实施单位说明理由，报处主任办公会研究同意。

第三十一条 使用专项资金购置的资产或形成的资产，按照规定纳入单位资产管理。

第三十二条 项目质保期满需经验收合格后支付质保金。合同质保金 5 万元以下的验收由项目实施单位组织自行验收，合同质保金 5 万元及以上的验收由项目实施单位会同相关业务部门验收。

第三十三条 根据管理处《水利工程维修养护项目管理考核办法》对各单位的项目实施进度、质量、安全、资料等情况进行考核，考核情况列入单位年度目标考核。

第三十四条 对造成工程项目质量事故的责任单位和责任人，除责令其采取有效的补救措施直至合格外，还要追究相应责任。

第三十五条 对于项目验收不合格、违规使用工程经费的单位和人员，按有关规定处理，且实施单位及责任人不得参加管理处年度评优评先。

第三十六条 项目竣工后，实施单位对项目绩效进行自我评价，重点评价项目质量指标、安全生产指标、预算执行率、资金使用合规性、社会效益、档案资料等，报处财供科会同相关部门审核。

二、《工程安全监测管理办法》

第一条 为规范全处水利工程安全监测工作，掌握工程状态和运用情况，及时发现工程隐患，确保工程安全运行，根据《水利工程观测规程》（DB32/T 1713-2011）、《江苏省省属水利工程观测与资料整编工作管理办法》、《江苏省大中型水利工程安全监测方案（试行）》及相关规范标准，结合我处水利工程管理工作实际，制定本办法。

第二条 水利工程安全监测是指水工建筑物、重要水利设备设施在使用阶段实施的检查、量测和监视工作。

第三条 本办法适用于管理处泵站、水闸、船闸、堤防等工程安全监测及资料整编工作。

第四条 工程管理科工作职责：

（一）对全处监测工作进行技术指导和培训，及时发现和纠正管理所监测工作中出现的问题；根据工程安全状况，指导管理所可调整观测频次、增设观测项目。

（二）检查监督管理所观测及资料整编工作开展情况，督促管理所提升观测工作质量和水平。

（三）组织全处观测资料集中整编，对观测资料及成果分析进行审核把关，对工程安全状态结论进行认定，组织人员参加省厅资料整编会议。

（四）按规定将观测资料汇编成果上报省水利厅。

（五）对工程异常情况及时进行论证分析，采取相应措施消除隐患，并按规定及时上报省厅；一时不能解决的，提出维修加固、控制运用方面的建议，同时采取措施确保工程主体安全，必要时组织开展专项检测或安全鉴定。

（六）每季度末向省河道管理局报送厅属管理处观测工作季度完成情况表；每半年向厅运输管理处报送工程观测数据报表。

第五条 管理所工作职责：

（一）指定专业技术人员开展监测工作，并及时对监测数据进行整理分析，监测及资料整编全过程由专人负责。

（二）妥善管理和保护观测设备设施，如有损坏或缺失及时修复，并做好考证。

（三）根据工程变化规律及趋势判定工程状态。

（四）对观测及分析过程中发现的工程异常，及时进行复测，分析原因，采取相应措施并上报管理处。

（五）根据省厅资料整编考核意见在20天内完成整改，将年度观测资料汇编成册。

（六）对重要工程部位科学设置监测点、监测频率、监测报警值等，应指定专人负责监测设施的检查、维护和数据处理。

第六条 观测技术负责人工作职责：

（一）每年年初编制本年度观测任务书报管理处批准，根据批准后的任务书要求制定观测工作年度计划并组织实施。

（二）审核原始记录和观测成果，确保数据的准确性、真实性和连续性。

（三）及时发现和报告工程异常情况，组织人员加强观测，采取必要的应对措施。

（四）每季度向处工程管理科报送观测工作完成情况，每半年报送工程观测数据报表。

第七条 观测人员工作职责：

（一）观测人员应对观测数据的真实性负责，严格遵守相关规定，确保观测成果真实、准确和符合精度要求。

（二）掌握工程观测技术理论，熟悉工程观测与资料整编工作的内容和要求，能熟练使用观测仪器和相关数据处理软件。

（三）负责所管工程观测设施的检查和维护，妥善保管使用观测仪器和设备，并按规定将仪器及时送检。

（四）观测人员应分析成果的变化规律及趋势，与上次观测成果及设计情况进行比较，判断工程状态，对工程的控制运用、维修加固提出初步建议。

（五）及时将观测数据上传至水利工程观测数据处理与整编系统，将年度观测资料汇编归档。

（六）严格执行安全生产相关制度，做好观测安全防护措施，正确穿戴安全帽、救生衣等劳动防护用品。

第八条 监测人员工作职责：

（一）监测人员应具有相关专业技术和工程运行管理经验，掌握工程监测技术理论，熟练工程监测数据分析方法。

（二）定期检查监测设备设施，保持监测设备设施状态完好，及时对工程监测数据进行处理备份。

（三）定期调取监测记录，分析监测数据的变化和发展趋势，发现异常及时分析原因并逐级汇报。

（四）及时发现和报告工程异常情况，组织人员立即开展人工观测校核数据，并采取必要的应对措施。

第九条 管理所应根据批复的工程观测任务书中项目、时间、测次、方法和精度要求开展观测，不得擅自变更观测项目，如确需变更，应报告并经管理处批准后执行。

必要时，可开展专门性观测项目。

第十条 观测基本要求：

（一）保持观测工作的系统性和连续性，按照规定的项目、测次和时间，在现场进行观测。

（二）要求做到"四随"（随观测、随记录、随计算、随校核）、"四无"（无缺测、无漏测、无不符合精度、无违时）、"四固定"（人员固定、设备固定、测次固定、时间固定），以提高观测精度和效率。

（三）观测人员必须树立高度的责任心和事业心，严格遵守《水利工程观测规程》的规定，确保观测成果真实、准确、符合精度要求。所有资料必须按规定签署姓名，切实做到责任到人。

（四）当工程出现异常、超设计标准运用或遭受极端天气、地震或其他影响建筑物安全的情况时，应随时增加测次。如发生工程事故，应及时做好事故后的观测工作，并初步分析事故原因。

（五）如实记录工程大事记，记录内容包括但不限于以下方面：

1. 重要检查：省厅或管理处组织的汛前、汛后、安全检查；管理所开展的水下检查、电气预防性试验、专项检查；工程观测时间。

2. 维修养护：较大的（5万元以上）养护项目；较大（10万元以上）项目的开完工记录。

3. 控制运用：调度指令执行时间。

4. 防汛抢险。

5. 事故及处理。

6. 其他事件：水文气象灾害及处置措施。

（六）工程观测人员应结合本工程具体情况，积极研究改进测量技术和监测手段，推广应用自动化技术，提高观测精度和资料整编分析水平。

（七）观测人员应重视观测期间的安全，观测前需对测量辅助人员进行安全教育，水上作业时应配备救生设备。

（八）观测技术负责人、观测人员和档案管理员等相关人员，对掌握的观测资料成果负有保密义务，不得擅自泄漏或谋取私利。

第十一条 观测记录要求：

（一）一切外业观测值和记事项目均必须在现场直接记录于规定的手簿中，需现场计算检验的项目，必须在现场计算填写，如有异常，应立即复测。

（二）外业作业原始记录使用2H铅笔，记录内容必须真实、准确，字迹清晰端正，严禁擦去或涂改。

（三）原始记录手簿每册页码应连续编号，记录中间不得留下空页，严禁缺页、插页。

第十二条 观测资料整编要求：

（一）每次观测结束后，观测人员必须及时对记录资料进行计算和整理，对观测成果进行初步分析，如发现观测精度不符合要求，必须立即重测。如发现其他异常情况，应查明原因，必要时应立即复测、增加测次或开展新观测项目，确有异常需立即上报处工程管理科，同时加强观测，并采取必要的措施。严禁将原始记录留到资料整编时再进行计算和检查。

（二）观测数据的存储和应用应使用水利工程观测数据处理与整编系统。

（三）观测人员在数据整理完成后，应检查有无漏测、缺测；记录数字有无遗漏；计算依据是否正确；计算结果是否正确；观测精度是否符合要求。

（四）技术负责人应检查有无漏测、缺测；记录格式是否符合规定，有无涂改或转抄；观测精度是否符合要求；应填写的项目和观测、记录、计算、校核等签字是否齐全。

第十三条 观测人员应加强对观测设施和观测仪器设备的检查和保养，防止人为损坏。在维修养护等工程施工期间，必须采取妥善措施防止观测设施损坏，确需拆除、移动现有观测设施或重新埋设的，须报处工程管理科批准，并及时加以考证。妥善保管好观测仪器，做到防雨、防潮、防霉变和防跌落。

第十四条 观测设施需设立铭牌，其上注明观测项目和测点编号，确保观测设施不受交通车辆、机械碾压和人为活动等破坏。如观测设施或铭牌遭到破坏，应及时修复。

第十五条 垂直位移工作基点要定期校验，确保设施完好，表面清洁，无锈斑，基底混凝土无损坏，测井保护盖完好；垂直位移观测标点、伸缩缝观测标点完好，无破损；测压管完好，淤积不影响使用，无堵塞现象；断面桩观测设施完好，无破损、锈蚀；各类铭牌字迹清晰，无缺损。

第十六条 每月检查各类观测仪器设备，确保其状况完好。

第十七条 监测设施设备包括上下游水位、垂直位移、测压管水位、伸缩缝变形等自动监测设备、机组振动摆动监测设备设施等。

第十八条 监测人员每月对自动监测设备进行检查，根据人工观测数据校核修正监测数值；自动监测设施应加装防护，对损坏的自动监测设备及时维修更换。在维修养护等工程施工期间，必须采取妥善措施防止监测设施损坏，确需拆除的，施工后应及时恢复。

第十九条 监测系统使用部门负责定期对系统数据进行安全备份和安全检测，执行管理处信息化建设与运行管理和网络安全的相关要求。

第二十条 处工管科每年分别于6月份和12月份组织召开观测资料内部审查会，管理所观测人员需按《水利工程观测规程》和《江苏省省属水利工程观测与资料整编工作管理办法》的要求整理观测资料，由管理所先进行观测资料内部审查，处工程管理科再组织相关人员进行观测资料互审，并形成审核报告。

第二十一条 年度观测资料报省河道局进行全面审查。审查后的观测资料经整理、核实确认无误后应装订成册，并报河道局一份备案，一份归入管理处档案室作为技术档案永久保存，各类观测记载簿由管理所自行保管，保存期限30年。

第二十二条 对年度水利工程观测与资料整编工作考核等级为"优秀"的单位，管理处给予表彰和奖励；对考核等级"不合格"的工程由管理所先行整改，管理处根据情况追究责任。

三、《信息化建设与运行管理办法》

第一条 为加强全处水利信息化建设和运行管理，强化水利信息化资源整合共享和网络安全，保障"智慧水利"建设有序推进，根据《水利部信息化建设与管理办法》和《江苏省水利厅信息化建设与运行管理办法》有关要求，结合我处水利信息化工作实际，制定本办法。

第二条 本办法所称水利信息化建设与运行管理，包括水利工控系统、水利业务应用系统、水利信息基础设施、水利信息采集与工程监控体系、网络与信息安全体系和信息化保障体系等方面的建设与运行管理。

第三条 水利信息化建设与运行管理按照"安全、实用"网信发展总要求，遵循"顶层设计，分步实施；安全实用，先进可靠；整合共享，智能决策；遵循标准，强化运维"的基本原则。依据水利工程基本建设管理的有关规定、信息工程运行管理规程和水利信息化建设标准组织实施。

第四条 本办法适用于管理处非涉密水利信息化建设与运行管理。涉及国家秘密的水利信息化建设与运行管理按照国家有关保密规定执行。

第五条 江苏省泰州引江河管理处网络安全与信息化工作领导小组（以下简称"处网信领导小组"）是水利信息化建设和运行管理的领导机构，成员由处领导和各单位（部门）主要负责人组成。处网信领导小组下设办公室（以下简称"处网信办"），承担处网信领导小组的日常工作，并为全处水利信息化建设与运行管理提供技术支撑。

第六条 管理处各单位（部门）按照建设管理权限，在网信领导小组领导和统一规划下，负责各自管辖范围内的水利信息化建设和运行管理工作。

第七条 处网信领导小组主要职责：

（一）贯彻落实国家、水利部和水利厅关于网络安全与信息化工作的方针政策和工作部署。

（二）决策全处水利网络安全、信息化建设和运行维护管理的重大事项。

（三）审定水利信息化及智慧水利中长期发展规划、专项信息系统规划和年度工作计划。

（四）审议处网信办的工作报告。

第八条 处网信办主要职责：

（一）统筹全处水利信息化建设与运行管理，统一建设和管理全处信息化基础设施、信息数据资源和网络安全保障等信息化工作。

（二）组织编制全处信息化发展及"智慧水利"专项规划，制订年度实施计划，组织开展管理处信息化建设项目技术审查。

（三）协调推进水利信息化基础设施、水利业务应用系统建设和信息资源整合共享工作。负责全处数据中心、信息骨干网、全处数据库和重要应用系统的建设、运行、维护和安全管理工作。

（四）指导管理处业务部门（单位）信息化工作开展，以及有关专业数据库、业务应用系统的建设及维护。

（五）督促检查处网信领导小组决策部署的落实。

（六）监督检查全处信息化项目建设、运行维护和网络安全工作，参与信息化建设项目的验收工作。

（七）完成处网信领导小组交办的其他工作。

第九条 管理处水利信息化建设项目前期工作应当在水利部、水利厅有关信息化规划和管理处信息化发展规划的指导下进行，充分利用管理处统一的软硬件平台，实现信息资源整合共享，按照管理处有关规定，履行相应的立项程序。

第十条 管理处信息化发展规划是我处信息化建设项目立项的重要依据，主要包括管理处信息化发展规划、智慧水利总体方案及各业务领域信息化专项规划等。

第十一条 各单位（部门）应充分评估和论证信息化建设需求，需求应具有前瞻性和实用性，必要时可出具需求分析报告。

第十二条 水利信息化建设项目申请前，处网信办应当就项目建设必要性、需求分析、安全符合性、资源整合共享等方面组织相关人员进行技术审查。其他建设项目中包含的信息化子项目，应通过处网信办组织的技术审查，对项目是否充分利用管理处现有软硬件资源和已建信息资源等方面进行技术审查。根据技术审查意见修改完善后的设计文件方可报批。

第十三条 采购应按照管理处批复的采购方式进行，合理选择项目施工单位和供应商，采购过程中应严格按照《管理处采购管理办法》执行。

第十四条 水利信息化建设项目建设单位应当按照批复的方案组织实施。确需变更设计方案的应当按有关程序报批，报批前应征求处网信办的意见。

第十五条 各单位（部门）新建的信息化项目，原则上在管理处统一平台上开发。已建的信息化项目，应逐步与处统一平台整合。网信办全面参与并监督项目实施，便于对全处软件、硬件、网络和数据资源的整合与共享。

第十六条 信息化建设项目应依据网络安全等级保护相关要求，同步建设网络安全防护措施。

第十七条 信息化建设项目采购的产品、技术和服务须符合国家有关要求，优先选用国产产品，确需采购进口产品的，应按有关规定报批。

第十八条 水利信息化建设项目主体建设任务完成后应进行试运行，试运行时间原则上不少于3个月，并做好功能与性能指标及修改完善等相关记录。

第十九条 水利信息化建设项目涉及的系统集成、安全服务、工程监理、第三方检测等应选择具有相应资质的单位。

第二十条 水利信息化建设项目应按《江苏省省级水利工程维修养护项目管理办法》的规定执行。材料及设备验收、工序验收、隐蔽工程验收、阶段验收和完工验收由项目实施单位组织，完工验收邀请工管科、财供科等部门列席。竣工验收管理处组成验收组，由业务部门、网信办、财供科、纪律监督室组成，必要时邀请外部专业技术人员参与。

第二十一条 水利信息化建设项目应进行竣工技术预验收。技术预验收主要对建设项目的功能是否达到方案要求进行验收，验收内容还包括数据资源是否汇交管理处信息资源目录，并符合信息资源共享的要求。

第二十二条 管理处各工控系统和业务系统上线前需进行安全性测评和软件测试，业务部门和处网信办需派人参加。如有必要，可邀请第三方参与测评。

第二十三条 水利信息化建设项目竣工验收后，建设成果应报处网信办备案，并将数据资源成果汇交管理处网络数据中心，需提供数据字典、数据资源目录和相关资料。需预留与管理处信息化平台的接口，以统筹信息资源的整合、共享与利用。

第二十四条 加强对水利信息化建设项目的硬件和软件资产的管理，严格按照管理处相关规定，进行固定资产登记和管理。

第二十五条 信息化建设项目竣工验收并正式投入运行一年后，处网信办会同业务部门应组织对项目建设和运行管理进行综合评估。评估的内容主要包括：系统设计是否合理，功能是否完善，运行是否稳定，能否适应管理需要，经济效益和社会效益的发挥情况，存在的主要问题和改进的意见等。

第二十六条 水利网络安全管理应遵循《中华人民共和国网络安全法》，符合《信息安全技术 信息系统安全管理要求》（GB/T 20269–2006）、《信息技术 安全技术 信息安全管理体系 要求》（GB/ T22080–2016）、《信息安全技术 网络安全等级保护基本要求》（GB/T 22239–2019）等标准及《水利信息网运行管理办法》的有关规定。

第二十七条 各单位（部门）应建立网络安全事件应急响应和恢复工作机制，制定应急预案并加强演练。在突发网络安全事件时，启动相应的应急预案，快速、有效地进行处置，并第一时间通知处网信办。

第二十八条 处网信办应建立网络安全监督检查工作机制，定期组织开展全面的水利网络安全检查，不定期组织网络安全专项检查。加强对管理处门户网站及面向互联网服务的重要信息系统的在线安全监测,对发现的网络安全事件和威胁进行预警、通报。

第二十九条 管理处信息化系统实行统一管理与分级分部门负责运行管理相结合的运行管理模式,各单位(部门)信息系统的运维经费落实到位,日常管理到位,确保各自信息系统运行稳定可靠,满足工作需要。

第三十条 处网信办对全处水利信息系统管理工作进行业务指导,建立监督检查机制,定期对各系统运维情况进行监督检查。

第三十一条 建立水利信息化常态化培训机制,将信息化知识培训作为干部、职工岗位培训和继续教育的重点,对水利从业人员尤其是信息技术专业人员,进行不同类型和不同层次的信息技术培训,以适应信息化技术发展的需要。

第三十二条 建立健全水利信息化工作年度考评制度,建立信息技术专业人员信息技术考评和奖优罚劣制度,并将其列入管理处的考核内容。

四、《网络安全管理办法》

第一条 为保障管理处信息化建设同步落实网络等级保护制度,明确网络运行安全责任,健全水利网络安全保障机制,有力有效保障网络安全,根据《中华人民共和国网络安全法》、水利部《水利网络安全管理办法(试行)》和省水利厅有关要求,结合管理处实际,制定本办法。

第二条 本办法所称的保护对象是指由计算机或者其他信息终端及相关设备组成的按照一定的规则和程序对信息进行收集、存储、传输、交换、处理的系统,主要包括水利基础信息网络、关键信息基础设施(工控系统)、业务应用系统、办公系统等。

本办法适用于水利网络安全保护对象的安全规划建设、运行和监督管理等。

第三条 本办法所称网络安全工作是指为保障管理处网络安全与信息化建设相关基础设施、业务应用系统及数据的完整性、可用性及保密性而采取的网络安全检测、防护、处置等措施,以及相关标准规范、管理制度的制定执行等。

网络安全工作中涉及的内容安全、涉密信息安全管理,按照管理处有关保密规定执行。

第四条 网络安全坚持"明确责任、依法合规、重点保护、分级负责、主动防御、强化监管"总体原则,按照"谁主管谁负责、谁运营谁负责、谁使用谁负责"的要求进行责任分工,建立健全网络安全责任体系,处属各单位(部门)应依照本办法要求履行网络安全的义务和责任。

第五条 管理处网络安全与信息化领导小组(以下简称"处网信领导小组"),负责统一领导、统一谋划、统一部署全处网络安全工作。贯彻落实国家、江苏省网络安全法规及省水利厅部署要求;根据全处网络安全需求制定网络安全总体规划;建立网络安全有关规章制度；承担网络安全监管、协调责任；组织开展网络等级保护定级备案；落实建设、运行和管理经费。

第六条 领导小组下设网络安全与信息化领导小组办公室（以下简称"处网信办"），具体负责全处网络安全管理工作。职责包括：指导网络安全与信息化工作；制定网络安全管理规章制度和应急预案；组织开展网络安全威胁监测、预警和事件处理；组织开展信息系统网络安全等级保护工作；负责网络安全应急管理，协调处理与相关网络安全管理部门的关系；组织网络安全宣传和教育培训工作；负责网络安全监督检查工作。

第七条 管理处主要负责人是处网络安全工作的第一责任人，主管网络安全的分管领导是直接责任人，其他分管领导是分管领域网络安全的直接责任人。各单位（部门）是本单位（部门）网络安全工作的责任主体，主要负责人是本单位（部门）网络安全工作的第一责任人。各单位（部门）要明确指定本单位（部门）信息化工作的运行、维护和安全管理人员，并向处网信办报备，人员变动时应及时调整并报备。

第八条 网络安全工作是信息化建设的常规工作。按照处网信领导小组的决策部署，网信办会同各单位（部门）落实网络安全保护责任，履行安全保护义务，加强网络安全工作的统筹管理，把网络安全工作纳入重要议事日程，定期分析研究网络安全工作、协调解决重大问题，保障水利网络安全保护对象运行安全。

管理处在经费安排上切实保障网络安全等级保护测评、网络安全监测和检测评估、信息系统安全升级和防护加固、网络安全教育培训、网络安全事件处置和安全运维等网络安全常规工作预算，新增信息化项目预算中须考虑网络安全部分预算。

第九条 管理处按照国家相关法律法规要求，组织开展网络安全等级保护（以下简称"等保"）工作，其中，对关键信息基础设施按三级安全保护测评，其他应用系统按二级安全保护测评。各单位（部门）负责做好本单位（部门）所管信息化项目等保定级、等保测评、等保整改工作的具体落实，同时协助网信办做好涉及全处的网络安全等保工作，确保网络安全等保工作按规定正常开展。

第十条 处网信办负责在全处开展网络安全相关宣传、培训、演练等活动，积极提高网络安全管理能力，增强广大职工的网络安全意识。网络安全管理人员应积极认真参与，并做好在本单位（部门）的宣传推广工作。

第十一条 关键信息基础设施运营单位（部门）应当根据关键信息基础设施法律法规和规范要求，在网络安全等级保护制度基础上，对关键信息基础设施实行重点保护，加强必要的网络安全管控措施，包括但不限于：

（一）加强对关键信息基础设施网络和运行安全监控，确保关键信息基础设施自身运行安全；

（二）加强对关键信息基础设施运行环境的安全管理，确保物理环境安全可控，并配套符合关键信息基础设施的物理环境安全措施；

（三）加强对关键信息基础设施运行终端的安全管理，严格访问控制策略，严格输入输出管理，确保终端自身安全。

第十二条　涉及关键信息基础设施运营单位（部门），每年对关键信息基础设施网络的安全性和可能存在的风险至少进行一次检测评估，并将检测评估情况和整改措施报送处网信办。

第十三条　管理处关键信息基础设施运营单位（部门）应当全面梳理并掌握重要数据，按照国家有关规定和标准要求，采取访问控制、加密备份、行为审计等措施严格保护，并对重要系统和数据库进行容灾备份。

管理处关键信息基础设施运营单位（部门）在工程运行管理过程中收集和产生的个人信息和水利重要数据应当在管理处存储，因业务需要确需向处外提供的，应当按国家有关规定履行安全评估程序。严禁非法获取、出售或未经授权向他人提供关键信息基础设施相关资料。

第十四条　遵循网络安全与信息化"同步规划、同步建设、同步运行"的原则，各单位（部门）主建的业务应用系统及网站，应自行或由网信办协助进行网络安全等级保护自查工作。对于新建、改建、扩建的业务应用系统，在立项阶段确定等保等级，同步确定安全保护措施。新开发的业务应用系统在投入使用前，应向处网信办申请，经处网信办检测审核通过，签订《网络与信息安全责任书》后，方可上线试运行。试运行的业务应用系统及网站，在通过等级保护检测，并向处网信办提交登记备案材料后，正式投入使用。

处内网站和业务应用系统的登记备案实行年审制，每年定期对网站和业务应用系统备案情况进行核查修订。

第十五条　处网信办委托第三方安全检测单位定期对处内网站和业务应用系统进行安全检查，并将相关的检测报告发送给所管单位（部门）。对于存在高风险的网站或业务应用系统，将停止其网络访问，并要求在规定时间内修复，未修复的网站或业务应用系统责令关闭。对于出现严重安全事件的网站或业务应用系统，责令立刻关闭，要求整改。整改后的网站或业务应用系统，经第三方安全检测机构安全复查合格后，才能予以恢复访问。

第十六条　处网信办负责牵头，各单位（部门）配合，加强水利网络安全保护对象的安全管控，采取措施防范网络攻击，包括但不限于：

（一）严格控制机房和设备间的进出访问，加强安全监控和巡检，确保机房符合有关规定要求；

（二）在不同网络间设置物理或逻辑隔离，按照最小权限的原则对网络进行分区分域管理，实施严格的设备系统接入和访问控制策略；

（三）遵循最小授权原则，加强对主机账号、口令、应用、服务、端口的安全管理，定期开展漏洞扫描和恶意代码检测，及时安装安全补丁和更新恶意代码库；

（四）采取技术措施监测、记录网络运行状态、网络行为和网络安全事件，并留存网络日志不少于六个月；

（五）避免网站后台管理系统相关页面和信息暴露在互联网，应当严格管控门户网站信息的发布；

（六）严格办公系统用户注册审批和注销管理，加强安全意识教育，避免存在弱口令和工作邮件泄露情况；

（七）按照"谁使用、谁负责"的原则，明确终端安全的使用和管理责任，定期开展针对终端的弱口令检查、病毒查杀、漏洞修补、操作行为管理和安全审计等工作。

第十七条 各单位（部门）应当按照安全职责保障数据采集、传输、存储、处理、交换、共享和销毁等数据生命周期安全，对水利工程基础数据、重要水文水资源数据等水利重要数据进行容灾备份，对个人信息等敏感数据部署加密措施，遵循合法、正当、必要的原则进行数据收集和使用。

第十八条 各单位（部门）应当加强对外包服务和远程技术服务的安全管理。需要外包服务或远程技术服务的，应当与提供者签订安全保密协议，采取技术措施有效记录技术服务操作行为，进行远程维护时应当采取认证、加密、审计等管控措施。

第十九条 管理处办公网络是指管理处范围内连接各种信息系统及信息终端的计算机网络，包括有线网络、无线网络和各种虚拟专网。

第二十条 网络及相关基础设施由处网信办统一规划、建设、管理，并提供统一网络出口。处办公网与互联网及其他公共信息网络实行逻辑隔离，由处网信办统一出口、统一管理和统一防护。未经批准，任何单位及个人不得擅自建设、更改、损毁、挪用管理处网络及相关基础设施，不得私接外网出口。

第二十一条 网络接入单位负责提供本单位所需的网络设备间和电源保障，协助解决网络布线和设备安装所需空间，负责安防和消防安全管理。

第二十二条 管理处网络主要服务于工程管理、行政办公、河湖管理等活动，使用者应文明上网，规范网络行为，并做好个人网络安全管理维护，自身的上网行为不得危害到管理处网络安全和正常秩序。严禁任何单位和个人利用管理处网络及设施从事任何无授权的探测、破坏、信息窃取等互联网攻击活动及未经许可的其他活动。

第二十三条 网络使用者未经许可不得对管理处网络以外用户提供网络服务。如在工作上确有特殊需求，需要对外开放服务（限于非 WEB 信息发布类服务），须经处网信办审批，由申请人员承担网络安全责任。

第二十四条 由管理处引入的第三方网络运营服务单位，须与管理处签订网络安全责任书。服务单位需递交线路途经地、中继转发情况和加载设备等清单。处网信办负责巡查监督，对于未经管理处允许或服务合同到期或未与处网信办签订网络安全责任书的第三方网络运营服务单位，有权采取措施立即停止其服务。

第二十五条 按照"分工负责、协作配合、资源共享、力量协同"的原则，开展监测预警和信息通报。加强网络安全监测预警能力建设，完善信息通报机制，对网络安全状况进行实时监测，并对管辖范围内发现的风险漏洞和网络安全事件及早预警、及时处置和信息通报。

第二十六条 风险漏洞处理实行限期修复。对于通用型网络产品和服务的风险漏洞，运行管理单位应当在厂商和安全机构修复方案公开发布后立即核查整改；对于国家、地方网络安全管理部门和水利部、水利厅等通报的高危漏洞，处网信办指导运行管理单位按照时限要求组织整改。

第二十七条 处网信办负责制定和修订《处网络安全事件应急预案》，按照事件发生后的危害程度、影响范围等因素对网络安全事件进行分级，并规定相应的应急处置措施。

第二十八条 管理处内发生网络安全事件，应当立即启动网络安全事件应急预案，按照应急预案规定进行处置。按照处网络安全事件报告与处置流程，做好事发报告与处置、事中情况报告与处置以及事后整改报告与处置工作，努力做到安全事件早发现、早报告、早控制、早解决。

第二十九条 各单位（部门）及全体职工均有义务及时向处网信办报告网络安全事件，但不得在未授权的情况下对外公布、尝试或利用所发现的安全漏洞或安全问题。

第三十条 处网信办负责管理处网络安全监督检查机制建设，组织开展网络安全检查，针对水利关键信息基础设施开展专项检查。检查一般采用攻防演练、渗透测试、在线监测、现场检查等方式。

第三十一条 处网信办定期对各单位（部门）进行安全检查（抽查）。根据国家和上级主管部门有关要求，在重要保障时期对网络安全重点保障设施开展专项检查。

第三十二条 处网信办对检查发现的问题视严重程度，提出限期整改、立即整改、下线整改等要求，并跟踪整改落实情况。

被检查单位应当评估、分析问题产生的原因，采取修补漏洞、系统升级、部署防护措施、完善管理制度等措施进行整改，并按要求反馈整改结果。

第三十三条 涉及国家秘密的水利网络安全保护对象的规划建设、运行与管理，除应当遵守本办法规定，还应当遵守国家有关保密规定。

第二节　安全生产篇

一、《安全目标管理制度》

第一条　为进一步落实安全生产主体责任，建立并保持安全生产管理体系，激励广大职工的安全生产积极性，根据《中华人民共和国安全生产法》，水利部及省水利厅关于水利安全生产标准化建设的相关要求，结合我处水利工程管理实际，制定本制度。

第二条　处安全生产委员会（以下简称"处安委会"）全面领导安全生产目标的管理，处安委会办公室（以下简称"处安办"）组织安全生产目标的制定、分解、实施、检查、考核等，处安全生产监督科（以下简称"处安监科"）负责安全目标的综合监督管理。处属各单位（部门）将处安全生产目标细化分解为指标，确保落实到岗到人，并定期考核指标完成情况。

第三条　安全生产目标包括安全生产总目标和年度目标。管理处每3~5年制定中长期安全生产工作规划，每年制定年度安全生产工作计划，并以正式文件发布。

第四条　目标制定应按照"科学预测、职工参与、方案选优、信息反馈"的原则，依据国家安全生产方针、政策和上级部门的安全工作决策部署。

第五条　处安监科负责起草安全生产总目标和年度目标，报处安委会或主任办公会研究，根据研究意见并按照文件管理流程进行拟稿、核稿、会签、签发。

第六条　制定安全生产总目标和年度目标，应包括生产安全事故控制、安全生产风险管控和隐患排查治理、职业健康、安全生产管理目标。

第七条　处安监科根据管理处安全生产目标，分解各单位（部门）年度安全生产目标和指标，拟定与各单位（部门）安全生产目标责任书。安全生产责任书应明确安全生产指标和目标保障措施。

第八条　每年处主要负责人与分管领导签订安全生产责任书，分管领导与所分管部门和联系单位负责人签订安全生产责任书，处属各单位（部门）负责人与各岗位职工签订安全生产责任书。

第九条　处属各单位（部门）依据下达的年度目标任务，根据本部门各岗位职责进一步细化分解为指标，并逐级与每位职工签订安全生产责任书。

第十条 目标的检查、考核采取自我检查、自我考核与处监督检查考核相结合的方式。处属各单位（部门）负责对本单位（部门）的自查和对职工完成目标情况的考核，处安委会负责对处属各单位（部门）的自查和考核情况进行审核。

第十一条 每季度末月 25 日前，各单位（部门）对本季度安全目标自查和考核结果报处安办，处安办会同有关部门适时进行核查。每年 12 月 25 日前，各单位（部门）对全年安全目标完成情况进行自查，处安办将组织对目标责任单位安全目标完成情况进行考核，考核结果纳入处年度综合考核。

第十二条 处安办根据处年度工作目标计划，拟订处属单位（部门）年度目标考核细则。处安监科按照目标考核细则，对处属各单位（部门）的安全目标执行措施、进度、效果进行监督检查。

第十三条 目标考核细则包括控制目标和工作目标，基本分为 100 分。

（一）控制目标（40 分）。控制目标为当年安全工作的主要指标。控制目标经处安委会审定后由处安办分解、下达，并以处年度安全工作目标和签订安全生产责任书的方式予以公布。

（二）工作目标（60 分）。工作目标为安全工作的要求和任务，包括安全生产组织保障、基础保障、管理保障和日常工作等方面的要求。

第十四条 泵站管理所、水闸管理所、抗旱排涝所、设备修理所、办公室考核得分在 90 分以上（含 90 分）且无《安全目标管理考核表》中规定的"一票否决"项的单位为安全目标完成单位。其他部门考核得分 95 分以上的为安全目标完成单位。

第十五条 考核结果作为单位（部门）领导班子工作业绩和安全奖、年终绩效奖的重要依据。

季度考核与季度安全奖挂钩，年终考核对与年终奖励性绩效和评先评优挂钩。

安全目标未完成的单位（部门）按考评分值核减当季安全奖和年终奖励性绩效，"一票否决"的单位（部门）取消评先评优资格并扣发当季安全奖和年终奖励性绩效。

二、《安全生产责任制》

第一条 为强化安全生产责任制，切实做好安全生产工作，根据《中华人民共和国安全生产法》《江苏省安全生产管理条例》《江苏省安全生产"党政同责、一岗双责"暂行规定》等安全生产法律法规，结合我处水利工程管理实际，制定本制度。

第二条 全处干部职工按照"谁主管、谁负责"和"管行业必须管安全、管业务必须管安全、管生产经营必须管安全"的原则，履行相应的安全生产责任。

第三条 安全生产人人有责，每个职工都有义务在自己岗位上认真履行各自的安全职责，实现全员安全生产责任制。

第四条 主要负责人安全生产职责

（一）认真贯彻执行国家安全生产方针、政策、法律、法规，把安全工作列入的重要议事日程，亲自主持重要的安全生产工作会议，批阅上级有关安全方面的文件，签发有关安全工作的重大决定，及时研究解决和审批有关安全生产中的重大问题，对全处的安全生产工作全面负责；

（二）建立健全并落实本单位全员安全生产责任制，加强安全生产标准化、安全文化建设；

（三）组织制定并实施本单位安全规章制度和操作规程；

（四）组织制定并实施本单位安全生产教育和培训计划；

（五）保证安全生产投入的有效实施；

（六）每季度至少召开一次安全生产专题会议，研究和审查有关安全生产的重大事项，协调本单位安全生产工作事宜；

（七）组织建立并落实安全风险分级管控和隐患排查治理双重预防工作机制，负责管控重大风险，督促、检查本单位的安全生产工作，及时消除生产安全事故隐患；

（八）每季度至少组织一次安全生产全面检查，及时排查和消除生产安全事故隐患；

（九）建立健全本单位安全生产责任制绩效考核制度；

（十）组织制定并实施本单位的生产安全事故应急救援预案，配备必要的应急救援装备和物资，每年至少组织并参与一次事故应急救援演练；

（十一）发生事故时迅速组织抢救，并及时、如实向省厅报告事故情况，做好善后处理工作，配合调查处理；

（十二）每年向职工代表大会报告安全生产工作和个人履行安全生产管理职责的情况，接受工会、全处职工对安全生产工作的监督；

（十三）法律、法规、规章规定的其他安全生产职责。

第五条 分管安全负责人安全生产职责

（一）协助主要负责人履行安全生产管理职责，对安全生产工作负有组织实施、综合管理和日常监督的责任；

（二）协助主要负责人建立健全本单位全员安全生产责任制、安全生产规章制度和安全操作规程，并督促实施；

（三）主持日常安全管理工作，组织本单位安全生产管理机构和安全生产管理人员开展工作，监督指导本单位生产安全事故应急预案演练与修订工作；

（四）定期向安全生产委员会和主要负责人报告工作，并提出须由安全生产委员会研究、讨论和通过的安全工作议题；

（五）组织召开安全生产工作会议，及时总结和部署安全生产工作；定期预判、评估安全生产状况，研究解决安全生产问题；

（六）协助主要负责人组织开展安全生产宣传教育培训工作；

（七）审定重大工程项目的安全设施，督查"三同时"执行情况；

（八）协助主要负责人建立落实安全生产风险分级管控制度，并负责职责范围内较大风险的管控工作；

（九）协助主要负责人组织制定生产安全事故隐患排查治理制度，每月至少全面检查一次安全生产工作，对查出的事故隐患及时督促整改；

（十）协助主要负责人建立健全本单位安全生产责任制绩效考核机制，考核与监督本单位各部门、各岗位履行安全生产责任制情况；

（十一）发生生产安全事故，按规定时间和程序报告，组织事故救援和善后处置，配合有关部门开展事故调查处理，组织内部的事故调查处理；

（十二）法律、法规、规章以及本单位规定的其他安全生产职责。

第六条 其他分管领导安全生产职责

（一）按照"管业务必须管安全、管生产经营必须管安全"的原则，对分管工作履行安全生产"一岗双责"，组织分管部门落实安全生产责任制；

（二）组织所分管部门建立健全安全生产规章制度、操作规程和安全事故应急救援预案；

（三）组织落实分管部门的安全风险分级管控和隐患排查治理措施，对分管部门的较大风险进行管控，并监督问题隐患的整改落实；

（四）组织检查所分管部门的安全生产，督促查找安全隐患及时处理生产运行过程中存在的安全问题；

（五）按规定时间和程序报告生产安全事故，按职责分工组织事故救援，做好伤亡事故的善后处理工作；

（六）法律、法规、规章以及本单位规定的其他安全生产职责。

第七条 处属单位（部门）负责人安全生产职责

保证国家安全生产法律法规和规章制度在本单位贯彻执行，对本单位（部门）的安全生产负责。认真贯彻"五同时"的原则，即在计划、布置、检查、总结、评比生产工作的同时，计划、布置、检查、总结、评比安全工作。监督检查本单位（部门）对安全生产各项规章制度执行情况，及时纠正失职和违章行为。

（一）组织制订并实施本单位（部门）安全生产管理规定、岗位安全生产职责、安全技术操作规程、安全生产规划和安全技术措施，建立健全安全生产管理网络；

（二）组织对新职工（包括实习、临时人员）进行安全教育，对职工进行经常性的安全思想、安全知识和安全技术教育，开展岗位技术练兵、安全技术考核，组织职工积极参与安全生产竞赛和安全生产月活动；

（三）落实本单位（部门）安全风险分级管控和隐患排查治理措施，保证生产运行设备、安全装备、消防设施、防护器材和急救器具等处于完好状态，并教育职工加强维护，正确使用；

（四）经常深入生产一线，掌握了解安全生产状态，及时解决影响安全生产的各种问题，做到防患于未然；

（五）做好职工劳动保护，努力改善职工劳动条件，保护职工在劳动中的安全与健康；

（六）按职责权限参与事故应急预案编制和应急演练工作，组织事故救援，做好伤亡事故的善后处理工作；

（七）法律、法规、规章以及本单位规定的其他安全生产职责。

第八条 机关员工安全职责

（一）认真学习和遵守各项安全生产规章制度，严格遵守安全生产的各项规定，履行安全职责；

（二）提高安全生产意识，按照"谁用工、谁负责"的要求，负责监督被派遣劳务者的劳动安全；

（三）积极参加安全培训和安全生产活动，掌握安全知识；

（四）认真学习并执行安全用电、防火等安全管理制度和规定；

（五）妥善保管、正确使用各种防护器具和消防器材，保持工作环境整洁，文明办公；

（六）深入基层调查研究安全生产状况，发现违章作业加以劝阻和制止。

（七）法律、法规、规章以及本单位规定的其他安全生产职责。

第九条 项目负责人安全生产职责

（一）贯彻执行相关项目安全生产的规定和要求，对本项目的安全工作负直接责任；

（二）负责对项目参与人员及外来务工人员进行岗位安全教育培训；

（三）认真执行"三同时"，即新建、改建、扩建工程项目的安全设施，必须与主体工程同时设计、同时施工、同时投入生产和使用；

（四）负责项目实施过程安全检查，经常深入现场查找安全隐患并及时消除，发现违章作业及时制止，发生事故立即报告，并组织抢救，保护好现场，做好详细记录；

（五）法律、法规、规章以及本单位规定的其他安全生产职责。

第十条 专（兼）职安全员安全生产职责

（一）在主管负责人的领导下，负责安全生产具体工作，协助主管负责人贯彻上级安全生产的指示和规定，并检查督促执行；

（二）参与拟订有关安全生产管理制度、安全技术操作规程和安全生产事故应急救援预案，并检查执行情况；

（三）负责编制安全技术措施计划和隐患整改方案，落实安全生产整改措施，并及时上报落实情况；

（四）参与本单位（部门）安全生产教育和培训，如实记录安全生产教育和培训情况，做好安全生产档案的管理；

（五）监督本单位安全生产资金投入和技术措施的落实；

（六）组织开展危险源辨识和评估，督促落实本单位重大危险源的安全管理措施，监督劳动防护用品的采购、发放、使用和管理；

（七）参与本单位应急救援演练；

（八）检查本单位安全生产状况，及时排查生产安全事故隐患，提出改进安全生产管理的建议；

（九）制止和纠正违章指挥、强令冒险作业、违反操作规程的行为；

（十）组织落实安全风险分级管控措施和隐患排查治理制度，督促落实安全生产整改措施；

（九）督促落实本单位安全生产整改措施；

（十一）组织安全生产日常检查、岗位检查和专业性检查，并每月至少组织一次安全生产全面检查；

（十二）督促各部门、各岗位履行安全生产职责，并组织考核、提出奖惩意见；

（十三）参与拟订本单位生产安全事故应急救援预案；

（十四）参与所在单位事故的应急救援和调查处理；

（十五）法律、法规、规章以及本单位规定的其他安全生产职责。

第十一条 班组长安全生产职责

（一）每天召开班前会，开展班前安全教育，告知班组作业区域的主要安全生产风险点、防范措施和事故应急措施，做好技术交底；

（二）加强班组安全培训，督促班组人员熟知工作岗位存在的危险因素、防范措施及事故应急措施；

（三）严格执行本单位安全风险分级管控和隐患排查治理各项工作制度，组织开展班前、班中、班后安全检查或交接班检查，对班组作业区域进行安全风险隐患排查，落实安全防范措施，并做好相关记录；

（四）督促班组人员严格遵守本单位的安全生产规章制度和岗位安全操作规程，正确佩戴和使用劳动防护用品；

（五）对作业中发生的险情、突发事件及时报告，组织事故初期应急处置并采取措施保护现场；

（六）法律、法规、规章以及本单位规定的其他安全生产职责。

第十二条 生产运行操作人员安全生产职责

（一）认真学习、严格遵守安全规章制度和操作规程，服从管理，不违反劳动纪律，不违章作业；

（二）积极参加安全生产教育培训和安全生产月活动，提高安全生产技能，获取相应岗位操作证书，增强事故预防和应急处理能力；

（三）正确操作，精心维护设备，严格执行安全运行规程，保持作业环境整洁，搞好文明生产；

（四）积极参加应急救援演练，正确分析、判断和处理各种事故隐患，把事故消灭在萌芽状态，如发生事故，要正确处理，及时、如实地向上级报告，并保护现场，做好详细记录；

（五）按时认真进行巡回检查，做好各项记录，发现异常情况及时处理和报告；

（六）上岗必须按规定正确佩戴劳动保护用品，妥善保管劳动防护器具；

（七）熟悉本岗位的安全生产风险和应急处置措施，发现直接危及人身安全的紧急情况时，有权停止作业或者采取应急措施后撤离作业场所；

（八）有权拒绝违章指挥和强令冒险作业，对他人违章作业加以劝阻和制止；

（九）法律、法规、规章以及本单位规定的其他安全生产职责。

第十三条 办公室安全生产职责

（一）贯彻执行有关安全生产的法律、法规和管理处各项安全生产规章制度；

（二）建立健全档案、食堂、公务用车等管理制度，经常开展安全生产教育培训，对管理制度执行情况经常进行检查考核；

（三）辨识和有效防控办公室、职工宿舍、机关食堂等人员密集场所及公务车辆安全风险。经常开展隐患排查治理，重点排查治理用电、用气、消防安全等存在的安全隐患；

（四）健全完善消防管理长效机制，明确和落实消防安全管理责任，提高火灾防控能力，负责后勤服务、公务用车等业务范围内消防督查指导，负责档案室、会议室、食堂、职工宿舍、综合楼、湖泊管理用房等管理用房内的日常防火巡查和火灾隐患排查治理；

（五）协助处领导做好安全生产日常事务工作，及时印发、转发、传达安全生产文件，做好处安全宣传报道工作；

（六）做好管理处安全规章制度文秘处理、协调做好上级安全检查的接待、处安全生产会议的相关工作；

（七）做好办公室职工、外来务工人员和来管理处参观学习人员的安全教育，组织职工全员参加管理处、省级和部级组织的安全生产相关竞赛活动；

（八）做好食堂液化气存储、使用、运输和废弃处置各环节的安全管理，确保食品安全卫生；

（九）认真执行交通安全的法规，按规定对车船进行维修保养、检测，严格安全驾驶行为管理，加强驾驶人员交通安全教育，确保安全行车；

（十）工作业务范围内发生生产安全事故时，及时赶赴事故现场，参与事故应急救援的技术支撑和善后处理工作；

（十一）完成管理处安排的其他安全专项工作。

第十四条 组织人事科安全生产职责

（一）贯彻执行有关安全生产的法律、法规和管理处各项安全生产规章制度；

（二）制定全处教育培训计划，组织新职工做好三级教育培训，组织技术工人的培训、考核、奖惩及特种作业员的上岗培训和年审工作；

（三）将消防教育培训纳入职工教育培训计划并督促落实，鼓励和支持职工参与消防职业技能培训；

（四）与职工订立劳动合同时，应如实告知所从事岗位可能产生的职业危害及其后果、保护措施等。按规定安排相关岗位人员进行职业健康检查，建立健全职业健康档案；

（五）做好人事考核工作，按管理处有关规定，把安全生产工作与其他考核相结合，严格执行"一票否决制"；

（六）按国家有关规定，督促检查职工劳保用品按规定发放情况；

（七）按规定及时为职工办理有关保险，受工伤职工及时获得相应的保险待遇；

（八）参加重大事故的调查处理，组织工伤鉴定处理工作，做好伤亡人员的善后处理工作；

（九）工作业务范围内发生生产安全事故（未遂事故）时，及时赶赴事故现场，参与事故应急救援的技术支撑和善后处理工作；

（十）做好工作管理区域内消防、用电、防盗等工作；

（十一）完成管理处安排的其他安全专项工作。

第十五条 党委办公室安全生产职责

（一）认真学习贯彻执行"党政同责、一岗双责、齐抓共管、失职追责"的规定，贯彻党和国家的安全生产方针、政策，发挥保证监督作用，并积极提出建议和意见；

（二）协助各部门搞好安全生产方针、政策、法令、制度等的宣传教育，提高职工的安全意识；

（三）发挥党组织在安全生产中的保障作用，教育党员起模范带头作用，并带动职工做到严格执行安全生产安全规章制度；

（四）协助各部门总结推广安全生产先进经验。在评选优秀党员时，要把安全工作业绩作为重要内容；

（五）掌握了解职工的思想动态，做好思想政治工作，解决影响安全生产的各种思想问题，做到防患于未然；

（六）负责其组织开展的支部活动等的安全管理工作；

（七）在评选先进党支部（团支部）和优秀党员（团员）时，要把安全工作业绩作为重要内容；

（八）负责党办（团委）组织的外出考察、培训、学习等活动的安全管理工作；

（九）完成管理处安排的其他安全专项工作。

第十六条 财供科安全生产职责

（一）贯彻执行有关安全生产的法律、法规和管理处各项安全生产规章制度；

（二）认真开展安全生产教育培训，提高职工安全素质，定期开展防火检查，及时消除火灾隐患。按规定对消防资金进行预算管理，保证防火检查巡查、消防设施器材维护保养、建筑消防设施检测、火灾隐患整改、微型消防站建设等消防工作所需资金的投入和使用；

（三）编制安全生产费用使用计划，建立安全生产费用使用台账，审批程序符合规定并严格落实，每半年对安全生产费用使用情况进行检查，并以适当形式披露；

（四）按有关规定落实安全投入资金，保证必要的安全生产投入，按规定列支安全费用；

（五）认真贯彻安全投入经费使用的相关规定，审核建设项目安全专项经费，确保专款专用，并监督检查；

（六）加强工程建设和维修养护项目采购流程、合同、安全文明措施费管理，防范项目风险；

（七）工作业务范围内发生生产安全事故时，及时赶赴事故现场，参与事故应急救援的技术支撑和善后处理工作；

（八）做好工作管理区域内消防、用电、防盗等工作；

（九）完成管理处安排的其他安全专项工作。

第十七条 工程管理（安全监督）科安全生产职责

（一）认真贯彻执行国家相关的安全生产方针、政策、法律法规，在管理处党委和安全生产委员会的领导下做好安全生产日常管理工作；

（二）组织制（修）定管理处安全生产管理制度、应急预案，负责安全项目的计划、申报、审批、经费下达、施工监督、竣工验收，并检查执行情况；

（三）按有关规定，定期组织工程观测，开展工程安全鉴定，做好防汛度汛的安全管理工作，组织好防汛人员的配备、防汛物资的调度、防汛抢险演练等管理工作；

（四）组织安全生产检查，协助和督促有关部门对查出的隐患制订防范措施，检查隐患整改工作；

（五）做好科室职工、外来务工人员和来管理处参观学习人员的安全教育，组织职工全员参加管理处、省级和部级组织的安全生产相关竞赛活动；

（六）负责对处属各单位的安全考核评比工作，会同有关部门开展各种安全活动，总结交流安全生产先进经验，开展安全技术研究，积极推广安全生产科研成果、先进技术及现代安全管理方法；

（七）发生生产安全事故（未遂事故）时，及时赶赴事故现场，参与事故应急救援的技术支撑和善后处理工作；

（八）加强信息网络安全管理，组织开展信息系统等级保护相关工作，做好工作管理区域内消防、用电、防盗等工作；

（九）完成管理处安排的其他安全专项工作。

第十八条 水政科安全生产职责

（一）贯彻执行有关安全生产的法律、法规和管理处各项安全生产规章制度；

（二）与安全保卫相关单位及相关方人员签订安全生产责任状，明确双方安全管理责任，督查检查安保人员接受教育培训；

（三）定期组织水法规学习培训，领导和执法人员应熟悉水法规及相关法规，做到依法管理；

（四）组织职工及被派遣劳动者开展安全生产教育培训，提高安全防范技能和应急救援能力；

（五）修订完善水上作业、防暴恐、火灾补救等应急预案，落实相关应急措施，并开展应急演练；

（六）负责消防演练及义务消防队及高港枢纽消防控制室的管理工作，消防值班人员应取得相应资格证书，并持证上岗；

（七）经常检查水上作业人员安全防护设施使用情况，巡查执法交通车辆船舶符合有关规定，作业人员应经培训合格，持证上岗，发现非法、违法行为及时制止；

（八）做好安全警戒区管理工作，确保工程管理和保护范围内无违章建筑，无危害工程安全活动，无排放有毒或污染物等破坏水质的活动，水法规等标语、标牌齐全醒目；

（九）配合有关部门对水环境进行有效保护和监督，案件取证查处手续、资料齐全、完备，执法规范，案件查处结案率高；

（十）在治安巡查的同时，做好高港枢纽公共区域的防火巡查，确保处区消防道路通畅；管理并定期检查移动消防泵、微型消防站灭火器材等；

（十一）工作业务范围内发生生产安全事故（未遂事故）时，及时赶赴事故现场，参与事故应急救援的技术支撑和善后处理工作；

（十二）完成管理处安排的其他安全专项工作。

第十九条 湖泊管理科安全生产职责

（一）贯彻执行有关安全生产的法律、法规和管理处各项安全生产规章制度；

（二）定期组织湖泊管理人员安全教育培训，熟悉相关水法律法规，做到依法管理；

（三）工作业务范围内发生生产安全事故（未遂事故）时，及时赶赴事故现场，参与事故应急救援的技术支撑和善后处理工作；

（四）做好工作管理区域内消防、用电、防盗等工作；

（五）完成管理处安排的其他安全专项工作。

第二十条 经营科（基建绿化办）安全生产职责

（一）贯彻执行有关安全生产的法律、法规和管理处各项安全生产规章制度；

（二）建立健全各项安全管理制度和操作规程，完善业务范围应急预案，定期开展应急演练；

（三）辨识和有效防控水利工程辅助建设物、风景区设备设施、水土保持、项目施工等安全风险。经常开展隐患排查治理，重点排查高层建筑高空坠物、配电房、办公用电、电梯、中央空调、供水等存在的安全风险隐患，及时化解安全风险，消除安全隐患；

（四）加强对项目实施的安全管理。严格项目实施安全管理，经常督查施工现场设备设施及人员的安全防范措施，做好相关部门隐患治理保障工作。施工前必须签订安全协议、施工进场必须安全告知、特种作业人员必须现场验证、动火作业必须审批、"五类工程"必须专项方案、施工监管必须有记录。为作业人员配备必要的劳动防护、职业病用品（具），并监督、教育从业人员按照使用规则正确佩戴、使用。严格执行操作规程，杜绝"三违"行为；

（五）做好工作管理区域内消防、用电、防盗等工作，负责高港枢纽控制公共区域的消防设施的运行维护管理。定期检查室外消防管网、室内外消火栓等，保持消防设施完好；

（六）严格执行生产安全事故报告、调查和处理有关规定，不得漏报、瞒报生产安全（未遂）事故，严肃事故（未遂）查处，坚持"四不放过"原则；

（七）完成管理处安排的其他安全专项工作。

第二十一条 纪律监督室安全生产职责

（一）贯彻执行有关安全生产的法律、法规和管理处各项安全生产规章制度；

（二）按照有关安全生产法律法规及处安全规章制度，监督检查处工程项目管理制度的执行情况；监督检查各项安全技术措施经费使用情况；监督检查安全生产管理工作中的遵章守纪情况；

（三）依法实行水利安全生产事故责任追究制度，对负有安全生产监督管理职责的部门及其工作人员履行安全生产监督管理职责实施监察，查处安全生产工作中的失职、渎职行为；

（四）做好工作管理区域内消防、用电、防盗等工作；负责对消防安全工作中的违纪违规情况监督检查；

（五）完成管理处安排的其他安全专项工作。

第二十二条　工会安全生产职责

（一）贯彻执行有关安全生产的法律、法规和管理处各项安全生产规章制度；

（二）充分发挥工会安全监督领导小组职责，定期开展工会安全生产监督检查。组织职工参加处安全生产工作的民主管理和民主监督，维护职工在安全生产方面的合法权益。鼓励全处职工积极建言献策，并对建言献策进行回复；

（三）参加制定或者修改有关安全生产的规章制度；

（四）加强对全处安全生产责任制落实情况的监督，保证安全生产责任制的落实；

（五）对违反安全生产法律、法规，侵犯从业人员合法权益的行为，责令相关部门立即纠正；发现违章指挥、强令冒险作业或者发现事故隐患时，积极提出解决的建议，并督促有关部门及时研究答复；

（六）发现危及从业人员生命安全的情况时，组织从业人员撤离危险场所，并督促有关部门立即作出处理；

（七）参加事故调查，向有关部门提出处理意见，并要求追究有关人员的责任；

（八）做好工作管理区域内消防、用电、防盗等工作；

（九）完成管理处安排的其他安全专项工作。

第二十三条　处安全生产委员会负责全处的安全责任制的监督和年度考核。安委办负责处属各单位（部门）季度考核的审核。各部门负责对本部门内的安全生产责任制的落实与考核。

第二十四条　安全生产责任考核坚持"谁主管、谁负责""三管三必须""分级管理、分级负责"的原则。

第二十五条　考核分为定期和不定期两种形式。

（一）处安全生产委员会于每年初组织安全生产委员会成员，对上年度各单位（部门）、各级人员的安全生产责任制落实情况进行检查，对不履行职责者进行处理；

（二）处安办对各部门、部门对班组、班组对个人的安全责任考核频次为每季一次，发生任何安全事故时，所在部门对部门、班组和人员的安全生产职责落实情况检查一次；

（三）单位（部门）发生轻伤以上安全事故时，处安全生产委员会组织安全生产委员会成员对该部门进行一次安全生产责任制落实情况的检查；

（四）处安办在日常检查过程中，对发现违反安全生产责任制的情况随时进行考核。

第二十六条　具体考核办法

（一）安全责任考核按季度进行，年终进行总结，由处安办汇总，主管安全领导提出奖惩意见，处安委会审核批准后实施；

（二）处主要负责人、各级领导和全体员工之间应每年不少于一次层层签订安全生产责任书。安全责任书应明确责任内容、预期目标和考核办法；

（三）每季度初处安办对各部门、各部门对全体员工进行季度安全考核；各部门向处安办报送安全生产目标考核表，处安办按处《安全生产考核奖惩管理办法》审核安全考核奖；

（四）年终部门和全体员工进行年度安全总结，处安全生产委员会和各部门结合《安全生产责任目标书》对各部门和全体员工进行年度安全工作考核，并按现代化目标任务完成情况进行考核。

第二十七条 奖惩标准按处《安全生产考核奖惩管理办法》执行。

三、《安全教育培训管理制度》

第一条 为贯彻"安全第一、预防为主、综合治理"的安全生产方针，加强管理处职工安全培训教育工作，增强职工的安全防护能力，预防和减少安全事故的发生。不断提高安全思想意识和自我防护能力，增强遵章守纪的自觉性，避免各类事故的发生，确保稳定的生产、工作秩序，保证安全生产，特制定本制度。

第二条 组织人事科为教育培训归口管理部门，负责编制管理处《年度安全教育培训计划》，把安全教育培训计划纳入处职工教育培训体系，督促、指导各部门教育培训工作。处安监科负责安全教育培训的计划执行、培训效果及台账资料的督查。

第三条 处属各单位部门主要负责人和专（兼）职安全生产管理人员应参加与本单位所从事的生产经营活动相适应的安全生产知识、管理能力和资格培训，按规定进行复审培训，获取由培训机构颁发的培训合格证书。

第四条 安全生产管理人员初次安全培训时间不得少于32学时，每年再培训时间不得少于12学时。教育培训情况应由组织人事科负责记入《员工安全生产教育培训档案》。

第五条 处属各单位部门主要负责人安全培训内容

（一）国家安全生产方针、政策和有关安全生产的法律、法规、规章和标准；

（二）安全生产管理基本知识、安全生产技术、安全生产专业知识；

（三）重大危险源管理、重大事故防范、应急管理和救援组织以及事故调查处理的有关规定；

（四）职业危害及其预防措施；

（五）国内外先进的安全生产管理经验；

（六）典型事故和应急救援案例分析；

（七）其他需要培训的内容。

第六条 管理处专（兼）职安全生产管理人员安全培训内容

（一）国家安全生产方针、政策和有关安全生产的法律、法规、规章和标准；

（二）安全生产管理、安全生产技术、职业卫生等知识；

（三）伤亡事故统计、报告及职业危害的调查处理方法；

（四）应急管理、应急预案编制以及应急处置的内容和要求；

（五）国内外先进的安全生产管理经验；

（六）典型事故和应急救援案例分析；

（七）其他需要培训的内容。

第七条 管理处职工一般性培训要求

管理处各级、各岗位员工通常要接受教育培训的内容：

（一）安全生产方针、政策、法律法规、标准及规章制度等；

（二）作业现场及工作岗位存在的危险因素、防范及事故应急措施；

（三）有关事故案例、通报等；

（四）在岗作业人员每年进行不少于12学时的经常性安全生产教育和培训。

第八条 新员工培训内容及要求

新员工在上岗前应接受管理处、部门、班组三级安全教育培训，培训时间不得少于24学时，考试合格后，方可上岗工作。教育培训情况记入《员工安全生产教育培训档案》。

（一）处级（一级）岗前安全教育培训内容应包括：

1. 管理处安全生产情况及安全生产基本知识；

2. 管理处安全生产规章制度和劳动纪律；

3. 从业人员安全生产权利和义务；

4. 有关事故案例；

5. 事故应急救援、事故应急预案演练及防范措施等内容。

（二）部门（二级）岗前安全培训内容应当包括：

1. 工作环境及危险因素；

2. 所从事工种可能遭受的职业危害和伤亡事故；

3. 所从事工种的安全职责、操作技能及强制性标准；

4. 自救互救、急救办法、疏散和现场紧急情况的处理；

5. 安全设备设施、个人防护用品的使用和维护；

6. 本部门安全生产状况及规章制度；

7. 预防事故和职业危害的措施及应注意的安全事项；

8. 有关事故案例；

9. 其他需要培训的内容。

（三）班组级（三级）岗前安全培训内容应当包括：

1. 岗位安全操作规程；
2. 岗位之间工作衔接配合的安全与职业卫生事项；
3. 有关事故案例；
4. 其他需要培训的内容。

第九条 在新工艺、新技术、新材料、新装备、新流程投入使用之前，应当对有关从业人员重新进行有针对性的安全培训。学习与本单位从事的生产经营活动相适应的安全生产知识，了解、掌握安全技术特性，采用有效的安全防护措施。对有关管理、操作人员进行有针对性的安全技术和操作规程培训，经考核合格后方可上岗操作。

第十条 转岗、离岗作业人员培训内容及要求

作业人员转岗、离岗一年以上重新上岗前，需进行部门、班组安全教育培训，经考核合格后方可上岗作业。并将培训情况记入《安全生产教育培训台账》。

第十一条 特种作业人员培训内容及要求

特种作业人员必须按照国家有关法律、法规的规定接受专门的安全培训，经考核合格，取得特种作业操作资格证书后，方可上岗作业。并按照规定参加复审培训，未按期复审或复审不合格的人员，不得从事特种作业工作。

离岗六个月以上的特种作业人员，各部门应对其进行实际操作考核，经考核合格后方可上岗工作。

第十二条 相关方作业人员培训内容及要求

（一）本着"谁用工、谁负责"的原则，对项目承包方、被派遣劳动者进行安全教育培训；

（二）督促项目承包方对其员工按照规定进行安全生产教育培训，经考核合格后进入施工现场；

（三）需持证上岗的岗位，不得安排无证人员持证上岗作业；

（四）承包单位应建立分包单位进场作业人员验证资料档案，认真做好监督检查记录，定期做好安全培训考核工作。

第十三条 外来参观、学习人员培训内容及要求

（一）外来参观、学习人员到施工现场进行参观学习时，由接待单位对外来参观、学习人员可能接触到的危险和应急知识等内容进行安全教育和告知；

（二）接待部门应向外来参观、学习人员提供相应的劳动保护用品，安排专人带领并做好监护工作；

（三）接待部门应填写并保留对外来参观、学习人员进行安全教育培训的记录和提供相应的劳动保护用品记录。

第十四条 培训需求的调查

组织人事科每年 12 月 20 日前下发《关于教育培训需求调查的通知》。各部门根据本部门安全生产实际情况，组织进行安全教育培训需求识别，填写《安全教育培训需求调查表》，经本部门领导审核后，于次年 1 月 20 日前将安全教育培训需求调查表上报组织人事科。

第十五条 培训计划的制定

组织人事科将各部门上报的《安全教育培训需求调查表》进行汇总，编制管理处年度安全教育培训计划，填写《年度安全教育培训计划》，组织人事科科长初审，报分管领导审核，经管理处领导班子工作会议审核通过后，由分管领导签发。

管理处年度安全教育培训计划得到批准后以正式文件发至各部门。

各部门分管安全负责人参照管理处下发的年度安全教育培训计划，组织制定本部门的年度安全教育培训计划，由部门负责人批准，报管理处组织人事科备案。

第十六条 列入计划的培训实施：

（一）当教育培训涉及多个部门时，由组织人事科制定培训实施计划，落实培训对象、经费、师资、教材以及场地等，组织实施教育培训；

（二）外部培训由组织人事科组织实施。培训结束后获取的相关证件由组织人事科备案保存；

（三）管理处安全管理人员的培训由处安监科负责组织实施；

（四）列入各部门计划的自行培训，由各部门制定培训实施计划，落实培训对象、经费、师资、教材以及场地等工作，组织实施教育培训，如需外聘师资等，可由组织人事科协助解决，并填写《安全教育培训记录》。

第十七条 计划外的各项培训，实施前均应向组织人事科提出培训申请，报管理处分管领导批准后组织实施。培训结束后保存相关记录。

第十八条 每次安全教育培训结束后，教育培训主办部门应对本次教育培训效果做出评价，培训效果评价方式包括考试、实际操作、事后检查和课堂评价。根据评价结果对培训内容、培训方式不断进行改进，确保培训质量和效果。

第十九条 处安办定期对各部门安全教育培训工作进行考核，考核结果纳入安全目标奖惩。

第二十条 安全教育培训的记录按处档案管理要求规范存档。

四、《危险性较大施工作业安全管理制度》

第一条 为规范危险性较大施工作业的安全管理，管控危险性较大施工作业过程中的潜在风险，杜绝生产安全事故，特制定本制度。

第二条 危险性较大施工作业是指高处作业、起重吊装作业、临近带电体作业、水上水下作业、焊接作业、交叉作业、破土作业、有（受）限空间作业等。

（一）高处作业：在距坠落度基准面 2 m 或 2 m 以上有可能坠落的高处进行的作业；

（二）起重吊装作业：起重机吊车进行的安装、拆除、维修等作业；

（三）临近带电体作业：临近高压输电线路的作业；

（四）水上水下作业：水上水下检查、打捞，水工建筑物的维修养护等作业；

（五）焊接作业：对金属结构的焊接、切割及在易燃易爆场所使用喷灯、电钻、砂轮等作业可能产生火焰、火花和炽热表面的临时性作业；

（六）交叉作业：两个或两个以上的工种在同一区域同时施工的作业；

（七）破土作业：地面开挖、掘进、钻孔、打桩等各种破土施工；

（八）有（受）限空间作业：人员进入封闭或部分封闭受限空间实施的作业活动，如化粪池的清理、污水泵站检修、消防水箱的清洗、下层流道及廊道的检修等作业。

第三条 危险性较大作业实行先审批、后施工的原则，杜绝违章指挥、违规作业和违反劳动纪律的行为。

第四条 水利工程建设和维修项目施工中涉及危险性较大分部分项工程应按照《江苏省水利基本建设项目危险性较大工程安全专项施工方案编制实施办法》，编制安全技术措施文件。

第五条 危险性较大作业实施单位为安全责任主体，直接承担危险性较大施工作业的全过程监管。

第六条 危险性较大施工作业前，实施单位应对施工要求、技术保证条件、施工现场内外重大危险源和不利环境因素等作业的安全风险进行分析研判，存在较大风险的，需制定专项方案，报安监科审查。

第七条 危险性较大施工作业前，实施单位需征得作业区域相应管理单位同意后方可施工。在要害部位和危险区域，采取切实可行的安全防范措施，施工现场要有专人旁站监督，并设明显标志及警示牌。

第八条 作业人员按相关规定要求持证上岗，逐级进行安全技术交底，防护用品配备符合有关要求。

第九条 各种安全标志、工具、仪表等必须在施工前加以检查，确认完好，施工用工具应经检验合格。

第十条 高处作业：高处作业人员必须经体检合格后上岗作业，登高作业人员持证上岗；登高作业人员正确佩戴和使用合格的安全防护用品；有坠落危险的物件应固定牢固，无法固定的应先行清除或放置在安全处；雨雪天高处作业，应采取可靠的防滑、防寒和防冻措施；遇有六级及以上大风或恶劣气候时，应停止露天高处作业；高处作业现场监护应符合相关规定。

第十一条　起重吊装作业：起重吊装作业前按规定对设备、工器具进行认真检查；指挥和操作人员持证上岗、按章作业，信号传递畅通；大件吊装办理审批手续，并有技术负责人现场指导；恶劣气候或风力达到六级以上时，不进行吊装作业；严禁在高压线下进行吊装作业，变电所周边吊装作业必须征得泵站管理所同意。

第十二条　临近带电体作业：作业前办理安全施工作业票，安排专人监护；作业时施工人员、机械与带电线路和设备的距离必须大于最小安全距离，并有防感应电措施；当与带电线路和设备的作业距离不能满足最小安全距离的要求时，向有关电力部门申请停电，否则严禁作业。

第十三条　水上水下作业：按规定取得作业许可，安全防护措施、应急保障措施齐全，作业船舶安全可靠，作业人员按规定持证上岗，并严格遵守操作规程。

第十四条　焊接作业：焊接前对设备进行检查，确保性能良好，符合安全要求；焊接作业人员持证上岗，按规定正确佩戴个人防护用品，严格按操作规程作业；进行焊接、切割作业时，有防止触电、灼伤、爆炸和引起火灾的措施，并严格遵守消防安全管理规定；焊接作业结束后，作业人员清理场地、消除焊件余热、切断电源，仔细检查工作场所周围及防护措施，确认无起火危险后离开。

第十五条　交叉作业：制定协调一致的安全措施，并进行充分的沟通和交底；应搭设严密、牢固的防护隔离措施；交叉作业时，不上下投掷材料、边角余料，工具放入袋内，不在吊物下方接料或逗留。

第十六条　破土作业：施工前，施工单位负责人应落实有关安全措施，进行作业安全交底，对施工人员进行安全教育。在破土开挖前，应确认地下埋设电缆、光缆、水管、燃气管等位置，在对地下管线不清楚情况下，禁止机械开挖。在施工过程中，如发现不能辨认物体时，不得敲击、移动，且作业人员应立即停止作业。

第十七条　有（受）限空间作业：从事有限空间作业人员，在进入作业现场前，要详细了解现场情况，并有针对性地准备检测和防护器材；进入作业现场后，首先对有限空间进行氧气、可燃气体、硫化氢、一氧化碳等气体检测，确认安全后方可进入；进入有限空间时应佩戴隔离式空气呼吸器或佩戴氧气报警器和正确的过滤式空气呼吸器；进入有限空间时应佩戴有效的通讯工具，系安全绳；当发生急性中毒、窒息事故时，应在做好个体防护并佩戴必要应急救援设备的前提下，进行救援。严禁贸然施救，以免造成伤亡事故扩大。

第十八条　危险性较大施工作业实施单位违反本制度规定的，对实施单位主要负责人、直接责任人进行问责、扣发安全奖等处罚；对存在重大安全隐患的，责令整改并按事故处理办法处理；对造成事故的，追究有关人员安全责任。

第十九条　任何单位或个人均有权对作业现场安全事故隐患进行检举、制止。对制止或举报重大安全隐患作业行为的人员，给予精神奖励和适当物质奖励。

五、危险源辨识及风险分级管控制度

第一条 为构建安全风险管控及隐患排查治理双重预防机制，推动水利安全风险预控、关口前移，提升水利安全风险防控能力，科学防范和有效遏制水利生产安全事故，依据《水利部关于开展水利安全风险分级管控的指导意见》（水监督〔2018〕323号）和《水利水电工程危险源辨识与评价导则》有关要求，结合我处工程管理实际，制定本制度。

第二条 本制度适用于管理处水利工程运行、水利工程建设、水利工程维修养护、防汛抗旱等生产经营活动的危险源辨识与风险分级管控。

第三条 危险源辨识和风险评价应按照有关规范标准执行。

水闸工程按照《水利水电工程（水库、水闸）运行危险源辨识与风险评价导则》（办监督函〔2019〕1486号）执行；

泵站工程按照《水利水电工程（水电站、泵站）运行危险源辨识与风险评价导则》（办监督函〔2020〕1114号）执行；

堤防工程按照《水利水电工程（堤防、淤地坝）运行危险源辨识与风险评价导则》（办监督函〔2021〕1126号）执行；

水利工程建设和工程维修养护项目按照《水利水电工程施工危险源辨识与风险评价导则（试行）》（办监督函〔2018〕1693号）执行。

第四条 水利工程运行危险源是指在水利工程运行管理过程中存在的，可能导致人身伤害和（或）健康损害和（或）财产损失的根源、状态或行为，或它们的组合。水利工程施工危险源是指在水利工程施工过程中有潜在能量和物质释放危险的、可造成人员伤亡、健康损害、财产损失、环境破坏，在一定的触发因素作用下可转化为事故的部位、区域、场所、空间、岗位、设备及其位置。

第五条 风险是指发生危险事件或有害暴露的可能性，与随之引发的人身伤害、健康损害或财产损失的严重性的组合。

第六条 危险源辨识是指对可能产生危险的根源或状态进行分析，识别危险源的存在并确定其特性的过程，包括辨识出危险源以及判定危险源类别与级别。

第七条 风险评价是对危险源的各种危险因素、发生事故的可能性及损失与伤害程度等进行调查、分析、论证等，以判断危险源风险等级的过程。

第八条 风险分级管控是指按照风险不同级别、所需管控资源、管控能力、管控措施复杂及难易程度等因素确定不同管控层级的风险管控方式。

第九条 处安全生产委员会全面领导危险源辨识及安全风险分级管控管理工作，处安委会办公室负责全处危险源辨识及安全风险分级管控工作的检查指导，处安监科负责对危险源辨识及安全风险分级管控工作进行监督检查。

第十条 处属各单位（部门）是危险源辨识、风险评价和管控的责任主体，应根据工程运行情况和管理特点，科学、系统、全面地开展危险源辨识与风险评价，严格落实相关管理责任和管控措施,有效防范和减少生产安全事故。

第十一条 危险源辨识分两个级别,分别为重大危险源和一般危险源。

第十二条 对首次采用的新技术、新工艺、新设备、新材料及尚无相关技术标准的危险性较大的单项工程应作为危险源对象进行辨识与风险评价。

第十三条 危险源辨识应考虑工程正常运行受到影响或工程结构受到破坏的可能性,以及相关人员在工程管理范围内发生危险的可能性,储存物质的危险特性、数量以及仓储条件,环境、设备的危险特性,工程区域内的生活、生产、施工作业场所等危险发生的可能性,暴露于危险环境频率和持续时间,储存物质的危险特性、数量以及仓储条件,环境、设备的危险特性以及可能发生事故的后果严重性等因素,综合分析判定。

第十四条 危险源应由在工程运行管理和(或)安全管理方面经验丰富的专业人员及基层管理人员(技术骨干),采用科学、有效及相适应的方法进行辨识,对其进行分类和分级,汇总制定危险源清单,并确定危险源名称、类别、级别、事故诱因、可能导致的事故等内容,必要时可进行集体讨论或专家技术论证。

第十五条 危险源辨识可采取直接判定法、安全检查表法、预先危险性分析法及因果分析法等方法。应先采用直接判定法,不能用直接判定法辨识的,可采用其他方法进行判定。

第十六条 处属各单位(部门)应对危险源实施动态管理,至少每季度开展1次(含汛前、汛中、汛后)辨识,及时掌握危险源的状态及其风险的变化趋势,更新危险源及其风险等级,严格落实相关管理责任和管控措施,有效防范和减少生产安全事故。

第十七条 当相关法律法规、规程规范、技术标准发布(修订)后,或构(建)筑物、金属结构、设备设施、作业活动、管理、环境等相关要素发生变化后,或发生生产安全事故后,应及时组织辨识。

第十八条 处属各单位(部门)应对危险源进行登记,明确责任人、安全措施和应急措施,并于每月底前通过水利部水利安全生产信息系统报送相关信息。对重大危险源和风险等级为重大的一般危险源应建立专项档案,并报处安监科备案。

第十九条 在危险源现场应设置明显的安全警示标志和危险源告知牌,危险源告知牌内容包含名称、地点、责任人员、控制措施和安全标志等。

第二十条 重大危险源的风险等级直接评定为重大风险等级;危险源风险等级评价主要对一般危险源进行风险评价。

第二十一条 安全风险评价方法一般采用直接评定法、LEC风险评价法和风险矩阵法等。对采用其中一种方法评估出的一般以上风险,应采用另一种方法进行分析、比对,准确评价风险等级。

第二十二条 LEC风险评价法是采用与安全风险有关的三种因素指标值的乘积来评价危险程度。安全风险三种因素分别是:L(事故发生的可能性)、E(人员暴露于危险环境中的频繁程度）和 C（一旦发生事故可能造成的后果）。给三种因素的不同等级分别确定不同的分值,再以三个分值的乘积 D（危险性）来评价作业条件危险性的大小（D=LEC）,得出风险结论。

第二十三条 风险矩阵法是通过综合分析事故发生的可能性（L）,判断事故后果的严重性（S）,计算风险值 R（R=LS）,对应风险矩阵图等级区间,评估风险等级。

第二十四条 根据风险评价结果,确定安全风险等级,对其进行分级分类管理,实施分级分类差异化动态管理,制定并落实相应的安全风险控制措施,选择工程技术措施、管理控制措施、个体防护措施等,对安全风险进行控制。

第二十五条 安全风险分为4个等级,从高到低依次划分为重大风险（红色风险）、较大风险（橙色风险）、一般风险（黄色风险）和低风险（蓝色风险）。

（一）重大风险：极其危险,存在重大风险单位应上报处安监科审查备案。由处主要负责人组织管控,分管领导重点监督检查；

（二）较大风险：高度危险,存在较大风险单位应上报处安监科审查备案。由管理处分管领导组织管控,安监科重点监督检查；

（三）一般风险：中度危险,由存在一般风险管理单位主要负责人组织管控,分管负责人直接监管；

（四）低风险：轻度危险,由股室或班组自行管控。

第二十六条 在重点区域设置醒目的安全风险公告栏,明确主要安全风险点、风险等级、责任单位和责任人、危害因素、事故后果、管控措施、应急措施及报告方式等内容。在一般及以上风险较多的场所设置安全风险公告牌,明确危险源及所在工程部位、风险等级、事故后果、管控措施及责任人等。

第二十七条 针对存在安全风险的岗位,制作岗位安全风险告知卡,明确岗位存在的危险因素、防范措施、应急措施及报告方式等内容。

第二十八条 将评估结果及所采取的控制措施告知并培训相关从业人员,使其熟悉工作岗位和作业环境中存在的安全风险,掌握、落实应采取的控制措施。

第二十九条 处属各单位（部门）应对安全风险辨识、评估资料进行统计、分析、整理和归档,并录入管理处安全生产管理信息系统。

第三十条 涉及危险物品的危险源辨识与安全风险评价,参照国家和行业有关法律法规和技术标准执行。

六、安全生产事故隐患排查治理管理制度

第一条 为强化安全生产事故隐患排查治理工作,有效防止和减少事故发生,建立管理处安全生产事故隐患排查治理长效机制,依据国家《安全生产事故隐患排查治理暂行规定》,《安全生产事故隐患排查治理体系建设实施指南》和《江苏省生产经营单位安全

生产事故隐患排查治理工作规范》等文件，结合我处水利工程运行管理实际，制定本制度。

第二条 本制度适用于管理处所属范围内所有与工程管理相关的各类活动、场所、人员、设备设施，以及相关方服务的隐患排查与治理。

第三条 本制度所称生产安全事故隐患（以下简称事故隐患），是指各部门违反安全生产法律、法规、规章以及标准、规程和安全生产管理制度的规定，或者因其他因素在生产经营活动中，存在可能导致事故发生的物的危险状态、人的不安全行为、场所的不安全因素和管理上的缺陷。

第四条 事故隐患分为一般事故隐患和重大事故隐患。

一般事故隐患，是指危害和整改难度较小，发现后能够立即整改排除的隐患。

重大隐患是指危害和整改难度较大，应当全部或者局部停产停业，并经过一定时间整改治理方能排除的隐患，或者因外部因素影响致使单位部门自身难以排除的隐患。

第五条 处安全生产委员会全面领导全处安全生产隐患排查治理工作，处安办具体组织隐患排查治理工作。

安监科组织安全生产日常检查和专业性检查，并每月至少组织一次安全生产全面检查，督促落实处重大危险源的安全管理措施，检查本单位安全生产状况，及时排查生产安全事故隐患，提出改进安全生产管理的建议。

处属各职能部门和基层站所负责制定组织制定所辖范围内的各类活动、场所、设备设施的隐患排查治理标准或排查清单，明确排查的时限、范围、内容、频次和要求，并组织开展相应的培训。

第六条 处主要负责人是全处隐患排查治理工作第一责任人，督促、检查全处安全生产事故隐患排查治理，保证隐患排查治理责任、措施、资金、期限和应急预案的"五落实"。每季度至少组织一次安全生产全面检查，研究分析安全生产存在的问题，每年至少组织并参与一次事故应急救援演练。处分管安全领导负责隐患排查治理的具体组织协调指导，处安办主任具体组织实施。

第七条 处属各部门及基层单位主要负责人负责组织并实施所管辖范围内的设备、人员及管理的隐患排查治理，及时发现和消除事故隐患，遇重大事故隐患及时采取必要措施有效防范事故风险，并按要求及时上报。

第八条 安全监督管理人员经常开展隐患检查，对检查发现的事故隐患提出整改意见并及时报告安全生产负责人，督促落实整改，参与隐患整改过程监督及整改验收工作。

第九条 财供科负责保障隐患整改资金的落实，并对安全整改资金的使用、审批等流程按有关规定执行。

第十条 按照预先制定的隐患排查工作方案，组织人员采取预定的方式、方法，对确定的排查范围，实施现场排查，找出隐患。

第十一条 事故隐患排查可与安全生产检查相结合，与环境因素识别、危险源识别相结合，与安全生产日常检查、定期检查、季节性检查、节假日检查、专项检查、综合检查等方式相结合。

第十二条 事故隐患排查必须编制和使用安全检查表。在实施排查时的方法、步骤主要有：

（一）对被检查单位（区域）的相关人员进行询问；

（二）查阅安全管理的有关文件、记录和档案；

（三）对现场的设施、设备、指标、标识、作业等观察和记录；

（四）必要时采用仪器测量。

第十三条 事故隐患排查周期分为定期和不定期，各部门按管理职能确定排查周期。

第十四条 日常检查。

（一）检查目的：发现生产现场各种隐患，包括工艺、机械、电气、消防设备，以及现场人员有无违章指挥、违章作业和违反劳动纪律，对重大隐患责令立即停止作业，并采取相应的安全保护措施。

（二）检查内容：

1. 生产和施工前安全措施落实情况。

2. 生产或施工中的安全情况，特别是检查用火管理情况。

3. 各种安全制度和安全注意事项执行情况，如安全操作规程、岗位责任制、用火与消防制度和劳动纪律等。

4. 设备装置开启，停工安全措施落实情况和工程项目施工执行情况。

5. 安全设备、消防器材及防护用具的配备和使用情况。

6. 检查安全教育和安全活动的工作情况。

7. 生产装置、施工现场、作业场所的卫生和生产设备、仪器用具的管理维护及保养情况。

8. 职工思想情绪和劳逸结合的情况。

9. 根据季节特点制定的防雷、放电、防火、防风、防暑降温、防冰冻等安全防护措施的落实情况。

10. 检查施工中防高处坠落及施工人员的安全护具穿戴情况。

（三）检查要求：

1. 现场纠正：检查人员发现"三违"现象，立即告知违章人员主管，要求立即改正，如果主管人员不服，立即电话告知上级部门领导，由上级部门领导到现场处理。对重大隐患，首先责令停止作业，立即告知班组主管人员，要求改正后才能恢复正常。

2. 现场检查发现的问题要有记录。

3. 对现场无法整改的隐患要下达隐患整改通知书。

（四）检查周期：每班次检查一次。

第十五条 定期检查。

（一）检查目的：为确保工程、设备能够及时投运，及时掌握设备状况，需要定期开展检查。

（二）检查分类：

1. 汛前汛后检查

（1）检查周期：汛前检查在每年3月底前完成，汛后检查在每年10月底前完成。

（2）检查内容：

① 汛前检查：着重检查维修养护工程和度汛应急工程完成情况，安全度汛存在问题及措施，防汛工程准备情况；对检查中发现的问题提出处理意见并及时进行处理，对影响安全度汛而又无法在汛前解决的问题，应制定度汛应急方案；汛前检查应结合保养工作同时进行；主要包括对供电、配电及主机泵、辅机设备、高低压电气设备、闸门、启闭机、自动化系统等进行检查和试运行；对土石方工程、水工建筑物、通讯设施、河道、水流形态等进行详细检查。

② 汛后检查：着重检查工程和设备度汛后的变化和损坏情况，据此制定工程维修养护和加固工程项目，主要包括落实防汛物资添置工作、防冻器材的准备以及对工程设备和设施的检查。

2. 水下检查

（1）检查周期：每年汛前进行一次。

（2）检查内容：水下工程的损坏情况。

（三）检查要求：

由安全生产委员会主任或副主任主持，各部门负责人、安全员及设备技术人员参加。详细做好安全检查记录，包括文字资料、图片资料。对检查发现的事故隐患，进行登记并报处主要负责人，制订整改方案，落实整改措施。

第十六条 季节性检查。

（一）检查目的：及时发现由于季节性天气因素对建筑物、设备设施、人员造成的危害，以便制订防范措施，以避免、减少事故损失。

（二）检查内容：

1. 春季安全大检查以防雷、防静电、防火、防爆为重点；
2. 夏季安全大检查以防雷、防火、防暑降温、防食物中毒、防洪防台、防触电为重点；
3. 秋季安全大检查以防火、防风、防冻、保温为重点；
4. 冬季安全大检查以防火、防爆、防触电、防冰冻为重点。

（三）检查要求：

由安监科主持，各部门负责人、安全员、技术干部参加，要求有较为详细的安全检查记录，包括有文字资料、图片资料。对于检查发现的事故隐患，编制检查报告书，报处主要负责人，制订整改方案，落实整改措施。

（四）检查周期：每季度检查一次。

第十七条 节假日检查。

（一）检查目的：针对节假日期间水利安全生产工作特点，全面排查安全风险和隐患，严防各类事故发生。

（二）检查内容：节假日前，对安全保卫、消防器材、人员值守、应急预案等进行检查。

（三）检查要求：节假日检查由各部门负责人、安全员、技术干部组成，对发现的隐患及时整改到位，切实保障全处安全生产。安监科负责对各部门检查落实情况进行督查。

（四）检查周期：元旦、春节、五一、国庆节、重大活动前。

第十八条 专项检查。

（一）检查目的：为确保水利工程的完整和安全运用，在特定情况下对工程和设备设施进行检查，及时发现工程、设备、消防设施的事故隐患，防止事故发生。

（二）检查内容：

1. 电气设备安全检查内容：绝缘板、应急灯、防小动物网板、绝缘手套、绝缘胶鞋、绝缘棒、生产现场电气设备接地线、电气开关等。

2. 机械设备专业检查内容：转动部位润滑及安全防护罩情况，操作平台安全防护栏、特种设备压力表、安全阀、设备地脚螺丝、设备刹车、设备腐蚀、设备密封部件等。

3. 消防安全检查内容：干粉灭火器、消火栓、1211灭火器、消防安全警示标志、应急灯、消防火灾自动探测报警系统、劳动保护用品佩戴、岗位操作规程的执行等情况。

4. 水工建筑物安全检查内容：土工建筑物有无坍塌、裂缝、渗漏、滑坡，排水系统、导渗及减压设施有无损坏、堵塞失效等；石工建筑物块石护坡有无坍塌、松动、隆起、底部掏空、垫层散失，墩、墙有无倾斜、滑动、勾缝砂浆脱落等。

（三）检查要求：

专项检查人员由部门负责人、值班人员、安全员和技术干部组成，电气专业安全检查和机械设备专业检查由设备操作人员配合，消防安全专业检查由安全员和操作人员配合。

（四）检查周期：电气、机械设备、消防安全检查每月一次，在工程遭受特大洪水、风暴潮、强烈地震和发生重大工程事故时增加检查频次。

第十九条 综合检查。

（一）检查目的：通过对管理处各级管理人员、生产现场事故隐患、安全生产基础工作全面大检查，发现问题进行整改，落实岗位安全责任制，全面提升管理处安全管理水平。

（二）检查内容：

检查内容为五查：查思想、查纪律、查制度、查领导、查隐患。

（三）检查要求：

管理处主要负责人带头，各部门负责人参加，包括电气、机械、消防、安全、生产等代表对全处安全生产管理工作的各个方面以及全过程进行综合性安全大检查。要求进行较为详细的安全检查，并做好相关记录，包括文字资料、图片资料形成安全档案并存档。对检查发现的每一处事故隐患，责成各个部门进行落实整改，由安全员跟进，直至完成整改任务。对于重大隐患经管理处安全委员会研究决定，由安全员报政府安监等部门备案。

（四）检查周期：

每月至少开展一次综合安全大检查，其中管理处主要负责人亲自参加的安全大检查每年不少于一次。

第二十条 对排查出的各类隐患进行分析评价，确定隐患等级，并登记上报。

第二十一条 对一般事故隐患，由隐患所在部门组织立即整改。对重大事故隐患、整改难度较大的一般隐患，由隐患所在部门编制隐患治理方案，经安监部门审核通过后实施，并由处安委会对整改落实情况进行验收。

第二十二条 对排查出的重大事故隐患，要立即向管理处安委会报告，由处安委会核实确定后，向省厅安监处报告。

第二十三条 重大事故隐患所在部门应及时编制重大事故隐患治理方案，并上报处安委会。方案应包括以下内容：

（一）治理的目标和任务；

（二）采取的方法和措施；

（三）经费和物资的落实；

（四）负责治理的机构和人员；

（五）治理的时限和要求；

（六）安全措施和应急预案。

第二十四条 在事故隐患治理过程中，应当采取相应的监控防范措施，防止事故发生。重大事故隐患排除前或排除过程中无法保证安全的，应从危险区域内撤出作业人员，疏散可能危及的人员，设置警戒标志，暂时停产停业或者停止使用相关装置、设备、设施。

第二十五条 隐患治理部门必须严格按治理方案认真组织实施，在治理期限内完成。治理完成后，按规定对治理情况进行评估、验收。重大事故隐患治理工作结束后，应组织安全管理人员和有关技术人员进行验收或委托依法设立的为安全生产提供技术、管理服务的机构进行评估。

第二十六条 项目施工严格按照管理处《相关方安全管理制度》《临时用电管理制度》《建设项目设施"三同时"管理制度》和《水利工程维修养护项目考核办法》等规程规范执行。

第二十七条 项目实施部门对项目施工全过程进行安全监管，项目施工前必须签订安全协议、施工进场必须安全告知、特种作业人员必须现场验证、动火作业必须审批、"五类工程"必须有专项方案、施工监管必须有记录。

第二十八条 与相关方的安全生产协议应明确项目施工作业概况、项目风险分析、危险因素、双方安全责任、违约责任及处理等内容。

第二十九条 各部门安排专人对所有排查出的隐患进行登记、上报；建立各级隐患排查治理档案；每月 28 日前，各部门将安全隐患排查治理情况上报至水利安全生产信息上报系统，经管理处审核后向省厅上报。

第三十条 处安监科定期对各部门上报的隐患信息进行统计分析，在每季度召开的安全生产风险分析会上通报本单位安全生产状况及发展趋势。

第三十一条 处安监科负责组织对隐患治理情况进行验证和效果评估。一般隐患评估可由本单位组织具有评估和验证能力的专业人员进行；重大事故隐患应委托具有相应资质的安全生产评价机构进行评估，并出具评估报告。

第三十二条 各部门每年将本部门事故隐患排查治理报表、台账、会议记录等资料进行整理归档，并妥善保存。

第三十三条 将隐患排查治理工作列入年度安全生产目标考核，与单位部门和个人的评先评优挂钩。

第三十四条 全处职工应积极参与隐患排查和治理工作。对在事故隐患排查治理过程中，使单位和职工财产免受损失或减少损失的单位和个人给予适当奖励。

第三十五条 在事故隐患排查工作中，隐瞒不报或谎报隐患的，在事故隐患治理工作中拒绝执行或不按照规定执行的单位和个人，将给予责任追究。

因隐患排查治理不力，造成安全事故的，按安全责任事故有关处罚规定处理，构成犯罪的，移送司法机关依法追究刑事责任。

第三节 综合管理篇

一、《水行政执法巡查制度》

第一条 为进一步规范执法巡查工作，强化执法巡查，及时发现水事违法行为，维护正常的水事秩序，结合管理处实际，制定本制度。

第二条 执法巡查人员要明确水行政执法巡查内容，坚持日常巡查与专项巡查、视频巡查相结合。

第三条 基层站所水政监察大队重点负责各自管理范围内的执法巡查工作，直属水政监察大队主要负责高港枢纽管理范围内的执法巡查工作。

第四条 执法巡查人员要及时制止和查处以下行为：

（一）破坏水利工程及损坏河道堤防、青坎道路、护坡、码头、水文、观测、交通导航标志等设施；

（二）在水利工程管理范围内盖房、圈围墙、堆放物料、开采砂石土料、埋设管道、电缆或者兴建其他建筑物以及违章种植、扒口、挖坑、埋坟、倾倒杂物等；

（三）在河道设置影响引、排水的建筑物、障碍物；

（四）在河道等水域电鱼、毒鱼以及排放油类、酸液、残液、剧毒废液等有毒有害的污水和废弃物。

第五条 巡查人员要及时修复管理沿线受损护栏网，及时清除违章种植，及时驱赶高港枢纽上下游违章捕捞人员，并注重在执法巡查中进行宣传教育。

第六条 执法巡查要明确专人负责，明确巡查路线，落实巡查责任。专项执法巡查要制定巡查方案。

第七条 坚持执法巡查登记报告制度。巡查人员每天做好详细巡查记录，发现重大水事案件及时上报水政监察支队。各水政监察大队每月底前将当月执法巡查情况报水政监察支队，支队在次月 3 日前报省水政监察总队。

第八条 执法巡查人员在执行公务时，应主动出示执法证件，广泛宣传水法规，并做到文明用语、文明执法。

第九条　严禁执法巡查人员酒后巡查执法。巡查人员做到依法行政、清正廉洁，不得接受可能影响巡查办案的钱物和宴请。

　　第十条　对违反本制度、巡查不负责任，造成严重后果或不良影响的，根据情节轻重，给予相应处理。

二、《水行政重大事项研究讨论制度》

　　为推动管理处法治水利建设，实现依法行政，坚持重大水行政事项集体决策，充分发挥领导班子成员的整体功能，提高决策水平和办事效率，推进水行政重大事项决策科学化、民主化、规范化，避免工作中出现大的失误，结合管理处实际，制定本制度。

　　（一）建立重大水事案件会商机制。管辖范围发现重大水事案件，要及时向处主要领导和分管领导汇报。同时，管理处及时组织召开处领导班子成员、水政支队人员、相关水政人员讨论会，研究决定案件上报、查处相关事宜。

　　（二）建立重大水行政事项会商机制。水政支队及水政科负责人由处党委研究决定。添置水行政执法装备由处党委研究决定。

　　（三）建立重要节点水法规宣传研究机制。管理处研究制定"世界水日"、"中国水周"及宪法宣传周等重要节点的宣传活动方案，确保形式多样、内容丰富、成效显著。

　　（四）建立水行政执法错案责任追究研究机制。发生水行政执法错案，由全体处党委成员及相关水政人员召开讨论会，研究给予责任人的处理决定。

　　（五）研究决定重大水行政事项的会议，须有半数以上处领导成员到会方可举行，决策重大问题前，应认真调查研究，提出决策方案，广泛听取意见。

　　（六）研究作出的决定，任何人无权改变，在执行过程中，确需进行重大调整或变更的，应当提交会议重新讨论决定。

　　（七）研究讨论重大事项，应指定专人负责会议记录，特别重大事项要整理形成会议纪要。

三、《绿化养护及环境保洁管理制度》

　　为加强我处水土保持、绿化养护以及环境保洁管理，进一步提高管理水平，使水土保持、绿化养护、环境保洁管理工作逐步走上规范化、科学化管理的轨道。参照相关行业资料，并根据我处的实际情况和要求，制定《绿化养护及环境保洁质量管理制度》。

　　第一条　本标准中所指范围包括我处所属范围内的所有草坪、灌木、花卉、乔木等，总计面积约为 58 万平方米。

　　根据我处水土保持、绿化养护区域的重要程度及植物种类，养护分为精养区（一级养护）和粗养区（三级养护）。其中精养区约 20 万平方米，粗养区约 38 万平方米。

第二条　水土保持、绿化养护范围具体划分如下：

精养区范围：一线船闸东侧、棋园、琴园、生活区（包括垂钓中心和游船码头及二期办公用房周边）、管理区（包括至三月潭四周）、水文化区、樱花园区、西江堤东侧、一二线闸室之间、上下游东侧护坡等。

粗养区范围包括：下游东江堤东坡、下游东江堤西侧4米平台、送水河、生活区北侧（三道门外）4米平台及堤顶面、生活区北围堰及东侧低洼区域、上下游中隔堤、船闸上游堆土区顶面及背水坡等。

第三条　养护标准和要求

（一）一级养护（精养护）标准和要求：

1. 草坪养护

草坪一级养护的标准：草坪生长旺盛，呈勃勃生机，草坪整齐雅观，四季常绿，覆盖率达98%以上，无明显坑洼积水，无裸露地。

（1）生长势

生长势强，生长量超过该草种该规格的平均年生长量，叶片健壮，生机勃勃，叶色浓绿，无枯黄叶。

（2）修剪、维护

考虑季节特点和草种的生长发育特性，使草的高度一致，边缘整齐。高度控制在：暖季型草坪5厘米以下；冷季型草坪、沿阶草等10厘米以下。

（3）灌溉、施肥

根据草坪植物的生长需要及时淋水和施肥，保证肥水充足，肥料的施用方法和用量科学，防止过量或不均引起肥伤。在雨水缺少季节，每天的淋水量稍大于该规格的蒸腾量。

（4）草坪除杂

纯草坪和混合草坪草种纯度达97%以上，新播种的绿地要求一年内达标。

（5）填平坑洼

及时填平坑洼地，使草坪内无明显坑洼积水，平整雅观。

（6）补植

对被破坏或其他原因引起死亡的草坪植物应及时补植，使草坪保持完整，无裸露地。补植要补与原草坪相同的草种，适当密植，补植后加强保养，保证一个月内覆盖率达98%。

（7）病虫害防治

及时做好病虫害的防治工作，以防为主，精心养护，使植物增强抗病虫能力，一旦发现病虫害及时处理。采取综合防治、化学防治，物理人工防治和生物防治等方法相结合，防止病虫害蔓延和影响植物生长。发生病虫危害时，最严重的危害率在5%

以下。

2.灌木和花卉养护

灌木和花卉一级养护的标准是生长旺盛，花繁叶茂，造型美观，修剪细致。

（1）生长势

生长势强，生长量超过该种类该规格的平均年生长量；枝叶健壮，枝多叶茂，叶色鲜艳，下部不光秃，无枯枝残叶，植株整齐一致，花卉适时开花，花多色艳，常年开花植物一年四季鲜花盛开；花坛轮廓清晰，无残缺，绿篱无断层。

（2）修剪

根据每种植物的生长发育特点，既造型美观又能适时开花，花多色艳；花灌木和草本花卉在花芽分化前进行修剪，避免把花芽剪掉，花谢后及时将残花残枝剪去，常年开花植物要有目的地培养花枝，使四季有花。绿篱和花坛整形效果要与周围环境协调，增强园林美化效果。

（3）灌溉、施肥

根据植物的生长及开花特性进行合理灌溉和施肥。花灌木要适当控水，促进花芽分化，花芽分化后要适当追施磷、钾肥，使花多色艳、花期长。肥料不能裸露，可采用埋施或水施等不同方法，埋施可先挖穴或开沟，施肥后要回填土、踏实、淋足水、找平(每年冬季施有机肥1次)。可结合除草松土进行施肥。

（4）除杂草

经常除杂草和松土，除杂草时要保护根系，不能伤根及造成根系裸露，更不能造成黄土裸露。

（5）补植、改植

及时清理死苗，一周内补植回原来的种类并力求规格与原来植株接近，以保证优良的景观效果。补植按照种植规范进行，通过施足基肥并加强淋水等保养措施，保证成活率达98%以上。对已呈老化或明显与周围环境不协调的灌木和花卉应及时进行改植。

（6）病虫害防治

及时做好病虫害的防治工作，以防为主，精心养护，使植物增强抗病虫能力，经常检查，早发现早处理。采取综合防治、化学防治、物理人工防治和生物防治等方法防止病虫害蔓延和影响植物生长。发生病虫危害，最严重的危害率在5%以下。

3.乔木养护

乔木一级养护的标准是生长旺盛，枝叶健壮，树形美观。行道树下缘线整齐，修剪适度，干直冠美，无死树缺株，无枯枝残叶，景观效果优良。

（1）生长势

生长势强，枝叶健壮，枝条粗壮，叶色浓绿，无枯枝残叶。

（2）修剪

结合树种的各自生长特点，一般在叶芽和花芽分化前进行修剪，避免把叶芽和花芽剪掉，使乔木花繁叶茂，乔木整形效果要与周围环境协调，以增强绿化美化效果。行道树修剪要保持树冠完整美观，主侧枝分布匀称和数量适宜，内膛不空且通气透光，控制树高，不能影响路灯和交通；修剪按操作规程进行，尽量减少伤口，剪口要平，不能留有树钉；萌枝、下垂枝、下缘线下的萌蘖枝及干枯枝叶要及时剪除。

（3）灌溉、施肥

根据不同生长季节的天气情况，不同植物种类和不同树龄适当淋水，并在每年的春、秋季重点施肥2~3次。施肥量根据树木的种类和生长情况而定，种植三年以内的乔木和树穴植被的乔木要适当增加施肥量和次数。肥料要埋施，先打穴或开沟，施肥后要回填土、踏实、淋足水、找平，切忌肥料裸露(每年冬季施有机肥1次)。

挖穴或开沟的位置一般是树冠外缘的投线影（行道树木除外），每株树挖对称的两穴或四穴。

（4）补植、改植

及时清理死树，要求在两周内补植回原来的树种并力求规格与原有的树木接近，以保证优良的景观效果。补植要按照树木种植规范进行，通过施足基肥并加强淋水等保养措施，保证成活率95%。对已老化或明显与周围环境景观不协调的树木应及时进行改植。

（5）病虫害防治

及时做好病虫害的防治工作，以防为主，精心养护，使植增强抗病虫能力，经常检查，早发现早治理。采取综合防治、化学防治、物理人工防治和生物防治等方法防止病虫害蔓延和影响乔木生长，即使发生病虫危害，最严重的危害率应控制在5%以下，单株受害程度在5%以下。

（6）防台风意外

做好防台风工作。台风前加强防御措施，合理修剪，加固护树设施，以增强抵御台风的能力。台风吹袭期间迅速清理倒树断枝，疏通道路。台风后及时进行扶树、护树，补好残缺，清除断枝、落叶和垃圾，使绿化景观尽快恢复。遇雷风雨、人畜危害而使树木歪斜或倒树断枝，要立即处理、疏通道路。

（二）二级养护标准和要求

1. 绿化比较充分，植物配置基本合理，基本达到黄土不露天。

2. 园林植物达到：

（1）生长势：正常。生长达到该树种该规格的平均生长量。

（2）叶子正常：叶色、大小、薄厚正常；较严重黄叶、焦叶、卷叶、带虫尿虫网灰尘的株数在2%以下；被啃咬的叶片最严重的每株在10%以下。

（3）枝、干正常：无明显枯枝、死权；有蛀干害虫的株数在2%以下（包括2%，以下同）；介壳虫最严重处主枝主干100平方厘米2头活虫以下，较细枝条每尺长一段上在10头活虫以下，株数都在4%以下；树冠基本完整；主侧枝分布均称，树冠通风透光。

（4）行道树缺株在1%以下。

（5）草坪覆盖率达95%以上；草坪内杂草控制在20%以内；生长和颜色正常，不枯黄；每年修剪暖地型草2次以上，冷地型草10次以上；基本无病虫害。

3. 行道树和绿地内无死树，树木修剪基本合理，树形美观，能较好地解决树木与电线、建筑物、交通等之间的矛盾。

4. 绿化生产垃圾要做到日产日清，绿地内无明显的废弃物，能坚持在重大节日前进行突击清理。

5. 栏杆、园路、桌椅、井盖和牌饰等园林设施基本完整，基本做到及时维护和油饰。

6. 无较重的人为损坏。对轻微或偶尔发生难以控制的人为损坏，能及时发现和处理；绿地、草坪内无堆物堆料、搭棚或侵占等；行道树树干无明显地钉栓刻画现象，树下距树2米以内无影响树木养护管理的堆物堆料、搭棚、圈栏等。

（三）三级养护（粗养护）标准和要求

1. 绿化基本充分覆盖，植物配置一般，裸露土地不明显。

2. 园林植物达到：

（1）生长势：基本正常。

（2）叶子基本正常：叶色基本正常；严重黄叶、焦叶、卷叶、带虫尿虫网灰尘的株数在10%以下；被啃咬的叶片最严重的每株在20%以下。

（3）枝、干基本正常：无明显枯枝、死杈；有蛀干害虫的株数在10%以下；介壳虫最严重处主枝主干上100平方厘米3头活虫以下，较细的枝条每尺长一段上在15头活虫以下，株数都在6%以下；90%以上的树冠基本完整，有绿化效果。

（4）行道树缺株在3%以下。

（5）草坪覆盖率达90%以上；草坪内杂草控制在30%以内；生长和颜色正常；每年修剪暖地型草1次以上，冷地型草6次以上。

3. 行道树和绿地内无明显死树，树木修剪基本合理，能较好地解决树木与电线、建筑物、交通等之间的矛盾。

4. 绿化生产垃圾主要地区和路段做到日产日清，其他地区能坚持在重大节日前突击清理绿地内的废弃物。

第四条 保洁范围及内容

环境保洁范围及内容：管理处大院及南区所有路面（包括东江堤和大院东西两侧园林小路、生活区全部范围）；船闸中隔堤雕塑（含雕塑周边和北侧下坡路面）往东至长江大道入口路面（含南北两侧斜坡内垃圾及杂草的清理），以上区域每天清扫一次。

生活区三道门往北路面、东江堤水文站往南路面及所有区域草坪、植物坪内垃圾一周清扫一次。

管理处内铜马雕塑、水之韵雕塑、铜人音乐雕塑、室外垃圾桶表面一周保洁两次。

室外垃圾桶内的垃圾须每日至少清理一次，确保不出现垃圾堆积无人清理的情况。

第五条 保洁质量要求

保洁人员需自配保洁工具，对各区域的保洁卫生负责，做到"五无五净"（道路无垃圾、无杂物、无积泥、无积水、无污迹；路面干净、绿地、边角侧石干净无污物；雨水井沟眼畅通、果壳箱等环卫设施干净）。

道路、广场上的落叶不得扫落至草坪内，应及时集中清理干净。

在保洁过程中，如遇到节假日、重要接待、树木季节性集中落叶期或其他需要突击清扫的，必须安排充足人员，及时保质地完成保洁工作。

第四节　绩效考核篇

一、《处属单位（部门）目标管理考核办法》

为切实加强对处属各单位、部门目标管理考核工作，扎实推进管理处各项年度目标任务、现代化建设目标任务顺利完成，特制定本办法。

（一）考核内容

考核内容包括党建、党风廉政建设、安全生产、综合治理、年度业务工作、综合工作等。

1. 党建工作考核由党办负责，按照管理处《党建目标管理考核办法》进行考核，考核得分作为评选先进党支部的重要参考，不计入年度目标管理考核总分。

2. 党风廉政建设考核由纪律监督室负责，按照各自签订的年度《党风廉政建设考核细则》进行考核，占考核总分的10%。

3. 安全生产考核由安监科负责，按照各自签订的年度《安全生产责任状》进行考核，占考核总分的10%。

4. 综合治理考核由水政科负责,按照各自签订的年度《综合治理责任状》进行考核,占考核总分的 10%。

5. 年度业务工作考核由组织人事科、办公室负责,占考核总分的 55%。考核内容包括目标管理责任状所列单位(部门)年度目标任务、年度现代化建设目标任务涉及的被考核单位(部门)的业务工作和管理处要求完成的其他方面工作,以上三个部分的业务工作所占权重为 2∶2∶1。

6. 年度综合工作考核占考核总分的 15%。考核内容为目标管理责任状所列单位(部门)年度综合工作,包括信息宣传工作和其他综合工作。其中信息宣传工作考核由办公室负责,根据管理处《信息宣传工作管理考核办法》进行考核,其他综合工作由组织人事科、工会负责考核,以上两个部分的综合工作所占权重为 1∶1。

7. 对发生违反安全生产责任状、综合治理责任、行风建设责任状等相关条款故意隐瞒不报相关职能科室的单位(部门),不得评为先进。

(二)考核组织

成立管理处目标管理考核工作领导小组,处主要领导任组长,其他处领导任成员。领导小组下设办公室,设在组织人事科,办公室主任由组织人事科主要负责同志担任,成员由安监科、水政科、纪律监督室、办公室、财供科、工会等职能部门主要负责同志组成,具体负责目标管理考核日常工作。考核机关科室时,处属各基层单位派 1 名负责人参加考核工作,并参与考核评分。

(三)考核方式

考核评比分机关科室和基层单位进行,在印发年度考核通知时,分别在机关科室和基层单位中确定先进集体数量。考核以百分制形式,采取单位(部门)自查打分、考核工作领导小组成员考核评分、基层单位负责人评分、处党委研究等的方式进行。

(四)考核程序

1. 开展自查。年末,各单位(部门)对照责任状、年度目标任务分项自查打分,自查情况在本年度 12 月底前报考核领导小组办公室,再按考核内容分发到各职能部门,作为考核打分的重要参考。

2. 组织考核。(1)考核方式。考核领导小组办公室在被考核单位(部门)的处分管领导带领下组织开展目标管理考核工作。被考核单位(部门)领导班子成员参加,职工或职工代表列席。考核机关科室时,可集中进行。(2)考核程序。一般按以下程序进行:一是被考核单位(部门)主要负责同志汇报本单位(部门)年度目标任务自查情况;二是考核组成员查阅相关资料、台账;三是考核组成员对检查工作进行指导;四是考核打分。考核组成员围绕各自负责的考核内容,对照责任状、年度目标任务自查情况以及资料、台账等,结合实际工作完成情况对各单位(部门)年度目标任务的相关分项进行评分。考核基层单位时，各分项得分乘以所占考核总分的百分比相加得出各单位（部门）年度目标管理考核的总分。考核机关科室时，考核小组评分占考核总分的80%；基层单位负责人评分占考核总分的20%。五是处党委根据考核结果，在多于拟确定先进集体数的50%单位（部门）中，研究确定先进集体名单。六是考核小组将考核结果反馈给被考核单位（部门）。

（五）考核结果使用

考核结果（即年度考核得分）是评选先进集体的主要依据，同时也是考核各单位、部门负责人年度工作的重要依据。

二、《"每月一试""每年一考"实施办法》

第一条 为进一步提高职工的技术业务素质，倡导敬业爱岗、勤奋好学、文明守纪、奋发向上的敬业精神，培养有理想、有文化、有道德、有纪律的"四有"职工，为我处改革发展和现代化建设提供高素质人才保障。根据我处人才队伍结构，特制定本办法。

第二条 本办法适用于处属各单位（部门）符合条件的人员。

第三条 组织人事科按照本办法的规定，坚持公平、公开、公正的原则，做好"每月一试""每年一考"指导实施工作。

第四条 实施对象由以下三部分人员组成：

（一）泵站运行工、闸门运行工、船闸操作工、内燃机工、机械加工、电工及保管员、驾驶员、收银员、烹饪等小工种人员（男职工55周岁以下，女职工48周岁以下；男55周岁及以上、女48周岁及以上者，可自愿报名参加；不含已聘或取得高级技师任职资格人员）。

（二）技术干部（不含已聘或取得高级职称任职资格人员）。

（三）其他人员：会计人员〔不含已聘或取得高级会计师（审计师）任职资格人员〕、一线专职水政执法人员、机关其他工作人员（不含已聘或取得高级职称任职资格人员）。

第五条 根据实施对象不同，具体考核内容如下：

（一）泵站管理所、拉马河闸管理所技术干部以及全处泵站运行工、闸门运行工：以全国水利行业工人技术考核培训教材、运行管理规程规范、安全生产规程规范、精细化管理作业指导书为主，主要包括《泵站运行工》《闸门运行工》等。

（二）水闸管理所技术干部以及全处船闸操作工：以全国水利行业工人技术考核培训教材、运行管理规程规范、安全生产规程规范、精细化管理作业指导书为主，主要包括《船闸知识》《航道知识》等。

（三）设备修理所、抗旱排涝管理所技术干部以及全处内燃机工、机械加工：以全国水利行业工人技术考核培训教材、运行管理规程规范、安全生产规程规范、精细化管理作业指导书为主，主要包括《内燃机工》《机械加工》等。

（四）保管员、驾驶员、收银员、烹饪等小工种人员：以管理处相关规章制度和职业道德为主。

（五）其他人员：以相关的法律法规和各自业务工作内容以及公文写作等为主。

第六条 考核分"每月一试"（月度考核）和"每年一考"（年度考核）两种形式。

第七条 "每月一试"为开卷形式，具体规定如下。

（一）泵站管理所、拉马河闸管理所技术干部以及全处泵站运行工、闸门运行工：由全国水利技术能手工作室和江苏省十大水利工匠工作室统一编写题卡，处教委会审定，统一批阅核分，结果报组织人事科备案。

（二）水闸管理所技术干部以及全处船闸操作工：由船闸操作工技师工作室统一编写题卡，报处教委会审定，统一批阅核分，结果报组织人事科备案。

（三）设备修理所、抗旱排涝管理所技术干部以及全处内燃机工、机械加工：由机动抢险技师工作室统一编写题卡，报处教委会审定，统一批阅核分，结果报组织人事科备案。

（四）保管员、驾驶员、收银员、烹饪等小工种人员：由组织人事科统一编写题卡，报处教委会审定，统一批阅核分，结果报组织人事科备案。

（五）其他人员：由各相关单位（部门）编写题卡，报处教委会审定，统一批阅核分，结果报组织人事科备案。

第八条 "每月一试"题卡于当月底前发放到职工，次月底前收缴统计，并将答题情况报组织人事科，逾期按缺考处理。

第九条 "每年一考"为闭卷形式，年初由组织人事科统一组织。

第十条 "每年一考"内容为本年度12个月的"每月一试"题库内容。

第十一条 "每月一试"分别按上交时间、上交率、及格率等情况综合评分，年底由组织人事科统计，作为年终评比先进单位和先进个人的依据之一。

第十二条 对"每年一考"成绩优秀者给予奖励，对后5名的人员给予批评。

第十三条 对月度考试无故拒考、缺考及不及格者，扣发其月度奖励性绩效工资100元并给予批评教育。

第十四条 对年度考核作弊者，按零分处理。

第十五条 对年度考试成绩不及格者扣发年度奖励性绩效工资200元。

第十六条 对年度考核拒考、缺考及作弊者，扣发其年度奖励性绩效工资300元，推迟一年参加职称申报和岗位升级班培训。连续两年考试不及格后三名的人员推迟一年参加职称申报和升级班培训。

三、《中层干部年度考核办法》

第一条 为进一步做好中层干部量化考核工作，全面、客观、公正、准确地评价干部的德才表现和工作实绩，加强中层干部的培养与管理，根据《党政领导干部考核工作条例》等文件精神,结合我处实际,制定本规定。

第二条 本规定所称的考核工作,是指按照一定程序和方法,对中层干部政治、业务和履行职责的情况所进行的考察、核实、评价,并以此作为干部晋升、聘用、调整及奖惩的依据。

第三条 考核工作必须坚持党管干部的原则、客观公正的原则、注重实绩的原则和群众公认的原则。

第四条 成立考核领导小组,由处领导和组织人事科、纪律监督室等部门负责人组成,领导小组下设办公室,负责考核的具体工作,办公室设在组织人事科。

第五条 领导小组职责:制定中层干部考核方案;组织实施具体考核工作;提出考核的初步结果及奖惩意见;受理并处理考核中遇到的各种问题。

第六条 中层干部考核的主要内容包括德、能、勤、绩、廉五个方面,重点考核履行岗位职责情况和工作实绩。

德:指政治素质、品质修养、协作精神和职业操守等。主要考核干部是否深入学习贯彻习近平总书记系列重要讲话精神;是否按照"三严三实"的要求贯彻执行党的基本路线、方针、政策和国家的法律法规;是否坚持原则、公道正派、克己奉公、廉洁自律、团结友善;是否服从大局,正确处理个人与集体、部门利益和全局利益之间的关系;是否作风民主、联系群众,广泛听取职工的建议和意见。

能:指工作能力和业务专长。主要考核干部是否具有业务能力、理解能力、沟通能力、创新能力、学习能力和决策能力。对各单位(部门)主要负责人还要重点考核驾驭全局、处理复杂问题的能力,抓班子带队伍的能力,工作部署落实能力;是否有工作或审批把关不严,将矛盾上交的情况。

勤:指工作态度和敬业精神。主要考核干部是否爱岗敬业;是否遵守法规、工作规则、标准及其他规定;是否勇于承认错误,积极改正;是否对单位(部门)现状和发展有清醒认识,有计划组织改进工作,提高工作效率。

绩:指工作质量和工作成效。主要考核干部是否全面履行岗位职责,保质保量完成工作任务和岗位目标,单位(部门)主要负责人履行"一岗双责"成效,抓师徒结对成效;是否具有新思想、新建树,对单位发展做出直接或间接贡献。

廉:指廉洁自律。主要考核干部是否牢固树立正确的权力观,模范遵守党纪国法,严格遵守中央"八项规定"精神,加强党性锻炼和从政道德修养,自觉用廉洁准则规范自己的行为。

第七条 个人述职述廉。每位干部年终应根据本规定的考核内容,实事求是地写出个人述职述廉述学报告。全体干部在处统一组织的会议上述职述廉述学。

第八条 民主测评。由考核小组组织对中层干部德、能、勤、绩、廉的综合情况进行民主测评。民主测评由处领导打分、中层干部相互打分、所在单位(部门)职工或职工代表打分、各单位（部门）职工代表打分四个部分加权组成，处领导打分占40%，中层干部相互打分、所在单位（部门）职工或职工代表打分、各单位（部门）职工代表各占20%。

第九条　考察谈话。考核小组视情况在一定范围内进行个别谈话，谈话范围和对象由考核领导小组根据具体情况确定。

第十条　情况反馈。考核小组将考核情况进行汇总分析，向处党委汇报，由处党委最终确定中层干部考核等次。事后，处党委以适当形式将考核结果向干部本人进行反馈。

第十一条　考核结果分为优秀、合格、基本合格、不合格四个等次。民主测评综合得分是评定考核结果的主要依据。

第十二条　干部有下列情况之一的，不得评为合格以上等次：

（1）参与赌博经核实的；（2）对安全生产事故负有直接责任的；（3）违反国家财经纪律或管理处财务、经营管理制度，情节较为严重，职工反映强烈，领导指出不及时纠正的；（4）触犯法律，或因违法违纪违规等受到停职检查和党内、行政处分或经济处罚的；（5）工作主动性不够，责任心不强，被省水利厅通报批评的。

第十三条　考核结果作为干部奖惩及提拔使用的重要参考。对考核成绩突出的干部予以表彰奖励，对考核排名靠后的干部，如一贯表现与考核结果一致，应视情况进行诫勉谈话。连续两次被列为诫勉谈话对象的干部，原则上应责令辞职或降职使用。

四、《职工平时考核实施办法（试行）》

第一条　为切实加强党对干部职工队伍的集中统一领导，贯彻落实习近平总书记关于加强干部职工平时考核要把功夫下在平时的重要指示精神，建立日常考核、分类考核、近距离考核的知事识人体系，促进干部职工成长进步，激励新时代新担当新作为，推动管理处高质量发展走在前列，根据《江苏省事业单位工作人员考核实施办法（试行）》《江苏省水利厅公务员平时考核实施办法（试行）》结合我处实际，制定本实施办法。

第二条　平时考核的对象为全处科级及以下工作人员。

第三条　平时考核坚持依法管理原则，平时考核与年度考核相结合原则，定性与定量相结合原则，分级分类考核原则，严管与厚爱、激励与约束并重原则，客观公正、精准科学、注重实绩、奖惩分明原则。

第四条　处党委领导平时考核工作，组织人事科负责制定平时考核工作方案、指标和标准等，具体承担干部职工平时考核工作的综合管理和督促检查。

第五条　处领导、处属各单位（部门）主要负责人为平时考核责任人。中层干部的平时考核由处领导负责,其他人员的平时考核由各单位(部门)负责人负责。

第六条 平时考核周期为一个季度,以党支部为单位进行。

第七条 平时考核以工作人员的岗位职责和所承担的工作任务为依据,及时记录工作人员德、能、勤、绩、廉等方面的日常表现,重点考核深入学习贯彻习近平新时代中国特色社会主义思想、遵守政治纪律和政治规矩、践行党的群众路线、完成日常工作任务和阶段工作目标的情况,以及承担急难险重任务、处理复杂问题、应对重大考验的表现等。

(一)考德。主要考核工作人员思想政治素质及个人品德、职业道德、社会公德等方面的表现。

(二)考能。主要考核工作人员履行岗位职责的业务素质和能力,包括政治鉴别能力、依法行政能力、公共服务能力、调查研究能力、学习能力、沟通协调能力、创新能力、应对突发事件能力、调适能力等。

(三)考勤。主要考核工作人员的工作责任心、工作态度、工作作风、出勤情况等。

(四)考绩。主要考核工作人员完成工作的数量、质量、效率和成效,包括日常工作任务和年度目标任务完成情况等。

(五)考廉。主要考核工作人员遵纪守法、廉洁自律等方面的表现。

第八条 平时考核指标由共性指标和个性指标构成,体现对工作人员的基础性要求与岗位特性要求。

共性指标,包括政治品质、职业道德、工作作风、廉洁自律、出勤情况等,由组织人事科制定。

个性指标,包括完成工作数量、质量、效率以及成效和业务能力等,由各单位(部门)制定,向组织人事科报备。

第九条 平时考核按照下列程序进行:

(一)确定目标。各党支部所辖单位(部门)根据年度和阶段目标任务,特别是厅党组部署的水利重点工作、管理处年度重点工作、各单位(部门)年度目标任务清单等,结合职位职责逐个逐月细化分解工作目标,按月条目式列出重点工作和进度要求,经考核责任人审定后作为个性指标。

(二)个人纪实和小结。全体干部职工要认真做好工作日个人工作纪实,有条件的在管理处 OA 系统上按日纪实(OA 系统"工作"栏之"个人履职纪实"),或者用专门记录本纪实。并以季度工作为周期,对照平时考核内容指标,如实对工作完成情况、工作成效及是否存在不足进行简要小结,以书面形式报考核责任人。

(三)审核评鉴。考核责任人依据干部职工平时表现和工作完成情况,在一个季度结束时可采取召开座谈会、访谈,查看工作人员个人工作纪实、考察工作绩效和日常表现等方法,全面了解考核对象工作饱满、难易、态度、质量和效率等情况,综合研判、实事求是评定考核等次。

1.中层干部平时考核等次确定。由处领导组织实施，结合平时表现和工作完成情况，根据需要听取纪检监察部门意见，综合研判，实事求是对全体中层干部评定考核等次。根据处领导评定考核等次的综合情况，研究确定中层干部平时考核等次。

2.一般工作人员平时考核等次确定。以党支部为考核单位进行。

（四）结果反馈。考核责任人采取适当方式，及时向被考核人反馈平时考核结果，肯定成绩，指出不足，提出改进要求，听取本人意见。

（五）结果公示汇总。各单位（部门）在每个季度结束次月10日前将平时考核结果报送组织人事科，予以公示，接受群众监督。组织人事科负责将平时考核结果汇总留存。

第十条 平时考核结果分为好、较好、一般和较差四个等次。中层干部好等次人数一般应控制在参加平时考核中层干部人数的30%以内，一般工作人员的好等次人数一般应控制在考核单位应考核人数的30%以内。

第十一条 平时考核结果报处党委研究，处党委根据工作人员在推进落实重点工作、承担急难险重任务、处理复杂问题、应对重大考验等过程中的实际表现和工作业绩，在各单位（部门）报送的考核结果外，研究确定若干名平时考核好等次人员。工作人员在重大关头、关键时刻不服从组织安排，或者推诿扯皮、敷衍塞责造成不良后果的，当期考核结果可以直接确定为较差等次。

第十二条 强化平时考核结果运用，根据考核结果有针对性地加强激励约束、培养教育，鼓励先进、鞭策落后，营造见贤思齐、比学赶超的良好氛围。对平时考核一贯表现优秀的工作人员，在选拔任用、职务职称晋升、教育培训、评先奖优等方面优先考虑。

对平时考核结果为好等次的工作人员，以适当形式予以表扬和奖励。对于平时考核结果为一般的工作人员，应当及时谈话提醒；对平时考核结果为较差的工作人员，应加以批评教育，必要时进行诫勉。发现的违纪违法问题，按照有关纪律和法律法规处理。

平时考核负责人应当引导考核对象及时总结好的经验做法，加以宣传推广；对存在问题，帮助查找原因，制定整改措施，为其改进创造条件。

第十三条 工作人员平时考核结果与年度考核结果挂钩。当年平时考核结果好等次累计3次及以上的，年度考核可以优先确定为优秀等次；当年平时考核结果有一般、较差等次的，年度考核不得确定为优秀等次；当年平时考核结果有一般、较差等次累计3次及以上的，年度考核应确定为基本合格或不合格等次；当年平时考核结果均为较差等次的，年度考核直接确定为不合格等次。

对年度考核为优秀等次的工作人员进行公示时，同时公示其当年平时考核结果等次。

第十四条 各单位（部门）应当把平时考核发现问题作为优化工作部署和人员配置的重要参考，完善工作机制，改进工作方法，推进工作落实，提高工作效能。

第十五条 工作人员应当按照规定参加平时考核。对无正当理由不参加的，或者在考核过程中有弄虚作假等行为的，视情况给予批评教育、责令检查；经教育后拒不改正的，当年年度考核确定为不合格等次。

第十六条 工作人员对平时结果有异议的，应当在得知考核结果 5 个工作日内向平时考核负责人提出，或书面向处组织人事科申请复查。

第十七条 工作岗位交流调整的人员，由现岗位所在单位（部门）进行平时考核。工作人员援派和挂职期间，原则上由接收单位进行平时考核。外出学习、脱产培训或被有关单位借用时间超过两个月的人员，期间不参加管理处平时考核。

第十八条 以下情形参加平时考核，不确定等次：

（一）新录用工作人员试用期内；

（二）病、事假累计时间超过当期平时考核周期一半；

（三）涉嫌违法违纪被立案调查尚未结案；

（四）法律、法规规定的其他情形。

第十九条 严格考核纪律。严肃查处徇私舞弊、打击报复、弄虚作假等行为，对于不按照规定组织开展平时考核、造成不良影响的，依规依纪作出处理。

第二十条 工作人员平时考核接受纪检部门的监督。

第五节 操作规程篇

一、《泵站机组开停操作规程》

（一）开机前的准备

1. 电话通知水政、船闸、水文站开机调度指令内容。
2. 检查主电机绝缘情况，测量转子绕组绝缘电阻、定子绕组绝缘电阻及吸收比。
3. 检查上、下游河道内有无船只及工作人员，若有应予以通知并要求立即撤离。
4. 检查上、下油缸油位、油色是否正常，检查自吸排水泵是否工作正常。

5. 送交流 220 V、直流 220 V 电源。

6. 检查微机系统是否工作正常，指示状态是否准确，在微机监控界面设定工况。

7. 调试励磁系统，确认系统工作正常，检查风机运行是否正常。

8. 检查微机保护压板连接是否可靠，通讯是否正常。

9. 检查碳刷滑环、现场紧急停机按钮，检查风机运行是否正常。

10. 检查上、下游相应闸门动作是否可靠。

11. 进行机组联动试验。

12. 检查供水系统工作是否可靠，机组相应闸阀应在全开位置。

13. 根据扬程，将叶片角度调至规定角度位置。

（二）开机操作程序

1. 确认机组的所有进出水闸阀在全开位置，启动供水泵，保证供水母管压力在 0.15~0.2 MPa 范围内。

2. 将进水闸门打至全开位置（灌溉工况：B 闸门，排涝工况：D 闸门）。

3. 按下"调试／工作"按钮，将励磁工况改为工作；按下"手动／自动"按钮，将励磁运行方式改为自动；将操作模式旋钮开关旋至"远方"位；确认"励磁就绪"。

4. 将主机高压柜工况选择转换开关旋至"灌溉／排涝"位置。

5. 将微机系统工况设定在"灌溉／排涝"状态。

6. 合上主机冷却风机开关，旋钮置于自动位。

7. 检查主机进线开关送电范围内确无遗留接地。

8. 将主机进线开关手车由试验位置推至工作位置。

9. 在微机系统点击"合闸"。

10. 检查励磁投入正常。若主机启动 15 秒后仍不能牵入同步或启动后出水闸门不能开启或出现其他异常情况，应紧急手动分闸、停机。

11. 检查风机运行是否正常、主机各运行参数是否正常。

12. 根据调度需要，将叶片角度调至规定角度运行。

13. 电话通知水文站指令执行完毕。

（三）停机操作程序

1. 将机组叶片角度调至 +4°。

2. 现场操作人员手动降机组上道出水门。

3. 当闸门高度接近 2 m 时，三楼操作人员在微机监控系统界面点击"分闸"分断主机高压开关。

4. 检查机组上道出水闸门应正常快落，主机组是否已停止运转。

5. 确认相应励磁装置已自动灭磁，按下"调试／工作"按钮，将励磁工况改为"调试"；将操作模式旋钮开关旋至"就地"位；分断励磁装置交流电源开关和直流电源开关。

6. 将主机手车开关由"工作"位置拉至"试验"位置。
7. 将主机高压柜工况选择转换开关旋至"停止"位置。
8. 在微机监控系统，将工况设定为"停机"状态。
9. 关闭主机冷却水、润滑水闸阀。
10. 关闭主机冷却风机。
11. 断开相应机组闸门启闭机控制柜电源。
12. 电话通知水文站指令执行完毕。

二、《节制闸引水操作规程》

（一）操作的基本要求

1. 过闸流量应与上游水位相适应，使水跃发生在消力池内；当初始开闸或较大幅度增加流量时，应采取分次开启办法，启闭节制闸时应按照上级调度指令要求，根据"闸门高度—水位差—流量关系曲线"或节制闸自动控制系统确定闸门开高；每次开启后需等闸下水位稳定后才能再次增加开启高度。

2. 过闸水流应平稳，避免发生集中水流、折冲水流、回流、漩涡等不良流态，如果发生这类情况，要及时调整闸门开启高度，以消除不正常现象。

3. 在确保建筑物及岸坡安全的情况下，所有开启的闸门应尽量保持在同一开启高度。

4. 关闸或减少过闸流量时，应避免上游河道水位降落过快，节制闸关闸时应及时与船闸管理所沟通。

5. 应避免闸门启闭高度在发生振动的位置，当闸门发生振动时，应适当调整闸门开启高度，避开发生振动的位置，发现闸门或启闭机有不正常响声时，应立即停机检查，待故障排除后，方可继续启闭。

6. 节制闸在枯水期引水时，应密切关注上下游水位，防止内河水倒流。

7. 节制闸的操作运行，严格按照开关闸操作票执行。

（二）闸门操作的相关规定

1. 闸门操作应由两个以上熟练工作人员进行，必要时技术人员及所长到现场指导。

2. 开闸时，现场须派专人观察上下游状况及启闭机运行情况，发现异常及时停闸处理。

3. 闸门启闭应对称均匀，开闸时应由中间向两边依次对称开启，关闭时次序相反。节制闸闸门应按设计提供的启闭要求进行操作运行，应由中间向两边依次对称开启，开启顺序为，先是3#，然后是2#和4#，最后是1#和5#；由两边向中间依次对称关闭，关闭顺序为，先是1#和5#，然后是2#和4#，最后是3#。

4. 闸门正在启闭时，不得按反向按钮，如需反向运行，应先按停止按钮，然后才能反向运行。

5. 在闸门变动过程中，如果微机监控闸门高度显示出现大幅度跳跃或乱跳，应立刻按下停止按钮，查明原因后再开启。

6. 运行时如发生异常现象，如沉重、停滞、卡阻、杂声等，应立即停止运行，待检查处理后再运行。

7. 当闸门开启接近最大开度或关闭接近闸底时，应加强观察；遇有闸门关闭不严的情况，应立即查明原因进行处理。

（三）闸门操作方法

1. 接到开闸指令后，立即做好开闸的准备工作，按照开闸操作票的要求，做好开闸记录。

2. 闸门送电，再次确认上下游水面情况，如有渔民捕鱼，立即进行喊话驱赶。

3. 现场操作时，在现场控制柜进行手动合闸操作，按照开闸时由中间向两边依次对称开启，关闭时由两边向中间依次对称关闭；采用监控自动控制操作时，在监控系统"节制闸自动控制"界面，输入调度流量，确定闸门开启高度，可以采用"自控"方式或"手动"方式运行，视实际情况确定。

4. 启闭过程中，应注意闸门、启闭机运行是否正常，上下游水流、水质情况，启闭机电流、闸门高度显示是否正常。

5. 闸门启闭或调整结束后，应核对启闭高度、孔数，观察上下游流态，并在微机上填写启闭记录，内容包括：启闭依据、操作人员、操作时间、启闭顺序及历时、水位、流量、流态、闸门开高、启闭设备运行情况等。

三、《主机联动试验操作规程》

1. 检查泵房、高低压室、直流室、控制室所有设备是否处于完好状态。

2. 合上对应机组的储能开关，将工况状态开关旋至"灌溉/排涝"位置。

3. 打开励磁装置后门板，短接右边端子排 21 和 22 号端子，使其默认励磁装置处于工作位置。

4. 打开电动机保护柜后门板，短接对应机组端子排 40 和 44 号端子，使其默认手车开关处于工作位置。

5. 登录操作权限，选到微机监控"泵站运行状态图界面"，选择工况"灌溉/排涝"。

6. 点击机组运行状态界面，确认机组手车处于工作位置。

7. 通知现场人员，准备合闸，点击合闸按钮。闸门提高到 50 cm 左右时，通知保护操作员。

8. 分断电动机保护柜上机组 ZKK 开关，低电压保护跳闸。

9. 试验完成后，撤除短接线，主机测控保护屏复归，将工况状态开关旋至停止位置。泵站运行状态图选择停机工况，将操作权限切到观察状态。将所有机电设备的位置置于联动试验前状态。

四、《WKLF-102 型励磁装置操作规程》

（一）调试

1. 合上 4# 低压柜"1# 励磁"交流电源开关和直流室充电屏"可控硅"直流电源开关，励磁柜"交流电源""直流电源"指示灯亮起。

2. 打开励磁装置后门板，合上调节器交直流开关 QF2、QF3、QF4、QF5，液晶屏幕显示正常。

3. 点击屏幕"更多"选项，点击"合空气开关"，屏幕显示"您试图操作空气开关合闸"，点"确认"，空气开关自动合闸。确认操作模式旋钮开关在"就地"位。

4. 按下"调试/工作"按钮，将励磁工况改为调试。

5. 按下"投励/灭磁"按钮，励磁系统投励，投励后检查励磁系统工作是否正常，励磁电流电压表指示有无异常，风机运转是否正常。

6. 旋转"增磁""减磁"按钮，观察励磁电压表、电流表指示应随之变化。

7. 按下"投励/灭磁"按钮，手动灭磁，励磁电压表、电流表指示降至 0。

8. 点击屏幕"分空气开关"，屏幕显示"您试图操作空气开关分闸"，点"确认"，空气开关自动分闸。

9. 分断调节器交直流开关 QF2、QF3、QF4、QF5。

10. 分断 4# 低压柜"1# 励磁"交流电源开关和直流室充电屏"可控硅"直流电源开关，励磁柜"交流电源""直流电源"指示灯熄灭。

（二）投运开机（注意事项：励磁系统调试成功后进行下列操作）

1. 操作"（一）调试"1~3 项。

2. 操作液晶触摸屏面板或"调试/工作"按钮，将励磁工况改为工作；"励磁工作"指示灯亮起，按下"手动/自动"按钮，将励磁运行方式改为"自动"，将操作模式旋钮开关旋至"远方"。

3. 确认"励磁就绪"，等待开机命令。

4. 1# 机组启动成功后，"电机运行"指示灯亮起，检查励磁系统运行情况。

（三）停机停运（注意事项：停机后，确认励磁系统已正常灭磁）

1. 确认"电机运行"指示灯已熄灭，励磁电流、励磁电压显示为 0。

2. 将操作模式旋转开关旋至"就地"位。

3. 操作"（一）调试"8~10 项。

五、《供水泵操作规程》

（一）准备工作

1. 检查供水长柄阀 GSCBF-01、GSCBF-02、GSCBF-03 应处于全开位置。

2. 使用 1# 母管，给 5#—9# 机组供水时，如用 1# 泵供水，需关闭供水母阀 GSMF-01 至全闭位置；如同时用 1# 和 2# 泵供水，需打开供水母阀 GSMF-01 至全开位置，关闭供水母阀 GSMF-02 至全闭位置。

3. 使用 2# 母管，给 1#—4# 机组供水时，如用 3# 泵供水，需关闭供水母阀 GSMF-02 至全闭位置；如同时用 3# 和 2# 泵供水，需打开供水母阀 GSMF-02 至全开位置，关闭供水母阀 GSMF-01 至全闭位置。

4. 同时使用 1# 和 2# 母管，给 1#—9# 机组供水时，如用 1# 泵和 3# 泵供水，需打开供水母阀 GSMF-01 和 GSMF-02 至全开位置。如 1# 或 2# 母管压力不足，可增开 2# 泵补充供水，给 1# 母管补水需打开供水母阀 GSMF-01 至全开位置，关闭供水母阀 GSMF-02 至全闭位置。给 2# 母管补水需打开供水母阀 GSMF-02 至全开位置，关闭供水母阀 GSMF-01 至全闭位置。

5. 检查充水阀，如使用消防水供水，充水阀 CSF-01、CSF-02 应处于全开位置，CSF-03 应处于全闭位置；如使用自来水供水，充水阀 CSF-03 应处于全开位置，CSF-01、CSF-02 应处于全闭位置。

6. 如开 1# 供水泵，将供水充水阀 GSCS-01 和供水排气阀 GSPQ-01 打开至全开位置（必要时可打开供水泵排气孔）。

7. 检查供水进阀 GSJF-01 和供水管阀 GSGF-01 应处于全开位置。

8. 关闭供水出阀 GSCF-01 至全闭位置。

9. 供水排气阀 GSPQ-01 开始出水后，关闭供水排气阀 GSPQ-01 至全闭位置（如供水泵排气孔打开需关闭）。

10. 将 1# 供水管压力表泄压孔放气至出水后恢复，校验压力表指针是否准确。

11. 检查控制柜主电源是否已送电，如送电，"主电源"指示灯亮。

12. 检查控制柜内 QF 总是否合上，如合上，"控制电源"指示灯亮。

13. 合上控制柜内 QF1，1# 变频器工作。

14. 2#、3# 供水泵操作同上。

（二）自动启动操作

1. 将控制柜柜门上的"手动－自动"旋钮转至"自动"位。

2. 点击柜门液晶显示屏，输入密码并确认，进入控制界面。

3. 检查机组故障界面有无报警，如有应排除。

4. 检查控制界面所需母管出水压力应设定在 0.12 MPa 左右、频率应设定在 35.0 Hz

左右、水路压差应设定在 0.06 MPa 左右。

5. 点击控制界面 1#"供水泵状态"左侧方框编号，选定后颜色变绿。

6. 如需开 2# 备用泵，必须检查"参考Ⅰ路压力"和"参考Ⅱ路压力"选项是否与实际使用的 1# 母管或 2# 母管相符。如同时使用 1# 和 2# 母管，任一选项均可。

7. 两人配合操作，一人按下"机组启动"键，"机组运行"灯亮。另一人观察 1# 供水泵对应电流表的数据，当电流上升到 40 A 左右时，将供水出阀 GSCF-01 打开，打开时需注意观察对应电流表和供水管压力表数据，并倾听电动机运行声音，根据上述三点来控制开阀速度。

8. 启动成功后，关闭供水充水阀 GSCS-01 至全闭位置。

9. 水泵稳定运行后，检查出水压力、频率、水路压差等数据是否符合运行要求，如偏差较大需进行调整。

10. 根据运行需要决定是否再开启下一台供水泵。

11. 所需供水泵全部启动运行后，应检查供水系统运行有无异常的渗漏、声响和气味。

12. 启动 2#、3# 供水泵时，直接在液晶显示屏上点击控制界面"供水泵状态"左侧方框编号，选定后颜色变绿即启动，其余操作方法同上。

（三）手动启动操作

1. 将控制柜柜门上的"手动－自动"旋钮转至"手动"位。

2. 点击柜门液晶显示屏，输入密码并确认，进入控制界面。

3. 检查机组故障界面有无报警，如有应排除。

4. 检查控制界面所需母管出水压力应设定在 0.12 MPa 左右、需开水泵频率应设定在 50.0 Hz 左右、水路压差应设定在 0.06 MPa 左右。

5. 如需开 2# 备用泵，必须检查"参考Ⅰ路压力"和"参考Ⅱ路压力"选项是否与实际使用的 1# 母管或 2# 母管相符。如同时使用 1# 和 2# 母管，任一选项均可。

6. 两人配合操作，一人按下控制柜门上 1#"水泵启动"键，1#"水泵运行"灯亮。另一人观察 1# 供水泵对应电流表的数据，当电流上升到 40 A 左右时，将 1# 供水泵后方的供水出阀 GSCF-01 迅速打开，打开时需注意观察对应电流表和泵后压力表数据，并倾听电动机运行声音，根据上述三点来控制开阀速度。

7. 启动成功后，关闭供水充水阀 GSCS-01 至全闭位置。

8. 水泵稳定运行后，检查出水压力、频率、水路压差等数据是否符合运行要求，如偏差较大需进行调整。

9. 根据运行需要决定是否再开启下一台供水泵。

10. 所需供水泵全部启动运行后应检查供水系统运行有无异常的渗漏、声响和气味。

11. 2#、3# 供水泵操作同上。

（四）停机操作

1. 厂房主机组停机 15 分钟后，方可停止技术供水系统。

2. 自动开机状态下，点击液晶显示屏控制界面 1#"供水泵状态"左侧方框编号，颜色变红即停机；或按下柜门"机组停止"按钮，所有运行水泵均会停机。

3. 手动开机状态下，按下 1#"水泵停止"按钮。

4. 分断供水泵对应线路的 QF1，1# 变频器灯灭，并延时停止工作。

5. 分断控制柜内 QF 总，"控制电源"指示灯灭。

6. 检查地面排水阀 DMPS-01 是否关闭。

7. 2#、3# 供水泵操作同上。

六、《卷扬式启闭机操作规程》

（一）操作的基本要求

1. 过闸流量应与上游水位相适应，使水跃发生在消力池内；当初始开闸或较大幅度增加流量时，应采取分次开启办法；每次开启后需等闸下水位稳定后才能再次增加开启高度。

2. 过闸水流应平稳，避免发生集中水流、折冲水流、回流、漩涡等不良流态，如果发生这类情况，要及时调整闸门开启高度，以消除不正常现象。

3. 在确保建筑物及岸坡安全的情况下，所有开启的闸门应尽量保持在同一开启高度。

4. 关闸或减少过闸流量时，应避免上游河道水位降落过快。

5. 应避免闸门启闭高度在发生振动的位置，当闸门发生振动时，应适当调整闸门开启高度，避开发生振动的位置，发现闸门或启闭机有不正常响声时，应立即停机检查，待故障排除后，方可继续启闭。

（二）闸门操作的相关规定

1. 闸门操作应由两个以上熟练工作人员进行。

2. 开闸时，现场须派专人观察上下游状况及启闭机运行情况，发现异常及时停闸处理。

3. 闸门启闭应对称均匀，开闸时应由中间向两边依次对称开启，关闭时次序相反。

4. 闸门正在启闭时，不得按反向按钮，如需反向运行，应先按停止按钮，然后才能反向运行。

5. 运行时如发生异常现象，如沉重、停滞、卡阻、杂声等，应立即停止运行，待检查处理后再运行。

6. 当闸门开启接近最大开度或关闭接近闸底时，应加强观察；遇有闸门关闭不严的情况，应立即查明原因进行处理。

（三）闸门操作方法

1. 接到开闸指令后，立即做好开闸的准备工作。

2. 闸门送电，再次确认闸门两侧的水面情况，如有渔民捕鱼，立即进行喊话驱赶。开闸时，现场须派专人观察上下游状况及启闭机运行情况，发现异常及时停闸处理。

3. 现场操作时，合上空气开关，确认电源灯亮后，在现场控制柜进行手动合闸操作，应由中间向两边依次对称开启，由两边向中间依次对称关闭。

采用监控自动控制操作时，登录账号，在监控系统界面，输入闸门高度，点击自控按钮，也可点击升降按钮升降闸门，视实际情况确定。

4. 启闭过程中，应注意闸门、启闭机运行是否正常，上下游水流、水质情况，启闭机电流、闸门高度显示是否正常。

5. 闸门启闭或调整结束后，应核对启闭高度、孔数，观察上下游流态，并在微机上填写启闭记录，内容包括：启闭依据、操作人员、操作时间、启闭顺序及历时、水位、流量、流态、闸门开高、启闭设备运行情况等。

江苏省高港二线船闸启闭机分8组QRWY-200kN-4.0 m液压启闭机。其养护修理应参照本所制订的《液压启闭机系统养护及检修规程》之规定和以下要求：

1. 防尘罩、机体表面应保持清洁，除转动部位的工作面外，均应定期采用涂料保护；启闭机的联结件应保持坚固，不得有松动现象。

2. 供油管和排油管应保持色标清晰，敷设牢固。

3. 润滑部件应及时加注润滑油；保证液压油箱的油位及油的黏性，如油位偏低或油的黏性过大应及时添加或更换液压油。

4. 油缸支架应与基体连接牢固，活塞杆外露部位可设软防尘装置。

5. 调控装置及指示仪表应定期检验。

6. 工作油液应定期化验、过滤，油质和油箱内油量应符合规定。

7. 油泵、油管系统应无渗油现象。

8. 液压启闭机的活塞环、油封出现断裂、失去弹性、变形或磨损严重者，应更换。

9. 油缸内壁及活塞杆出现轻微锈蚀、划痕、毛刺，应修刮平滑磨光。油缸和活塞杆有单面压磨痕迹时，分析原因后，予以处理。

10. 高压管路出现焊缝脱落或管壁裂纹，应及时修理或更换。修理前应先将管内油液排净后才能进行施焊。严禁在未拆卸管件的管路上补焊。管路需要更换时，应与原设计规格相一致。

11. 储油箱焊缝漏油需要补焊时，可参照管路补焊的有关规定办理。补焊后应作注水渗漏试验，要求保持12 h无渗漏现象。

12. 油缸检修组装后，应按设计要求作耐压试验。试验时工作压力试压10 min，活塞沉降量不应大于0.5 mm，上、下端盖法兰不得漏油，缸壁不得有渗油现象。

13. 管路上使用的闸阀、弯头、三通等零件壁身有裂纹、砂眼或漏油时，均应更换新件。更换前，应单独作耐压试验。试验压力为工作压力的 1.25 倍，保持 30 min 无渗漏时，才能使用。

14. 当管路漏油缺陷排除后，应按设计规定作耐压试验。试验时压力为工作压力的 1.25 倍，保持 30 min 无渗漏，才能投入使用。

15. 油泵检修后，应将油泵溢流阀全部打开，连续空转不少于 30 min，不得有异常现象。空转正常后，在监视压力表的同时，将溢流阀逐渐旋紧，使管路系统充油（充油时应排除空气）。管路充满油后，调整油泵溢流阀，使油泵在工作压力的 25%、50%、75%、100% 情况下分别连续运转 15 min，应无振动、杂音和温升过高现象。

16. 空转试验完毕后，调整油泵溢流阀，使其压力达到工作压力的 1.1 倍时动作排油，此时也应无剧烈振动和杂音。

17. 在非汛期每月进行 1 次养护，汛期每半月进行一次，并做好相应维修养护记录。

七、《闸阀门现场运行操作规程》

1. 现场闸阀门操作时，闸口值班人员必须确认闸门上无人及影响闸门安全开闭的事物方可操作。

2. 现场操作正常流程：提阀—水位平—开闸—落阀—关闸。闸口值班人员要与另一侧闸口值班人员、调度中心调度员加强联系和沟通，确保闸阀门启闭操作准确到位。

3. 视闸室水位差情况，实行分级提阀制度。

（1）水位差 ≤ 1 m 时，一次提阀到位；

（2）水位差 >1 m 时，分两节提阀。第一次提升 1 m；当水位差减少至 1 m 时，再次提阀到位。

4. 当下游水位达到 4.8 m 时，各岗位需加强沟通协调，由当班调度中心管理员及时汇报所长室，做好超警戒水位船闸停航的各项准备工作；当水位达到 5.15 m 时，一线船闸停航；当水位达到 5.48 m 时，二线船闸停航。

5. 闸阀门运行时，闸口值班人员应认真观察闸阀门运行情况，监视水位、开度和电流数据，发生异常情况时，按紧急停机按钮或切断电源，以防发生事故；同时注意保护现场，待值班电工检查后方可恢复操作。

6. 进闸船舶不得超越闸室内安全停靠线，以防发生碰撞闸门以及沉船事故。

八、《发电机组运行操作规程》

1. 启动原则

当水闸进线供电因故障短时间无法恢复时，为了保障水闸运行，必须启动备用发电机组发电供所有机电设备使用。

2. 启动准备工作

启动发电机组前，操作人员应检查润滑油、冷却水位、配电开关和变阻器等情况，并排出燃油系统的空气，做好启动前的一切准备工作，达到规定后方可启动，同时检查断路器开关在"分闸"位置。

3. 启动操作程序

（1）将电启动钥匙打开，按下电钮，使柴油机启动。如按下电钮 10 s 内柴油机不能运转，则需等待 1 min 后再做第二次启动。如果连续 4 次仍无法启动时，应检查并查找故障原因。

（2）柴油机启动后，应检查电流、电压、压力、转速、频率等参数都在正常范围内。

（3）正常运行 10~15 min 后，将断路器开关合上送电。

4. 运行注意事项

严禁水、油等杂物进入发电机内部，操作人员严禁接触转动部位和带电部位。

发电机组运行期间，操作人员应严守岗位，注视各种表计的数值及变化情况。

5. 停机方法

停机时，应先逐渐切出负荷，拉开断路器开关，检查发电机实时工况，正常后扭动电启动钥匙，关闭发电机。

6. 日常维护事项

（1）每月应对柴油机、发电机及蓄电池进行保养，以确保机组工作正常可靠，机组长期不用，蓄电池应定期充放电，并检查 H_2SO_4 比重。

（2）机组长期不用时，每月至少试运行 1 次。柴油发电机工作到规定时间后应进行大修。

（3）在寒冷季节或环境温度低于 5℃时，应将散热水箱、循环水泵，柴油机内腔积存的水排净，或加注防冻剂，以防冻裂机组。

第五章

管理流程

第一节　工作流程

一、控制运用

（一）开关闸

1. 节制闸引水操作

（1）开闸操作步骤

① 分析水位趋势图，估算本次开闸时间。

② 开闸前30分钟，联系船闸总调，告知开闸时间及流量，联系水政科巡逻人员，告知开闸时间及流量。记录电话时间和接线人员姓名。

③ 中控室操作人员通过视频监控查看上下游河面、引江口门情况。如有异常，与相关部门联系。

④ 临开闸前，巡查人员带上巡查手机、对讲机、手电筒等到开闸现场，进一步确认上下游引水区域内无影响工程安全运用和因引水会危及他人人身安全的情况，并用巡查手机扫描节制闸东、节制闸西二维码留下巡查记录。

⑤ 确认无任何异常后，用对讲机联系控制室操作人员，以 100 m^3/s 的安全始流流量开闸，完成后离开现场。值班员记录本次开闸时间。

⑥ 以 100 m^3/s 流量运行30分钟。视频系统监视上下游、引江口门无异常。

⑦ 调整引流流量为 200 m^3/s。记录开始调整时间。

⑧ 以 200 m^3/s 流量运行30分钟。视频系统监视上下游、引江口门无异常。

⑨ 调整引流流量为调度流量。记录开始调整时间。

⑩ 闸门运行期间，必须经常使用视频系统监视上下游、引江口门情况。

（2）关闸操作步骤

① 联系船闸总调，告知关闸时间。记录电话时间和接线人员姓名。

② 如上下游水位相平，正常关闸，直接执行第④步。

③ 如接调度指令或其他特殊情况关闸，上下游存在水位差，需按操作票步骤执行，分次、分段降闸门。

④将闸门关闭，记录操作时间。

⑤值班人员至现场进一步确认闸门位置，并用巡查手机扫描节制闸东、节制闸西二维码留下巡查记录。

⑥分断低压室闸门启闭交流电源。

2. 下层流道引水操作

（1）开启下层流道引水操作步骤

①分析水位趋势图，估算本次开闸时间。

②开闸前30分钟，联系船闸总调，告知开闸时间及流量，联系水政科巡逻人员，告知开闸时间及流量。记录电话时间和接线人员姓名。

③中控室操作人员通过视频监控查看上下游河面、引江口门情况。如有异常，与相关部门联系。

④临开闸前，巡查人员带上巡查手机、对讲机、手电筒等到开闸现场，进一步确认上下游引水区域内无影响工程安全运用和因引水会危及他人人身安全的情况，并用巡查手机扫描厂房西侧二维码留下巡查记录。

⑤确认无任何异常后，用对讲机联系中控室操作人员，以50 m³/s的安全始流流量开闸，完成后离开现场。值班员记录本次开闸时间。

⑥以100 m³/s流量运行30分钟。视频系统监视上下游、引江口门无异常。

⑦调整引流流量至调度流量。记录开始调整时间。

⑧闸门运行期间，必须经常使用视频系统监视上下游河道、引江口门情况。

（2）关闭下层流道引水操作步骤

①关闸前，联系船闸总调，告知关闸时间。记录电话时间和接线人员姓名。

②如上下游水位相平，正常关闸，直接执行第④步。

③如接调度指令或其他特殊情况关闸，上下游存在水位差，需分次、分段降闸门。

④将闸门关闭、记录关闸时间。

⑤值班人员至现场进一步确认闸门位置，并用巡查手机扫描厂房西侧二维码留下巡查记录。

⑥分断低压室闸门启闭交流电源。

3. 开关闸流程

调度指令执行流程如图5-1所示。

引水操作流程如图5-2所示。

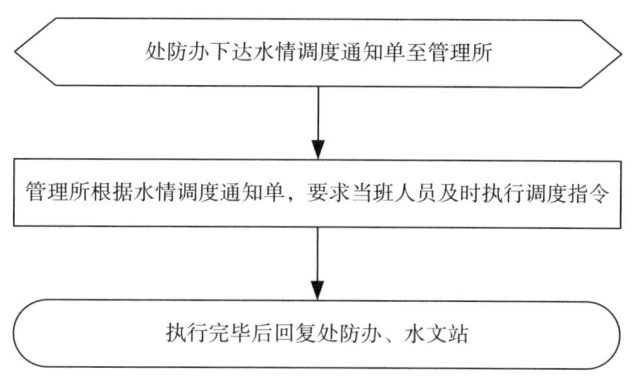

```
处防办下达水情调度通知单至管理所
            ↓
管理所根据水情调度通知单,要求当班人员及时执行调度指令
            ↓
执行完毕后回复处防办、水文站
```

图 5-1　调度指令执行流程图

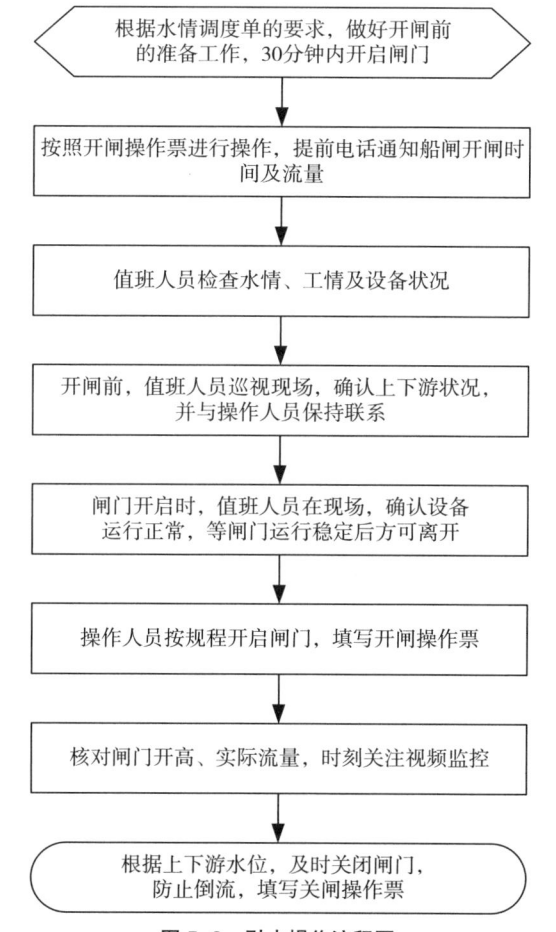

```
根据水情调度单的要求,做好开闸前的准备工作,30分钟内开启闸门
            ↓
按照开闸操作票进行操作,提前电话通知船闸开闸时间及流量
            ↓
值班人员检查水情、工情及设备状况
            ↓
开闸前,值班人员巡视现场,确认上下游状况,并与操作人员保持联系
            ↓
闸门开启时,值班人员在现场,确认设备运行正常,等闸门运行稳定后方可离开
            ↓
操作人员按规程开启闸门,填写开闸操作票
            ↓
核对闸门开高、实际流量,时刻关注视频监控
            ↓
根据上下游水位,及时关闭闸门,防止倒流,填写关闸操作票
```

图 5-2　引水操作流程图

（二）开停机

1. 开机操作

（1）开机前的准备工作

① 电话告知船闸、水政科、水文站开机调度指令内容。

② 检查主机定转子绝缘，并测量定子和转子回路的绝缘电阻值。测量主电机定子的绝缘电阻值，采用 2500 V 兆欧表测量，绝缘电阻应 ≥ 10 MΩ，吸收比应不小于 1.3；测量主电机转子绝缘电阻值，采用 500 V 兆欧表测量，绝缘电阻应 ≥ 0.5 MΩ。

③ 检查上、下游河道内有无船只及人员，若有应予以通知并及时喊话驱赶撤离，并联系水政科，请其驱赶，保证进出水河道无异常。

④ 检查上、下油缸油位、油色是否正常，检查泵盖自吸排水泵是否工作正常。

⑤ 送交流电源，交流电分别包括：低压室低压柜闸门控制电源、供水泵电源、叶片调节结构电源、泵房检修动力柜转速表电源。

⑥ 送直流电源，直流电分别包括：上下游闸门控制、上下游闸门电磁铁、可控硅。

⑦ 检查微机监控系统通信正常，电源、卡件工作正常，在微机监控系统泵站运行状态图界面设定相应工况。

⑧ 调试励磁系统。

⑨ 检查微机保护系统压板是否连接牢固，后台通信是否正常。

⑩ 检查碳刷滑环、紧急停机按钮。碳刷长短适中，压紧弹簧压力正常，滑环表面光滑，检查紧急停机按钮处于弹出位置。

⑪ 检查上、下游闸门工作应可靠，在现场控制柜启、停、落闸门应正常，快关旋钮置"停止"位。

⑫ 检查出水门，在现场控制柜启、停、落闸门应正常，快关旋钮置"停止"位。

⑬ 检查供排水系统是否可靠，机组相应闸阀应在打开位置。

⑭ 通过现场控制箱增减或微机监控增减按钮，将主泵叶片角度调至 −4° 位置，等待开机（1#~3# 半调节泵省略本步骤）。

（2）开机操作

① 开启相应机组的所有进出水闸阀，启动供水泵，应保证供水母管压力在 0.15~0.2 MPa 范围内。

② 将下道进水闸门打至全开位置，并确认闸门高度。

③ 励磁系统控制方式调至"自动"状态，励磁工况调至"工作"状态。

④ 将主机高压柜工况选择转换开关旋至相应工况位置。

⑤ 启动微机系统，微机实时控制应正常，并设定在相应工况状态。

⑥ 合上风机开关，将控制旋钮置自动位。

⑦ 检查主机开关送电范围内确无遗留接地。

⑧将主机开关手车由试验位置推至工作位置。

⑨合上主机开关，检查确在合闸位置。

⑩检查励磁投入正常。若主机启动15秒后仍不能牵入同步或启动后出水闸门不能开启或出现其他异常情况，应紧急手动分闸、停机。

⑪检查主机各运行参数正常。

⑫将叶片角度调至+2°运行。

⑬机组运行平稳后，根据调度需要，将叶片角度调至规定角度运行。

2. 停机操作

①将主机叶片角度调至+4°。

②现场操作人员手动降机组上道门（出水门）。

③分开主机开关。当闸门高度接近2 m时，由三楼操作员通过微机监控系统界面点击"分闸"按钮完成。

④检查主机开关确在分闸位置。确认微机监控系统界面"开关断开"，高压室机组进行柜"分闸指示"灯亮，机械指示正确。

⑤检查出水闸门应正常快落关闭，否则在现场拨动相关闸门控制箱上"快落"旋钮，使闸门快落关闭。

⑥主机开关分闸后，自动联动闸门控制回路，使出水闸门应正常快落关闭。

⑦检查相应励磁装置是否自动灭磁，按下"调试/工作"按钮，将励磁工况改为"调试"；将操作模式旋钮开关旋至"就地"位；分断励磁装置交流电源开关和直流电源开关。

⑧将主机手车开关由"工作"位置拉至"试验"位置。

⑨待主机快落闸门落到底后，将主机高压柜工况选择转换开关旋至"0"位置。

3. 开停机流程

机组运行操作流程如图5-3所示。

（三）变电所倒闸

1. 操作前准备

（1）自身检查

①操作前，检查着装是否符合要求。

②监护人和操作人相互检查、监督精神状态和情绪，发现有不适于操作的情况应立即停止操作，并向值班负责人及所长汇报。

（2）工具、器具准备和检查（根据实际需要进行）

①操作人应负责准备操作前的有关器具：安全帽、验电器、绝缘手套、绝缘靴、雨衣、携带式照明灯、接地线、仪表、盒式组合工具等（根据不同的操作任务进行准备）。

②监护人和操作人共同负责准备对讲机、操作票等相关工具，监护人检查操作人所准备的工具是否完备、良好。

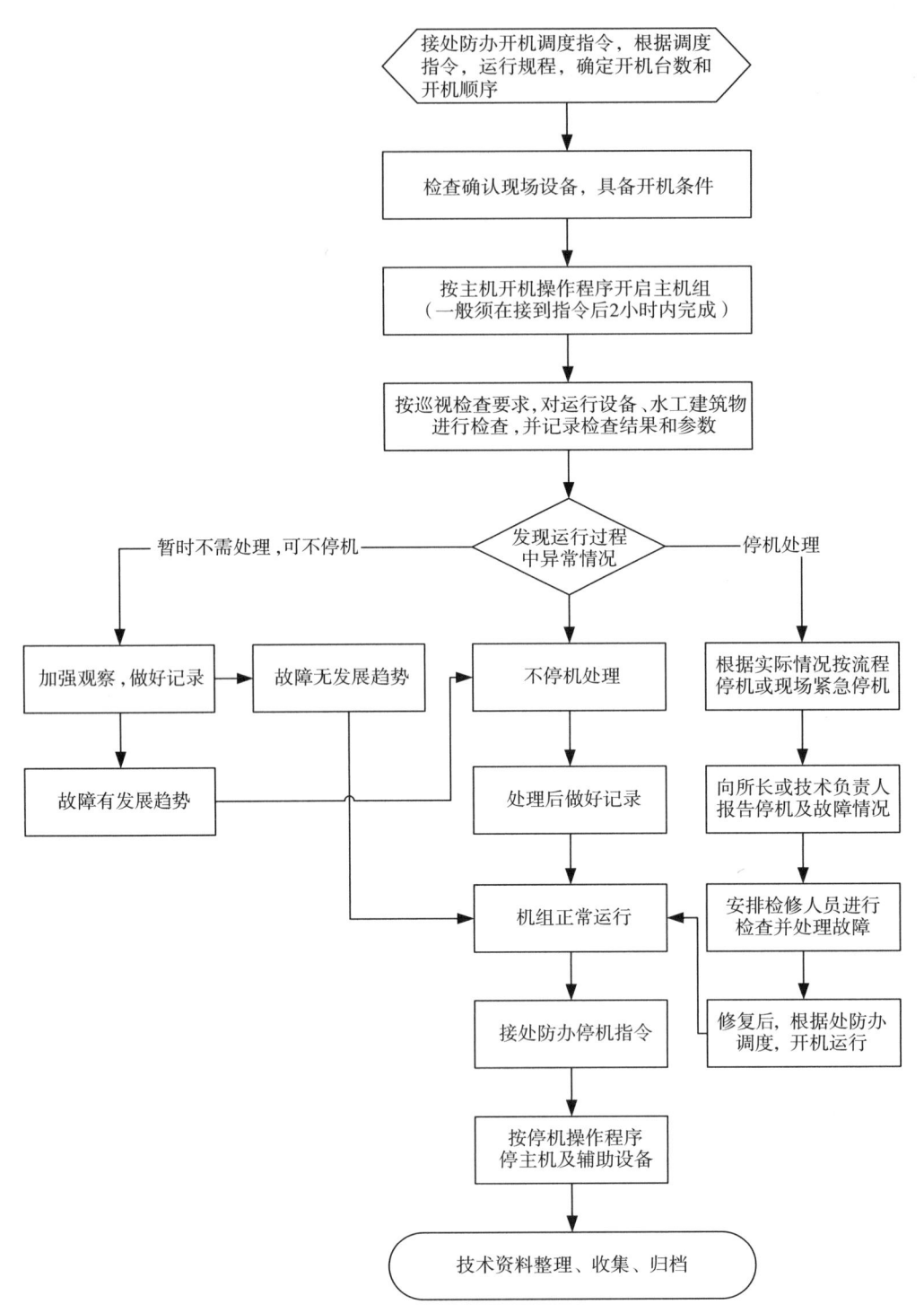

图 5-3　机组运行操作流程图

2. 倒闸操作步骤

以"所变供电改为站变供电"操作为例。

（1）主变由冷备用改为运行

① 检查 1# 主变送电范围内无遗留接地。

② 检查 1# 主变 101 开关在分位。

③ 检查 1# 主变 701 开关在分位。

④ 合上 1# 主变中性点 7010 接地闸刀，并检查已在合位。

⑤ 合上 1# 主变 7011 隔离闸刀，并检查已在合位。

⑥ 合上 1# 主变 701 开关，并检查已在合位，并将 1# 主变 701 开关操作位置选择旋钮置"R"位。

⑦ 检查 1# 主变充电正常。

⑧ 拉开 1# 主变中性点 7010 接地闸刀，并检查已在分位。

（2）10 kV 母线受电

① 检查 1# 主变低压侧 10 kV 进线 101 开关送电范围内已无遗留接地。

② 检查 10 kV 母线各分路开关手车已在试验位。

③ 检查 1# 主变低压侧 10 kV 进线 101 开关已在分位。

④ 检查 10 kV 母线避雷器 1016 手车确在工作位。

⑤ 检查 10 kV 母线压变 1015 手车确在工作位。

⑥ 将 1# 主变 10 kV 进行 101 手车由试验位推至工作位。

⑦ 合上 1# 主变 101 开关，并检查已合位。

⑧ 检查 10 kV 母线充电正常。

（3）所变由运行改为冷备用

① 协调各部门做好停电的准备。联系基建办，做好小配电房、中央空调的停电准备；联系各部门，做好电脑文档资料的保存；将电梯停靠一层，分断电梯电源。

② 拉开站变 4QA 低压母联开关、所变 2QA 低压母联开关以及所变 3QA 低压侧开关，并检查均在分位。

③ 拉开所变 2QS 低压侧隔离开关，并检查确已在分位。

④ 拉开所变 010 开关，并检查确已在分位。

⑤ 将所变 010 开关手车由工作位置拉至试验位。

（4）站变由冷备用改为运行

① 检查站变 020 开关送电范围内已无遗留接地。

② 检查站变 020 开关，并检查已在分位。

③ 检查站变 1QA 低压侧开关、站变 4QA 低压母联开关、所变 2QA 低压母联开关及站变 1QS 低压侧隔离开关均在分位。

④ 将站变进线 020 开关手车由试验位置推至工作位。
⑤ 合上站变 020 开关，并检查已在合位。
⑥ 现场检查站用变压器，确认运行正常，无异常现象。
⑦ 合上站变 1QS 低压侧隔离开关，并检查已在合位。
⑧ 合上站变 1QA 低压侧开关，并检查已合位。
⑨ 合上站变 4QA 低压母联开关及所变 2QA 低压母联开关，并检查均在合位。

3. 变电所倒闸操作流程

变电所倒闸操作流程如图 5-4 所示。

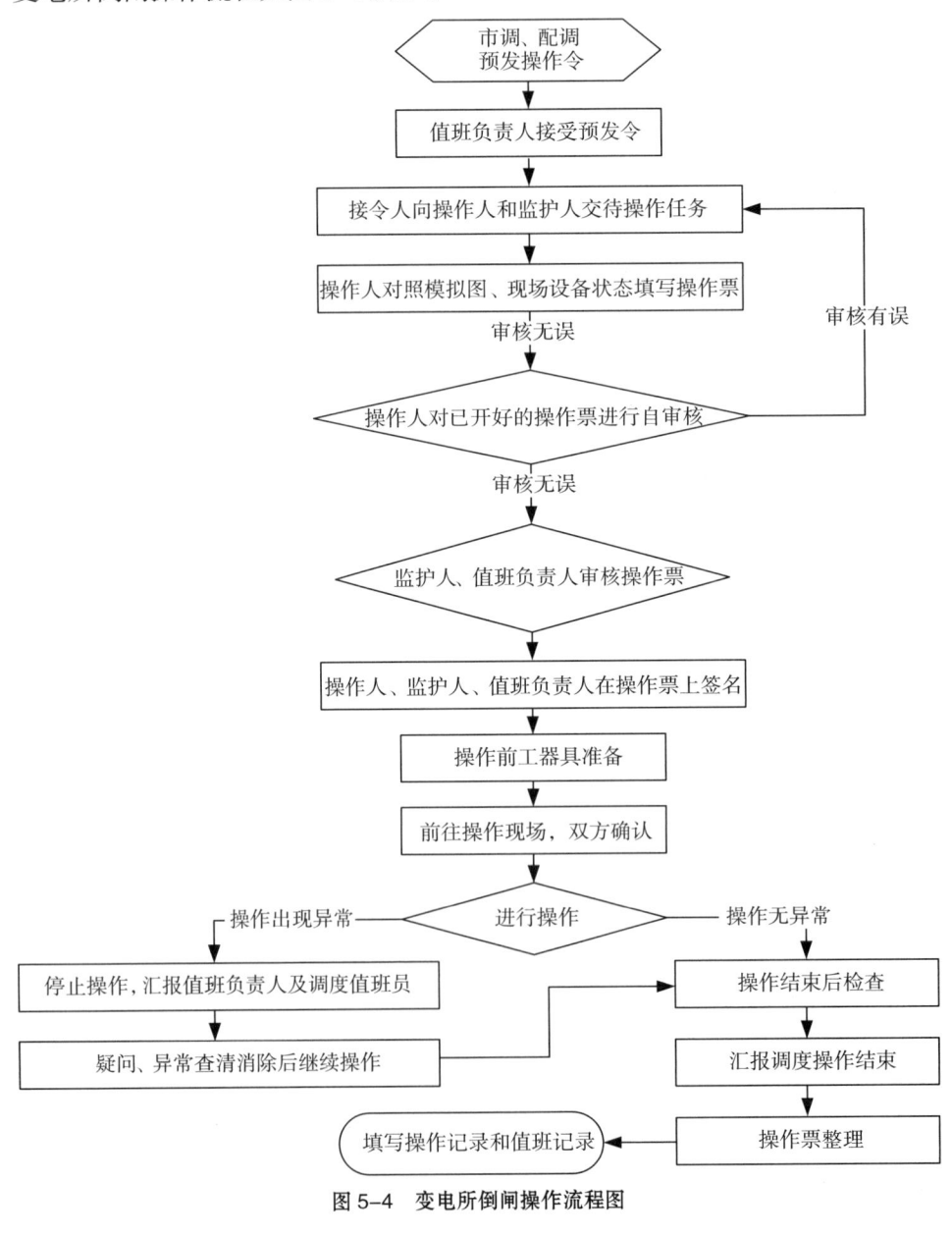

图 5-4 变电所倒闸操作流程图

二、工程检查

（一）日常检查

日常检查包括日常巡查和经常检查。

1. 检查周期

（1）高港泵站日常巡查周期为：

① 早晚各进行一次巡查。

② 开机前后、下层流道引水开关闸前后，节制闸引水开关闸前后对现场进行巡查。

（2）经常检查每周五检查 1 次，在设计水位运行时，每天至少检查 1 次，超设计标准运行时，应增加检查频次。当泵站遭受不利因素影响时，对容易发生问题的部位应加强检查观测。

2. 巡查路线

变电所方向巡查路线图如图 5-5 所示、节制闸方向巡查路线图如图 5-6 所示。

开始 → 变电所 → 送水闸 → 调度闸 → 清污机 → 结束

图 5-5　变电所方向巡查路线图

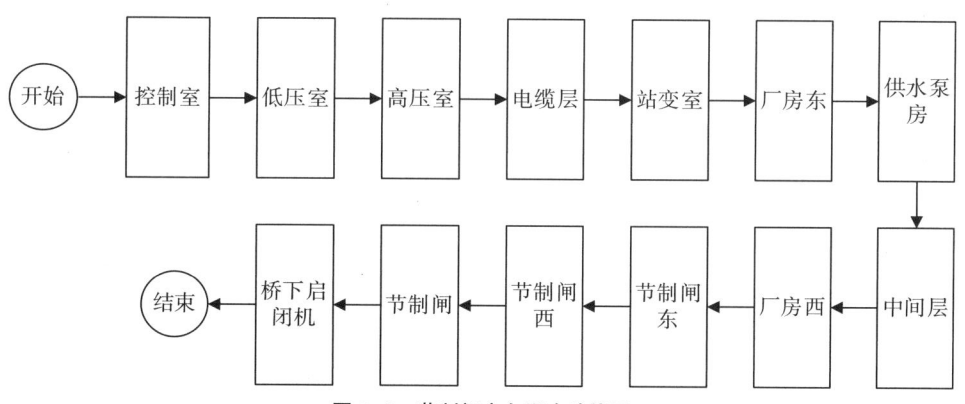

开始 → 控制室 → 低压室 → 高压室 → 电缆层 → 站变室 → 厂房东 → 供水泵房 → 中间层 → 厂房西 → 节制闸东 → 节制闸西 → 节制闸 → 桥下启闭机 → 结束

图 5-6　节制闸方向巡查路线图

3. 日常检查要求

（1）日常巡查要求

① 运行值班人员巡视检查应严格按日常巡查制度对设备进行巡视检查。

② 值班人员应轮流对所有设备进行巡视检查。

③ 按规定的时间及检查项目按时对设备进行检查。

④对有异常情况的设备应加强不定期的检查。

⑤巡视检查时应带好必要的工具及防护用品。

（2）经常检查要求

①根据工程及管理范围实际情况设计检查线路。按工程布置设计巡视检查线路；巡视路线涵盖管理范围内的工程建筑物、机电设备，线路尽可能简捷，无重复或少重复。

②经常检查以目视检查为主，发现异常情况及时分析原因，采取应急措施，并向所长汇报。对一时不能处理的问题，要制订相应的预案和应急措施；有针对性地加强检查观测，酌情采取应对措施。

③巡视检查、经常检查应按照经常检查记录簿中的表式项目，认真细致地逐项开展检查，对检查中发现的问题应做好详细记录。

4. 检查流程

（1）开机巡查流程

开机巡查流程如图 5-7 所示。

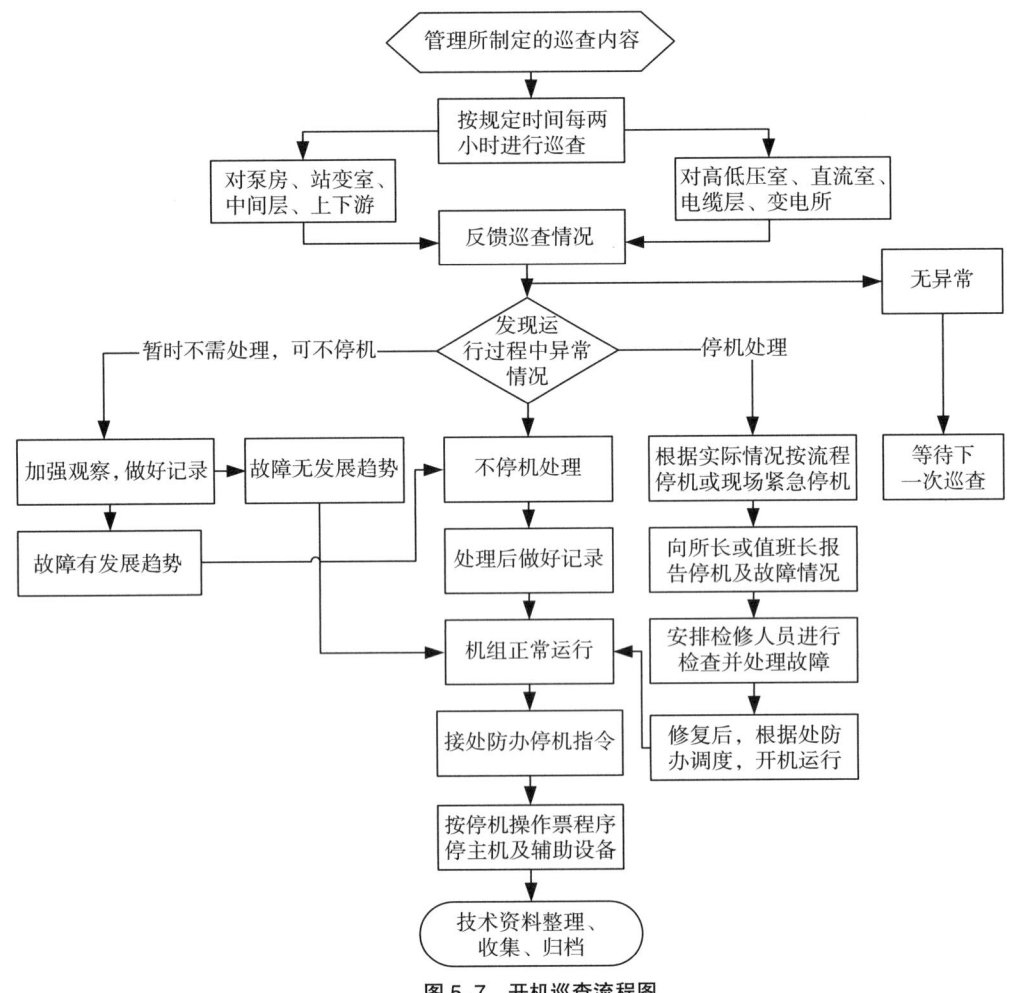

图 5-7　开机巡查流程图

（2）下层流道引水及工程备用巡查流程

下层流道引水及工程备用巡查流程如图 5-8 所示。

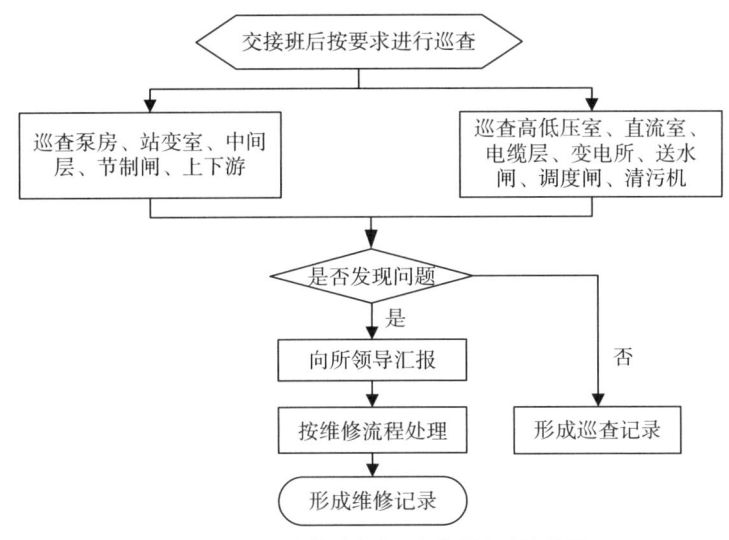

图 5-8　下层流道引水及工程备用巡查流程图

（3）日常检查流程

日常检查流程如图 5-9 所示。

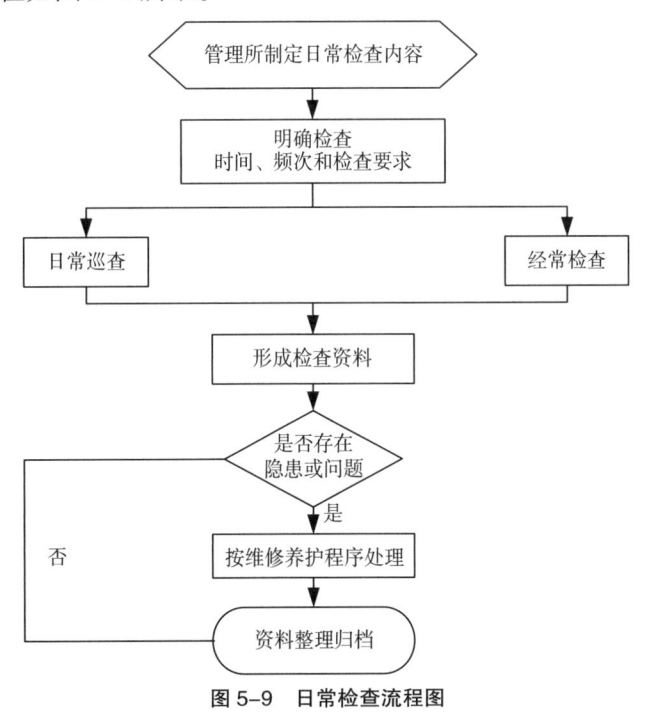

图 5-9　日常检查流程图

（二）定期检查

1. 检查时间

汛前检查应在 4 月上旬前完成、汛后检查应在 10 月底前完成，对泵站各部位及各项设施进行全面检查，每年对水下工程进行检查。

2. 定期检查要求

① 在汛前和汛后，管理所应成立检查工作小组，制定定期检查工作计划，分解工作任务，明确工作要求，落实工作职责，并检查考核。

② 按照高港泵站管理所《定期检查报告》的内容和要求对设备和水工建筑物进行全面检查。

③ 检查内容要全面，数据要准确。若发现安全隐患或故障，应在检查后汇总地点、位置、危害程度等详细信息。检查后，技术人员如实填写定期检查表并撰写小结。

④ 对检查发现的安全隐患或故障，管理所应及时安排进行维修，对影响工程安全度汛而一时又无法在汛前解决的问题，应制定好应急抢险方案，并上报处工管科。

⑤ 汛前检查应结合汛前保养工作同时进行，其结果可以作为编制下年维修计划和大修计划的依据。

3. 定期检查流程

定期检查流程分为汛前检查流程和汛后检查流程分别如图5-10、图5-11所示。

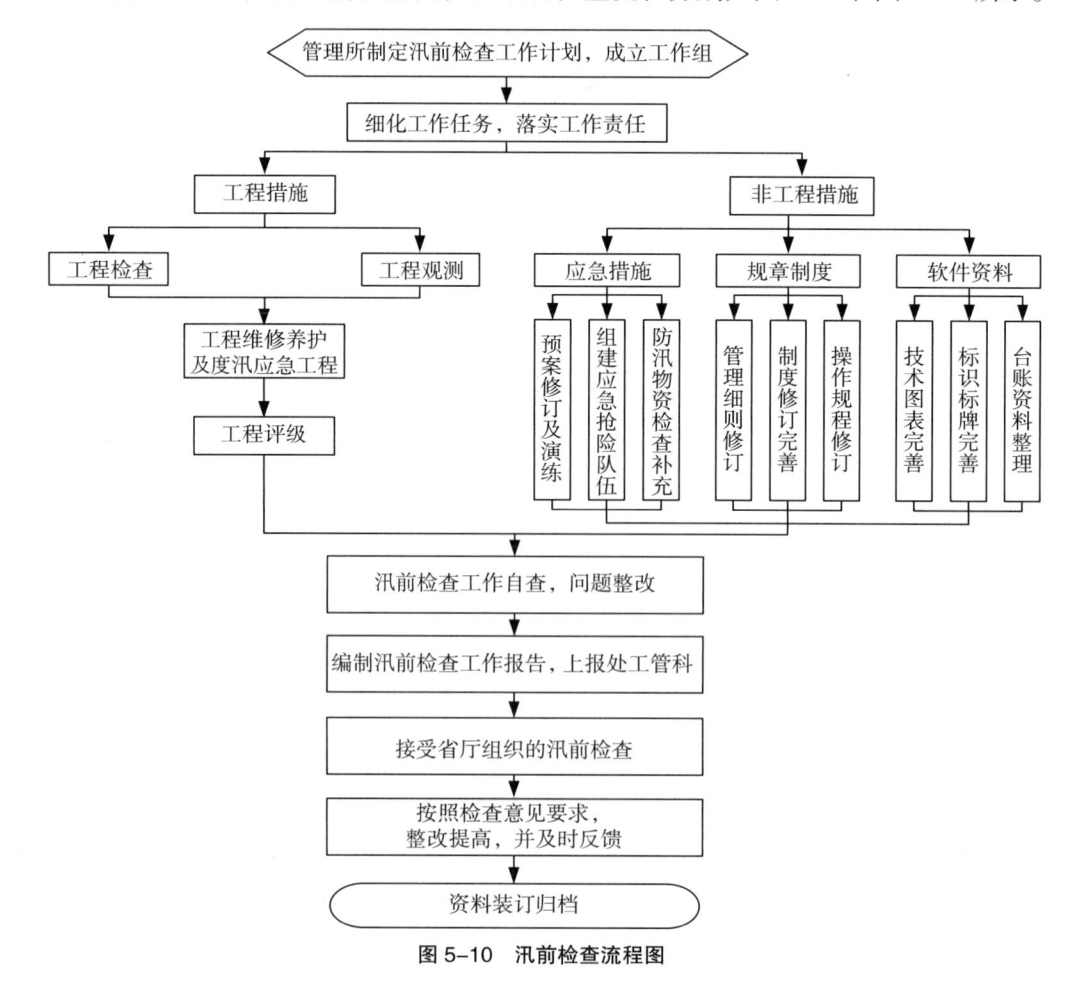

图5-10 汛前检查流程图

图 5-11 汛后检查流程图

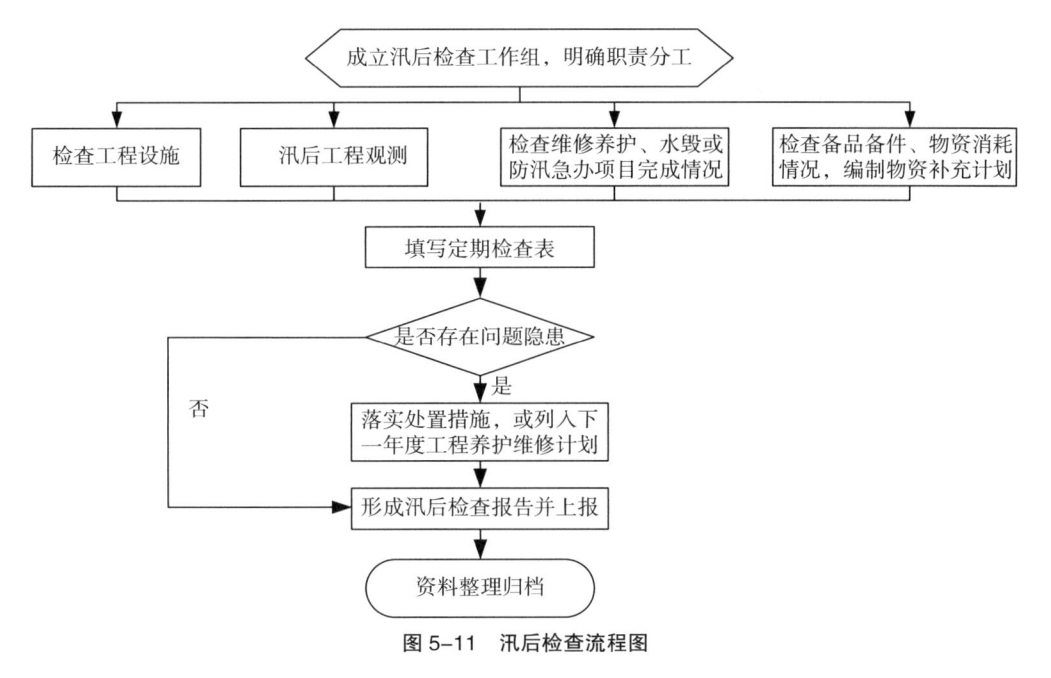

（三）专项检查

1. 专项检查要求

（1）专项检查工作要精心组织，建立专门组织机构，落实工作职责，分工明确。

（2）专项检查可参照经常检查的检查要求，认真开展检查。检查内容要全面，数据要准确。若发现安全隐患或故障，应在检查后汇总地点、位置、危害程度等详细信息。

（3）对检查发现的安全隐患或故障，管理所应及时进行抢修，对影响工程安全运行一时又无法解决的问题，应制定好应急抢险方案，并上报处工管科，对重大工程隐患由管理处汇总统一上报省水利厅。

2. 专项检查流程

专项检查流程如图 5-12 所示。

（四）运行巡查

1. 一般规定

（1）泵站运行人员应熟练掌握泵站运行规程及反事故预案，机电设备的操作应按规定的操作程序进行。

（2）机电设备启动过程中应监听机电设备的声音，并注意振动等其他异常情况。

（3）机电设备运行，每 2 h 巡查记录 1 次，若有特殊要求时，可以缩短记录时间。

（4）对运行设备应每小时巡视检查，遇有下列情况应增加巡查次数：

① 恶劣气候。

② 设备过负荷或负荷有显著增加时。

③ 设备缺陷近期有发展时。

图 5-12 专项检查流程图

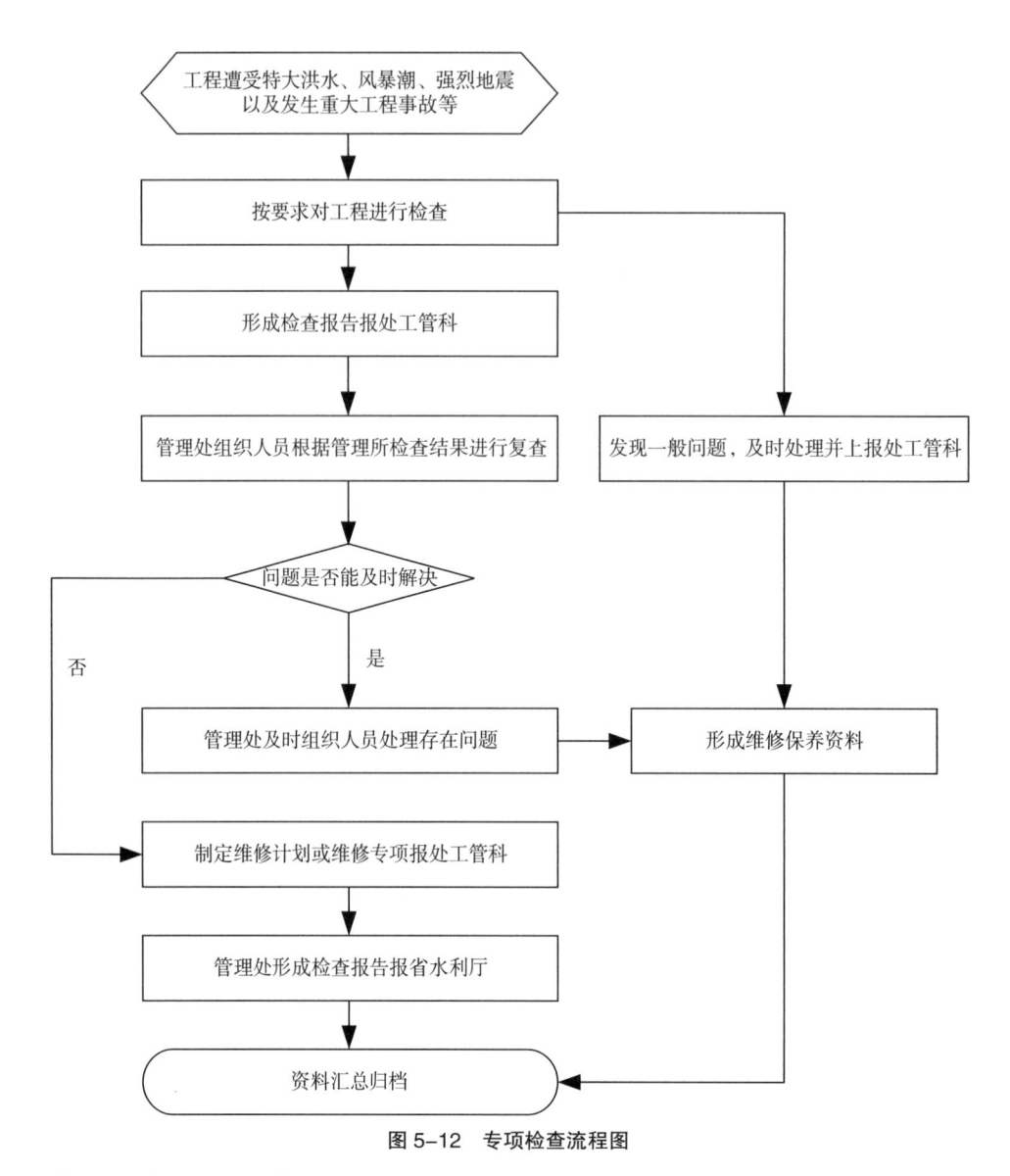

④ 新设备或经过检修、改造或长期停用后的设备重新投入运行时。

⑤ 事故跳闸和运行设备有可疑迹象时。

⑥ 运行现场有施工、安装、检修工作时。

⑦ 其他需要增加巡查次数的情况。

（5）机电设备运行过程中发生故障应查明原因及时处理，当机电设备故障危及人身安全或可能损坏机电设备时，应立即停止机电设备的运行，必要时应及时向上级汇报。

（6）机电设备的操作、发生的故障及故障处理应详细记录在运行值班记录表上。

（7）不应在运行中的控制柜、保护柜上或附近进行钻孔等振动较大的工作，必要时应采取措施或停用部分设备。

（8）投运机组台数少于装机台数的时段，运行期间宜轮换开机。

（9）具备必要的运行备品、器具和技术资料。主要有：

①运行维护所必需的备品。

②设备使用说明书和随设备供应的产品图纸。

③电气设备原理接线图。

④设备安装、检查、交接试验的各种记录。

⑤设备运行、检修、试验记录。

⑥主要设备维护、运行、修试、评级揭示图表。

⑦安全工具。

⑧消防器材及其布置图。

⑨反事故预案。

2. 运行巡查路线

高港泵站巡查路线如图 5-13 所示。

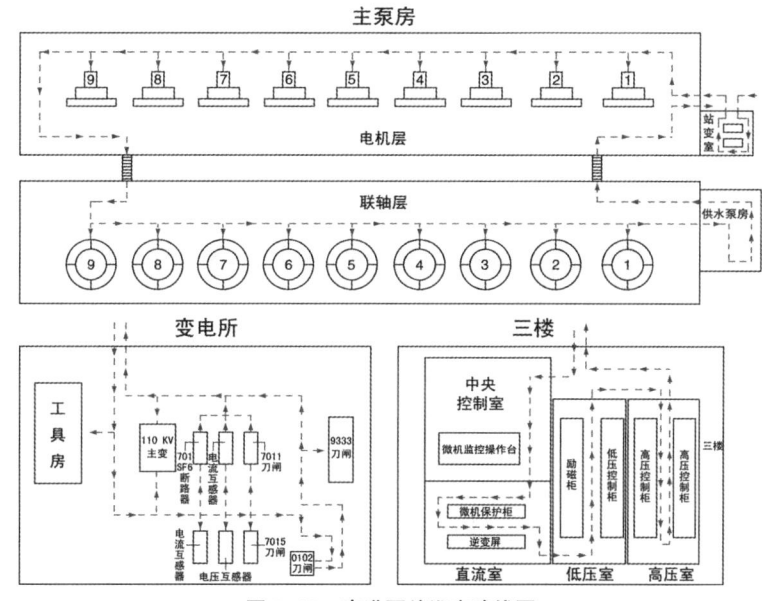

图 5-13 高港泵站巡查路线图

三、工程评级

（一）一般规定

1. 工程评级应符合下列要求：

（1）高港泵站工程评级周期：每年一次，结合定期检查进行。

（2）高港水闸工程评级周期：每两年一次，结合定期检查进行。

（3）设备大修时，结合大修进行评级；非大修年份结合设备运行状况和维护保养情况进行相应的评级。

（4）设备更新改造后，及时评级。

（5）设备发生重大故障、事故经修理投入运行的，次年进行评级。

2. 工程评级分类

工程评级主要包括建筑物评级和设备评级。

3. 高港泵站管理所设备评级报告主要包括下列内容：

（1）工程概况。

（2）评定范围。

（3）评定工作开展情况。

（4）评定结果。

（5）存在问题与解决措施。

（6）设备评级表。

（二）工程评级流程

工程评级流程如图5-14所示。

（三）设备评级

（1）设备评级按评级单元、单项设备逐级评定。

（2）评级单元系指独立项目，如泵站机械、电气设备可分解的部件以及相应设备软件资料，包括设备基本资料、设备检修资料、运行值班记录、试验资料等。其中，辅助设备评级单元划分参照主要设备或根据设备具体情况暂以单个设备作为独立单元进行评级；计算机监控系统单元划分以单个设备作为独立单元进行评级。

（3）单项设备系指由部件组成并且有一定功能的结构或机械，本所单项设备包括主变压器、干式变压器，高压开关柜、低压柜、励磁装置、直流装置、保护和自动化监控、主水泵、主电动机等。

（4）评级单元为具有一定功能的结构或设备中自成系统的独立项目，如主电动机的定子、转子、轴承等，主水泵的泵轴、轴承等，按下列标准评定一类、二类、三类单元：

① 一类单元：主要参数满足设计要求，结构完整，技术状态良好，能保证安全运行。

② 二类单元：结构基本完整，局部有轻度缺陷，可在短期内修复，技术状态基本完好，不影响安全运行。

③ 三类单元：主要参数达不到设计要求，技术状态较差，主要部件有严重缺陷等，不能保证安全运行。

（5）单项设备为由独立部件组成并且有一定功能的结构或设备，如高低压开关柜、主电动机、主水泵等，按下列标准评定一类、二类、三类设备：

① 一类设备：主要评级单元80%（含80%）以上符合一类单元标准，其余项目不低于二类单元标准，且设备运行参数满足设计要求，能保证安全运行。

② 二类设备：主要评级单元70%（含70%）以上符合二类单元标准，其余项目不

```
                    ┌──────────────────────────┐
                    │ 成立评级工作小组，明确职责 │
                    └────────────┬─────────────┘
                                 ↓
                    ┌──────────────────────────┐
                    │    制定工程评级工作计划    │
                    └────────────┬─────────────┘
                                 ↓
                    ┌──────────────────────────┐
                    │      进行评级单元、       │
                    │   单项设备、单位工程划分    │
                    └────────────┬─────────────┘
                                 ↓
                    ┌──────────────────────────┐
                    │  结合汛前检查保养、工程    │
                    │   观测，逐级开展工程评级   │
                    └────────────┬─────────────┘
                ┌────────────────┴────────────────┐
                ↓                                 ↓
     ┌─────────────────┐              ┌─────────────────┐
     │   水工建筑物评级   │              │    机电设备评级   │
     └────────┬────────┘              └────────┬────────┘
              └────────────────┬────────────────┘
                               ↓
                   ┌──────────────────────────┐
                   │  逐级评定等级，计算完好率   │
                   └────────────┬─────────────┘
                                ↓
                   ┌──────────────────────────┐
                   │    填写工程评级表，完成    │
                   │       单位工程评定        │
                   └────────────┬─────────────┘
                                ↓
                   ┌──────────────────────────┐
                   │  形成工程评级报告并报处    │
                   │     工管科认定、批复      │
                   └────────────┬─────────────┘
                                ↓
```

图 5-14　工程评级流程图

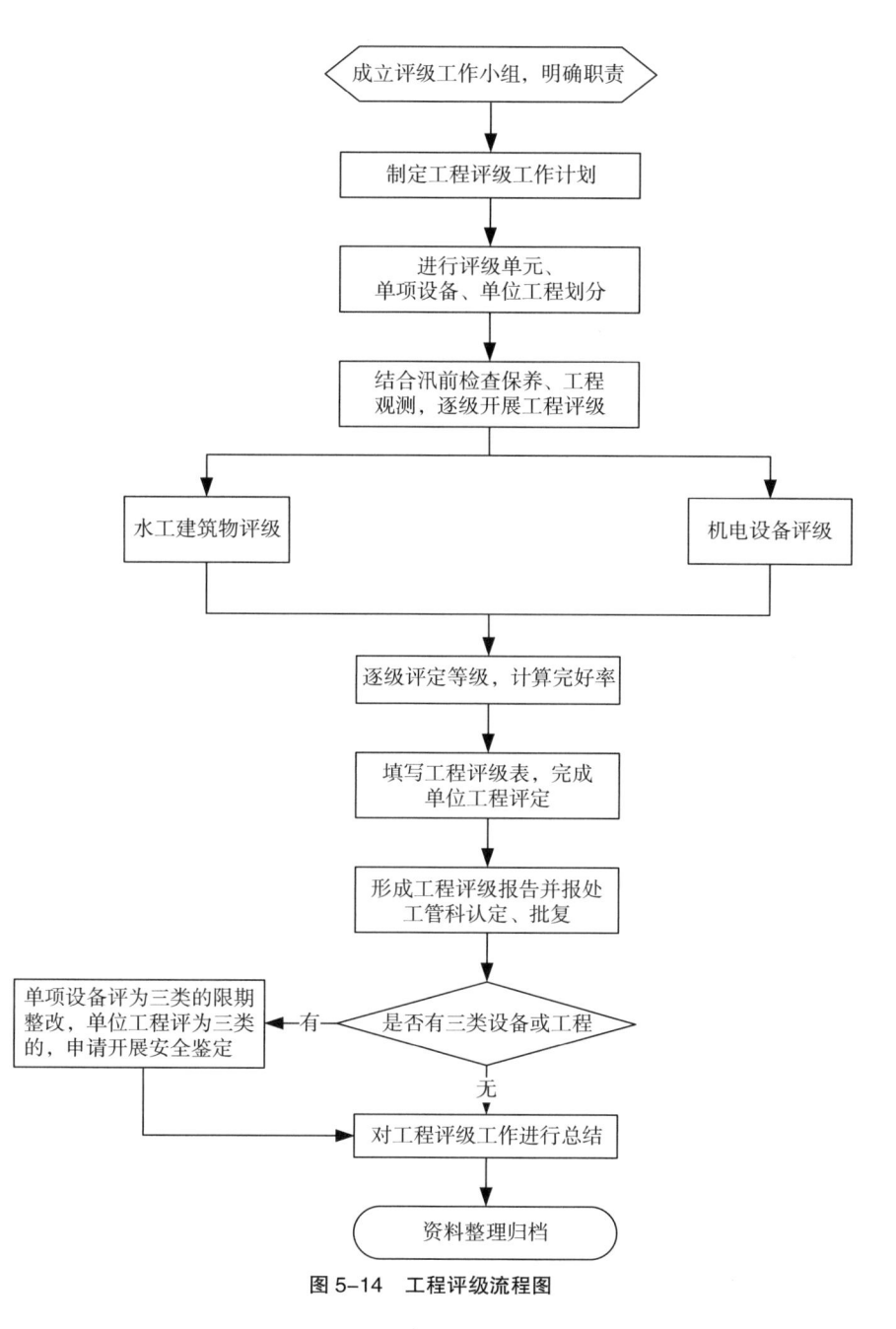

低于三类单元标准，设备运行参数基本满足设计要求，不影响安全运行。

③ 三类设备：达不到二类设备者，不能保证安全运行。

（6）凡需报废的设备，应提出申请，按规定程序报批。

（四）水工建筑物评级

（1）评级范围包括泵站建筑物部分、进出水流道、进出水池、上下游翼墙、附属建筑物和设备、上下游引河、护坡等部分。

（2）建筑物评级应符合下列规定：

① 一类建筑物：运用指标能达到设计标准，无影响正常运行的缺陷，按常规养护即可保证正常运行。

② 二类建筑物：运用指标基本达到设计标准，建筑物存在一定损坏，经维修后可达到正常运行。

③ 三类建筑物：运用指标达不到设计标准，建筑物存在严重损坏，经除险加固后才能达到正常运行。

（3）经加固改造仍不能正常运行，应申请报废或重建。

（五）工程评级表格填写

（1）工程评级表按单元检查项目逐项填写。

（2）工程评级等级按相应标准计算，计算结果填写在工程评级等级栏内。

（3）工程等级评级汇总表内容应包括泵站水闸工程各类应评级设备。填写时应按单位工程填写。

（4）管理所应填写自评结果，若较前次评级降低等级应填写降级原因，管理处主管部门最终确认评级结果。

（5）设备等级评定情况表按工程填写，按单位工程将汇总表及评级情况综合填入，并由管理单位对整个设备评定工作进行综合说明。

（6）表格签字栏

① 设备评级表中"检查""记录"栏由现场检查、记录的人员签名，"责任人"为技术负责人。

② 设备评级情况表中"单位自评"栏中应填管理所负责人和所有参加设备评定的成员；"主管部门认定"栏中填写主管部门负责人和认定责任人。

四、工程观测

（一）观测项目及流程

1. 观测任务书的编制

根据地基土质情况、工程投入使用年限及工程控制运用要求，按照《水利工程观测规程》（DB32/T 1713–2011）的规定编制《高港闸站观测任务书》《高港送水闸观测任务书》《高港调度闸观测任务书》，经审批后执行。

（1）观测任务书的内容。包括工程概况、观测项目、观测时间与测次、观测方法、观测精度和观测成果要求。各工程观测任务书的内容须经省河道管理局审核通过后执行。当观测方法或观测内容发生改变时，应重新编制观测任务书，并报省河道管理局审批。

（2）观测项目。高港水闸观测项目分为一般性观测和专门性观测两大类。一般性观测项目包括垂直位移、测压管水位、河道断面、水位观测；专门性观测项目主要指伸缩缝观测。

2. 工程观测流程

工程观测流程如图 5-15 所示。

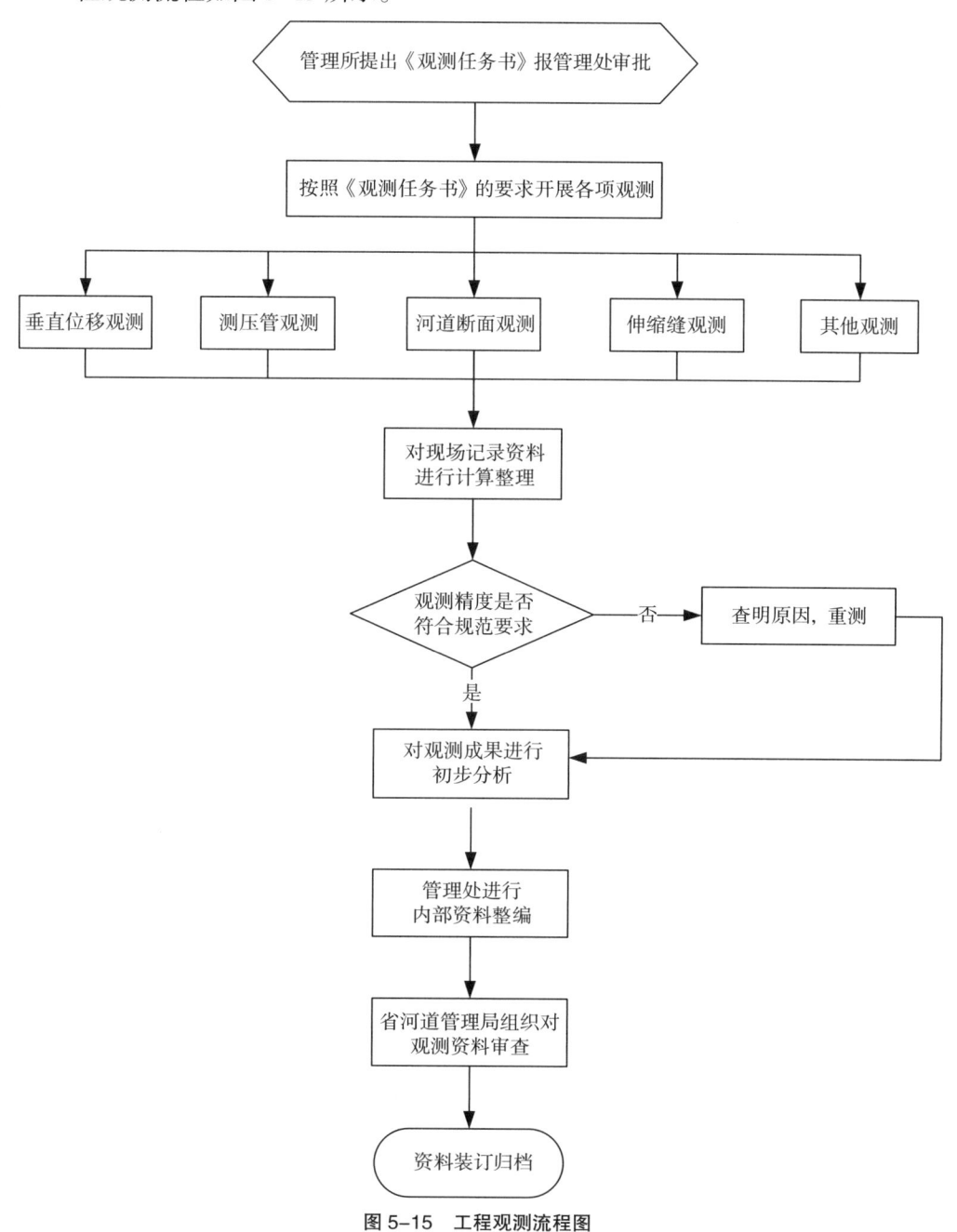

图 5-15　工程观测流程图

(二)垂直位移观测

1. 一般要求

（1）高程系统为废黄河高程系。

（2）观测主要仪器。垂直位移观测仪器使用Leica LS10电子水准仪，配铟钢尺（型号GPCL3）。仪器每年汛前观测前送江苏省工程勘测研究院水利工程测绘仪器计量站检定合格后，方可使用。

（3）观测设施主要包括工作基点和垂直位移观测标点。高港枢纽现有观测基点3个，分别为BM1（位于变电所西侧）、BM2（位于上游中隔堤）、BM3（位于船闸食堂南侧）。高港闸站工程常用工作基点为BM1、BM2，垂直位移观测标点设有76个，其中底板32个，翼墙30个，岸墙14个；高港送水闸工程常用工作基点为BM1，垂直位移观测标点设有20个，其中底板4个，翼墙16个；高港调度闸工程常用工作基点为BM1，垂直位移观测标点设有32个，其中底板16个，翼墙12个，岸墙4个；高港一线船闸现有工作基点1个BM2，垂直位移观测标点94个，上闸首底板共4个，上游左右岸翼墙顶共24个，左右闸室共40个，下闸首底板共4个，下游左右岸翼墙顶共22。高港二线船闸现有工作基点1个BM2，垂直位移观测标点90个，上闸首底板共4个，上游左右岸翼墙顶共17个，左右闸室共48个，下闸首底板共4个，下游左右岸翼墙顶共17个。

（4）工作基点高程每5年考证1次，如出现地震、地面升降或受重车碾压等可能使工作基点产生位移的情况时，应随时对其进行考证。

（5）垂直位移观测标点变动时，应在原标点附近埋设新标点，同时对新标点进行考证，计算新旧标点高程差值，填写考证表。如需增设新标点时，可在施工结束埋设标点进行考证，并以同一块底板附近标点的垂直位移量作为新标点垂直位移量，以此推算该点的始测高程。

（6）高港闸站工程垂直位移每年汛前、汛后各进行一次二等水准观测，高港送水闸、调度闸工程及高港船闸工程垂直位移每年汛前、汛后各进行一次三等水准观测，如发生超过设计水位标准或其他影响建筑物安全的情况时，必须增加测次。

（7）在进行垂直位移观测时，必须同时观测记录上、下游水位，工程运用情况及气温等。

2. 观测工作准备

（1）检查整理观测现场。检查工作基点及观测标点的现状，清理覆盖标点和观测标志牌的杂物，对缺损的标点和标志牌进行补设，新埋设的标点15天后方可进行观测。地面标志清晰。

（2）定期检查观测设备，确保其性能良好。电子水准仪应在检测有效期内，有检定合格证书。铟钢尺上下圆水准气泡应一致，三脚架应完好，开合正常，尺垫应完好。

（3）观测人员。配观测员 1 人、记录员 1 人、撑伞员 1 人、扶尺员 2 人。观测人员需固定，不得中途更换人员。

（4）确定观测路线。工程观测前应进行垂直位移观测线路的设计，中视点不多于 2 个，并绘制垂直位移观测线路图。线路图一经确定，在地物、地形未改变的情况下，不应改变测量路线、测站和转点，如有障碍物阻挡应立即进行清理，无法清理时需修改路线图，保证观测工作顺利进行。

3. 观测注意事项

（1）垂直位移观测应自工作基点引测各垂直位移标点高程，不可从垂直位移标点、中间点再引测其他标点高程。

（2）垂直位移观测线路应采用环线，不可采用放射状路线测量。

（3）每一测段，测站数应为偶数。

（4）每一测段的水准测量应在一天内结束。

（5）一条路线的观测，应使用同一台仪器和转点尺承。

（6）在连续各测站上安置水准仪的三脚架时，应使其中两脚与水准路线方向平行，第三脚轮换置于路线方向的左侧与右侧。

（7）除路线转弯处，每一测站仪器与前后视标尺的三个位置应在同一条直线上。

（8）同一测站观测时不应两次调焦。

（9）观测顺序采用往测奇数站：后标尺、前标尺、前标尺、后标尺；往测偶数站：前标尺、后标尺、后标尺、前标尺。

（10）观测过程中注意每一测站视线长度 $\leqslant$ 50 m；前后视距差 $\leqslant$ 1.0 m；任一测站前后视距差累计 $\leqslant$ 3.0 m；视线高度为 0.5~2.5 m；观测中视点时，其前后视距差应控制在 5 m 以内。

（11）观测前 30 min 应将仪器置于露天阴影下，使仪器与外界气温趋于一致，设站应用白色伞遮蔽阳光，迁站时应罩以仪器罩。

（12）以下情况需暂停观测：日出与日落前 30 min 内；太阳中天前后约 2 h；标尺分划线的影像跳动，难以照准；气温突变时；雨天或风力过大标尺与仪器不能稳定时。

4. 内业数据处理

（1）每次作业结束后，应及时对原始数据进行整理，校核。闭合差 < 1 mm 时，不需平差；闭合差 $\geqslant$ 1 mm 时，必须进行平差计算，各测站高差改正值为 $-\Delta h \times n/N$（Δh 为闭合差，n 为改正测站的测站数，N 为总测站数），并据此修正中视点高程，将修正后的高程值填入成果表。

（2）成果表完成后，检查间隔位移量有无异常（一般指超过 ±5 mm），如有异常需从原始数据开始逐项检查本次观测成果有无计算错误，摘录错误，在确认数据处理无误的情况下，对存在异常的观测标点进行复测，找到原因，并将复核记录归入档案。

（3）观测成果

① 工作基点考证表：工作基点埋设时填制。

② 工作基点高程考证表：考证工作基点高程时填制，一般5年填制一次。

③ 垂直位移观测标点考证表：以工程底板浇筑后第一次测写的高程为始测高程，如缺少施工期观测数据，应将第一次观测的高程定为始测高程，同时在备注中说明第一次观测与底板浇筑后的间隔时间；如有标点更新或加设，应重新填制此表，并在备注中说明情况。

④ 垂直位移观测成果表：间隔位移量为上次观测高程减本次观测高程，累计位移量为始测高程减本次观测高程。每次观测结束后填制。

⑤ 垂直位移量变化统计表：每5年填制一次。

⑥ 横断面分布图：该图分上下游两个横断面绘制，图上必须与两侧岸墙的垂直位移量线相连。每次观测结束后绘制。

⑦ 垂直位移量变化过程线：一般同一块底板各点的垂直位移量变化过程线绘于一张图上，目的是分析同一块底板垂直位移量与时间的变化关系。每5年绘制一次。

⑧ 填表规定：高程单位为 m，精确至 0.000 1 m；垂直位移量单位为 mm，精确至 0.1 mm。

（4）需提供的原始资料

① 仪器检定证书。

② i 角检验记录表。

③ 垂直位移测量记载簿。

5. 观测分析

（1）检查间隔位移量、累计位移量、相对不均匀位移量的极值与异常部位，必要时到现场检查并进行复测，发现问题立即向主管部门报告，确保工程安全运行。

（2）一般随着工程投入运行时间的变长累计位移量趋于稳定。重点关注同一块底板相邻测点的累计位移量之差大于 50 mm 或某一测点累计位移量大于 150 mm 的情况，结合工程历史、水文地质、工程运用、荷载变化情况分析查找原因。

（3）垂直位移观测成果分析应按时间、空间进行对比，分析垂直位移变化量的变化规律和趋势。

（4）根据分析结果对工程目前的运行状态进行评价，对工程控制运用和维修加固等提出初步意见。

6. 保养和运输

（1）定期取出仪器进行野外检校，特别是当仪器碰撞、长久不用和经过运输之后。

（2）用车辆运输仪器时，应使用原装仪器箱运输仪器以起到固定和保护作用；在野外搬运仪器时，应将带有仪器的脚架跨骑在肩头，并保持仪器竖直向上。

（三）测压管水位观测

1. 一般要求

（1）高程系统为废黄河高程系。

（2）观测时间和仪器。每月阴历初三和十八，使用平尺水位计观测测压管水位，最小读数至 0.01 m。工程超标准运用或测压管水位有异常时应随时增加测次。

（3）测压管埋设位置和编号。闸站工程在底板、上下游翼墙处埋设测压管 18 根；高港送水闸工程在底板、上下游翼墙处埋设测压管 4 根；高港调度闸工程在底板、上下游翼墙处埋设测压管 7 根。所有测压管均为独立测井，管中水位低于管口。

（4）测压管管口高程在运行期每年校测一次。

（5）测压管灵敏度试验和淤积情况测量每 5 年进行一次。

2. 测压管水位测量原理

水位计主要由含有导线的平尺、平尺卷盘、不锈钢水位探头及光电指示电路等组成。平尺两侧各包裹一根信号导线，当水位探头进入水中时，因水的导电性通过探头感应并通过平尺两侧的导线传递至声光电路进行指示。

3. 测压管水位外业测量

（1）测压管管口高程考证。测压管管口高程在运行期每年汛前校测一次，高程值与上次观测相差 1 cm 以内的可不作修正。

（2）测压管淤积观测。测压管淤积测量每 5 年进行一次，采用测锤观测测压管管底至管口高度，精确至 1 cm。

（3）测压管灵敏度试验。测压管灵敏度试验每 5 年进行一次，采用注水法试验。

注水法试验步骤：

① 测定管中水位。

② 向管中注入清水，至管口。

③ 定时观测管中水位，直至恢复到或接近注水前的水位。

④ 填写灵敏度试验成果表，绘制测压管水位下降过程线。

（4）外业测量

打开平尺水位计电源开关，检查电池是否有电，并按下测试按钮，此时指示灯应发光，同时蜂鸣器应有"哔哔"声响指示。若指示灯发光黯淡同时声音微弱，则需更换电池。

观测步骤：

① 打开电源开关，调节灵敏度旋钮。方法是待探头上的探针刚好接触到被测液面时，调节灵敏度旋钮使指示灯与蜂鸣器刚好产生声光指示，而探头离开液面后指示灯熄灭且蜂鸣器停止发声为止，此时为最佳灵敏度。

②把探头放入测压管中，同时将平尺放入尺架上的导槽中使探头缓慢下滑。

③当探头触及水面后，声光指示器即出现声光指示，此时应缓慢提起平尺，直到蜂鸣器或指示灯停止响应，然后再缓慢放入，使声光再次响应为止，读取平尺相对于管口处和刻度值。

④重复步骤②、③的操作，反复3次，取平均值并记录。

⑤测量完毕后关闭电源，将平尺卷好，将探头放好。

4. 观测注意事项

（1）失效测压管在未重新埋设前都需观测。

（2）在观测中连续独立观测管中水位两次，最小读数至0.01 m，两次读数差小于0.02 m，取其平均值，成果取至0.01 m。

（3）观测结束后拧紧测压管堵头，防止杂物进入管内，造成堵塞。

（4）记录观测时工程的上下游水位。

（5）操作平尺水位计放入和卷收平尺时不可过快，以免加速平尺的磨损而导致损坏。

（6）定期根据实测水位值修正自动监测数据。

5. 内业数据整理

（1）及时对原始数据进行整理、校核，填写手簿中需计算的值。

（2）成果表完成后，检查是否存在异常点，如水位值有突变检查本次观测成果有无计算错误，在确认数据处理无错误的情况下，对存在异常的测压管水位进行复测，找到原因，并将复核记录归入档案。

（3）观测成果

①测压管考证表。测压管埋设时填制。

②测压管管口高程考证表。每年填制一次。

③测压管注水试验成果表。每5年填制一次。

④测压管水位下降过程线。根据注水试验成果表绘制，每5年绘制一次。

⑤测压管淤积深度统计表。每5年填制一次。

⑥测压管水位统计表。每年填制一次。

⑦测压管水位过程线。每年绘制一次。

⑧填表规定：测压管管口高程单位为m，精确至0.01 m；测压管水位单位为m，精确至0.01 m。

（4）需提供的原始资料

①测压管灵敏度试验、淤积高程观测记载簿。

②测压管水位观测记载簿（管中水位低于管口）。

6. 观测分析

（1）如测压管管内淤积严重，经灵敏度试验为不合格，需对测压管进行管内掏淤或用高压水冲洗。

（2）如测压管管内淤积经处理无效，或经资料分析测压管已失效，可在该测压管附近重新埋设新测压管。

（3）及时分析测压管工作的性能及建筑物地基、岸墙、翼墙后的渗透压力情况，发现问题应及时上报并采取相应措施。

7. 维护保养

（1）为延长水位计的使用寿命，应经常对仪器进行清洁，清洁时仅限使用湿抹布擦拭，禁止使用有机溶液擦洗。

（2）当指示灯黯淡或声响微弱、或无任何指示时应更换电池，电池的型号为9V/6F22型干电池。

（3）更换电池时打开电池舱门。长期不使用时，应将电池取出后储藏，避免电池漏液对电路造成损坏。

（4）当出现声响指示不断（即使探头脱离液面）时，则应检查探头的探针与外壳间是否有脏污或短路现象，必要时进行清除或清洁处理。仍不能排除时，则应送厂家维修。

（四）引河河床变形观测

1. 一般要求

（1）高程系统为废黄河高程系，高港一线船闸、高港二线船闸共用一条引航道。

（2）观测方法、时间及仪器。

① 高港闸站工程上游为内河侧，下游为长江侧。由于下游河床受长江影响明显，引河河床变形观测于汛前汛后各观测一次，上游河床冲淤变化比较小，只在汛前观测一次。观测采用华测中绘i90 GNSS RTK GPS系统协同华测APACHE4无人测量船。

② 高港送水闸工程上游为送水河，下游为调度区。因送水闸河床冲淤变化较小，所以只在汛前观测一次。观测采用华测中绘i90 GNSS RTK GPS系统协同华测APACHE4无人测量船。

③ 高港调度闸工程上游为引河上游，下游为调度区，故调度闸仅观测下游断面，每年汛前观测一次。观测采用华测中绘i90 GNSS RTK GPS系统协同华测APACHE4无人测量船。高港船闸由于下游河床受长江影响明显，引河河床变形观测于汛前汛后各观测一次，上游河床冲淤变化比较小，只在汛前观测一次。观测采用华测中绘i90 GNSS RTK GPS系统协同华测APACHE4无人测量船。遇大洪水年、枯水年，应增加测次，如工程有需要时应随时增加测次。

（3）断面布置和编号。

① 高港闸站共设有断面39个，大断面4个。高港闸站在上游引河左右岸及下游左岸4.0 m青坎、下游右岸6 m平台上埋设断面桩。断面桩一般采用15 cm×15 cm×80 cm

的钢筋混凝土预制桩，在桩顶设置不锈钢标点，埋入地面 50 cm，并用混凝土固定，表面粘贴观测编号示意牌。

② 高港送水闸工程设有断面 7 个，其中上游 4 个，下游 3 个。上游断面桩布设于河道两岸护坡上，下游断面桩布设在翼墙顶部，断面桩附近粘贴观测编号示意牌。

③ 高港调度闸工程设有断面 4 个，均位于下游调度区内。断面桩布设在翼墙顶部，断面桩附近粘贴观测编号示意牌。

④ 高港船闸共有断面 30 个，其中上游 11 个，下游 19 个。高港船闸在上游左右岸 4.0 m 青坎、下游左岸 6 m 平台上埋设断面桩，断面桩一般采用 15 cm × 15 cm × 80 cm 的钢筋混凝土预制桩，在桩顶设置不锈钢标点，埋入地面 50 cm，并用混凝土固定，表面粘贴观测编号示意牌，下游右岸 6 m 直立挡墙顶埋设不锈钢标点，埋入 5 cm，表面粘贴观测编号示意牌。

（4）遇大洪水年或枯水年、工程超标准运用、冲刷或淤积严重且未处理等情况，应增加测次。

（5）断面桩桩顶高程考证每 5 年一次，采用 Leica LS10 电子水准仪按四等以上水准精度观测，操作方法同垂直位移观测操作步骤。如发现断面桩有缺损，应及时补设并进行高程考证。

2. 观测准备工作

（1）查找河道断面桩，清理覆盖其上影响观测的杂物，观测编号示意牌应清晰明确。如断面桩有损坏应及时补设，新埋设的断面桩 15 天后方可进行观测。

（2）检查观测仪器，观测时确保 i90 GNSS RTK GPS 系统、电子手簿、无人测量船电池、无人测量船遥控器电池、与无人测量船配合使用的笔记本的电量充足，可正常使用；同时，检查无人测量船天线是否连接完好，开机推动遥控器遥杆检查马达是否正常。准备工作完毕，救生衣配备充足，安全宣传到位。

（3）人员配备。配观测员 2 人、辅助人员 2 人。观测人员需固定，不得中途更换。

3. GPS 测量

（1）岸上地形观测。一般在水位较低时（3 月份）采用 GPS 全球定位系统进行岸上地形观测。从水边测至桩下，观测时注意注记点号、点位以及地物名称；岸上地形观测除按规定进行外，在地形起伏处应加密测点；测定水边线时应注明日期及水位高程，不同日期的水边线接头处以点线连接。每五年大断面观测时，要测至堤防背水坡堤脚。

（2）水下地形观测。水下地形观测一般采用横断面法，测量船沿断面位置在河道上采取东西向往复测。

（3）GPS 外业观测注意事项。

① 断面从左岸断面桩开始，由左向右顺序施测，如从右岸向左岸开始施测，应在

手簿中说明。

② 水面观测时每隔 1 m 观测一个点。

③ 在测量船不能到达的浅滩等，应用测深杆或测深锤测水深。注意与测量范围不要留有空白区。

④ 起点距从左岸断面桩起算，向右为正，向左为负。

⑤ 根据展点绘制断面图时应自北向南。

⑥ 控制手簿与 GPS 连接时必须听到"已连接"才可进行操作。

（4）内业数据整理。

4. 资料整理

（1）桩顶高程考证表。每 5 年填制一次，新埋设断面桩时填制。

（2）河道断面观测成果表。每次观测后填制。

（3）河道断面冲淤量比较表。从断面图中选取计算"水位断面宽"和"深泓高程"；将本次观测断面与计算水位线连成封闭曲线，计算出本次观测断面积。每次观测后填制。

（4）河道断面比较图。每次观测后填制。

（5）水下地形图。每 5 年绘制一次。

（6）填表规定：起点距、断面宽填至 0.1 m；水深、高程精确至 0.01 m；断面积精确至 1 m^2；河床容积、冲淤量精确至 1 m^3。

5. 观测分析

观测成果分析应根据河道观测成果，结合相关工程、水文地质、气象等资料，分析河道工程的变化规律及运行趋势。重点分析近闸身段刚性底板部分的冲刷情况，河道走势、冲淤等情况，为宏观控制河道、工程规划设计、工程管理等提供基本资料和初步意见。

（五）建筑物伸缩缝观测

1. 一般要求

（1）标点布置和编号。高港闸站工程在翼墙、底板处设有伸缩缝观测标点 16 对；高港送水闸工程设有伸缩缝观测标点 4 对，布置在上下游翼墙处；高港调度闸工程设有伸缩缝标点 3 对，分别布置在上下游翼墙处。

高港一线船闸共有标点 34 对，布置在闸室、上下游翼墙处，目前完好率 100%。现高港二线船闸伸缩缝标点 45 个，其中上游标点共 10 对，左右闸室共 26 对，下游标点共 9 对，布置在闸室、上下游翼墙处，目前完好率 100%。

（2）观测时间。每年的 2 月、5 月、8 月、11 月月末一天进行观测，若出现历史最高水位、最大水位差、最高（低）气温或发现伸缩缝异常时，则增加测次。

2. 观测方法及注意事项

（1）采用游标卡尺测量标点三向尺寸，精确至 0.1 mm。

（2）观测注意事项

① 测定固定标点间水平距离为 a，顺时针方向观测其他两个标点间水平距离 b、c。

② 记录数据精确至 0.1 mm。

③ 观测时同时记录混凝土温度和气温。

3. 资料整理

（1）及时对原始数据进行整理、校核，填写手簿中需计算的值。

（2）成果表完成后，检查是否存在异常点，如有突变值首先检查本次观测成果有无计算错误，在确认数据处理无错误的情况下，对存在异常的伸缩缝标点进行复测，找到原因，并将复核记录归入档案。

（3）观测成果

① 伸缩缝观测标点考证表。新埋设标点时填制。

② 伸缩缝观测成果表。每次观测后填制。

③ 伸缩缝宽度与混凝土温度、气温过程线。每年绘制一次。

④ 填表规定：位移量精确至 0.1 mm，温度精确至 1℃。

（4）需提供的原始资料：伸缩缝观测记载簿。

4. 观测分析

根据伸缩缝观测成果，结合其他观测项目资料，分析建筑物伸缩缝的变化规律及趋势，根据分析对工程的运行状态进行评价，对工程控制运用和维修加固等提出初步意见。

（六）裂缝观测

1. 一般要求

（1）裂缝观测应测定建筑上的裂缝分布位置和裂缝的走向、长度、宽度及深度。

（2）观测裂缝时，应同时观测建筑物温度、气温、水温、水位等相关因素。有渗水情况的裂缝，还应同时观测渗水情况。对于梁、柱等构件还需检查荷载情况。

（3）裂缝观测标点或标志应统一编号，观测标点安装完成后，应拍摄裂缝观测初期照片。

（4）裂缝宽度观测值以张开为正。

2. 观测设施布置

（1）对于可能影响结构安全的裂缝，应选择有代表性的，设置固定观测标点，也可在缝旁做标记。

（2）根据裂缝的走向和长度，分别布设在裂缝的最宽处和裂缝的末端。

3. 观测周期

（1）裂缝发现初期每半月观测一次，基本稳定后每月观测一次，当发现裂缝加大时应及时增加观测次数，必要时应持续观测。

（2）出现历史最高、最低水位、历史最高（最低）气温，发生强烈震动，超设计标准运用或裂缝有显著发展时，应增加测次。

4. 观测方法

使用裂缝宽度观测仪进行观测。

5. 资料整理

（1）观测成果

① 裂缝观测标点考证表。

② 裂缝观测成果表。

③ 裂缝宽度与混凝土温度、气温过程线。

④ 填表规定：缝长精确至 0.01 m；缝宽精确至 0.01 mm；温度精确至 1℃。

（2）需提供的原始资料

① 混凝土裂缝观测记录簿。

② 不同时期的裂缝照片。

（七）资料整理与整编

1. 资料整理

（1）资料整理工作分为平时资料整理和年度资料整理。平时整理在每次观测结束后进行；年度资料整理在资料整编前进行。

（2）平时资料整理

① 每次观测结束后，应及时对观测资料进行计算、校核和审查。

② 观测人员对原始记录进行一校、二校内容包括：记录数字有无遗漏；计算依据是否正确；计算结果是否正确，观测精度是否符合要求；有无漏测、缺测。

③ 技术负责人对原始记录进行审查内容包括：有无漏测、缺测；记录格式是否符合规定，有无涂改、转抄；观测精度是否符合要求；应填写的项目和观测、记录、计算、校核等签字是否齐全。

④ 平时资料整理的内容包括：对观测结果进行精度分析；编制观测成果表，首次观测应编制观测设施考证表；编写观测工作小结。

（3）年度资料整理

① 编制各项考证表。

② 编制观测成果表和统计表。

③ 绘制各种曲线图，图的比例尺一般选用 1:1、1:2、1:5 或是 1、2、5 的十倍、百倍数。

④ 统计相关水文数据和工程运行数据，主要包括年平均水位、最高最低水位、最大水位差，年平均流量、最大流量，引（排）水量，降水量和工程运用情况等。

2. 编写年度观测工作总结内容

（1）观测工作说明：包括观测手段、仪器配备、观测时的水情、气象和工程运用状况、观测时发生的问题和处理办法、经验教训，观测手段的改进和革新，观测精度的自我评价等。

（2）观测成果分析：分析观测成果的变化规律及趋势，与上次观测成果及设计情况比较是否正常，并对工程的控制运用、维修加固提出初步建议。

（3）工程大事记：应对当年工程管理中发生的较大技术问题，按记录如实汇编，包括工程检查、养护修理、大修加固、防汛抢险、抗旱排涝、控制运用、事故及其处理，以及其他较大的事件。

3. 资料整编

（1）资料整编工作内容

① 资料整编工作，每年12月份进行一次，对本年度观测成果进行全面审查。

② 检查观测项目是否齐全、方法是否合理、数据是否可靠、图表是否齐全、说明是否完备。

③ 对填制的各类表格进行校核，检查数据有无错误、遗漏。

④ 对绘制的曲线图逐点进行校核，分析曲线是否合理，点绘有无错误。

⑤ 根据统计图、表，检查和论证初步分析是否正确。

（2）资料整编内容

① 工程概况。

② 工程平面图、剖面图、立面图。

③ 工程观测任务书。

④ 观测工作说明。

⑤ 观测标点布置图、线路图、基准网布置图。

⑥ 观测原始手簿。

⑦ 观测仪器校验、检定资料。

⑧ 观测基点、标点考证表。

⑨ 观测成果表、统计表、比较表。

⑩ 分布图、比较图、过程线图、关系曲线图。

⑪ 工程运用情况统计和水位、流量、引（排）水量、降水量统计。

⑫ 工程大事记。

⑬ 观测工作总结。

（3）资料分析

① 观测成果与以往比较，分析变化规律、趋势是否合理。

② 观测成果与相关项目观测成果比较，分析变化规律趋势是否具有一致性和合理性。

③ 观测成果与设计或理论计算值比较，分析规律是否具有一致性和合理性。

④ 通过分布图，分析变化规律趋势。

⑤ 通过过程线，分析随时间的变化规律趋势。

⑥ 通过关系曲线，分析随时间和水位、温度因素的变化规律趋势。

⑦ 通过对相关项目及相关曲线，分析变化趋势是否合理。

⑧ 结合相关影响因素（荷载、气象、地质等）的作用，分析合格成果是否合理。

（4）资料刊印内容和顺序

① 工程基本资料：工程概况；工程平面布置图；工程剖面图、立面图。

② 观测工作说明。

③ 垂直位移：垂直位移观测标点布置图；工作基点高程考证表；垂直位移量变化统计表；垂直位移量过程线；观测成果表；垂直位移量横断面分布图。

④ 测压管水位：测压管位置示意图；测压管管口高程考证表；测压管水位统计表；测压管水位过程线；注水试验成果表；测压管水位下降过程线；淤积深度统计表；测压管灵敏度试验记录表。

⑤ 河道断面观测：河道断面观测成果表；河道断面比较图；河道断面冲淤量比较表；断面桩桩顶高程考证表；水下地形图。

⑥ 伸缩缝宽度观测：观测标点布置示意图；观测标点考证表；观测成果表；伸缩缝宽度与建筑物温度、气温过程线。

⑦ 裂缝：裂缝位置示意图；裂缝观测标点考证表；裂缝观测成果表；裂缝宽度与混凝土温度、气温过程线。

⑧ 工程运用：工程运用情况统计表；水位统计表；流量、引（排）水量、降水量统计表；工程大事记。

⑨ 观测成果分析。

⑩ 仪器检定证书。

⑪ 观测及资料整编工作考核结果。

4. 观测资料保管

汇编成册的年度工程观测资料一份报送省河道管理局，一份交管理处档案室存档，一份交处工管科备案，一份由管理所档案室保存。汇编后的年度工程观测资料归入技术档案永久保存，观测原始手簿由管理所保管，保存期限为30年。

五、维修养护

（一）工程养护

1. 一般规定

（1）闸站工程维修养护主要指对承担防洪、排涝等公益性任务的泵站、河道、堤防等水利工程的正常维修养护。其项目经费来源主要有工程维修养护、防汛应急、特大防汛抗旱补助等专项。

（2）闸站工程的维修养护费用主要用于机电设备、辅助设备、输变电系统、泵站建筑物、附属设施、自动控制设施的维修养护，物料动力消耗，以及检测鉴定、勘测设计、质量监督检查和监理等费用。

（3）闸站工程养护一般可结合汛前、汛后检查定期进行。设备清洁、润滑、调整等应视使用情况经常进行。

（4）工程维修养护项目所在工程管理单位为项目管理责任单位。项目管理单位主要负责人为项目第一责任人，按《江苏省泰州引江河管理处 江苏省灌溉动力管理一处水利工程维修养护项目管理办法》的规定要求，全面负责项目实施的质量、安全、经费、工期、资料档案管理。

（5）工程维修养护应按相关的规程、规范实施，加强质量控制检验，实施过程应按要求进行记录，留下文字和影像资料。

（6）工程维修养护经费实行报账制，管理处财供科负责项目的报账工作，按财务制度和《江苏省泰州引江河管理处 江苏省灌溉动力管理一处水利工程维修养护项目管理办法》进行支付。

（7）工程维修养护项目进展和经费完成情况，每月25日上报处工管科，由处工管科汇总后上报省水利厅、省防办。

（8）项目实施完成后，应认真总结，开展绩效自评工作，绩效考核的结果将作为下一年度安排经费的重要依据。

2. 流程图

工程养护项目管理流程如图5-18所示。

（二）工程维修

1. 高港闸站维修分为：小修、大修和抢修，按下列规定划分界限：

（1）小修是根据汛前汛后全面检查发现的工程损坏和问题，对工程设施进行必要的整修和局部改善。对于影响安全度汛的问题，在主汛期到来前完成。机电设备1年小修1次，一般在汛前完成，运用频繁的机电设备酌情增加小修次数。

（2）大修是当工程发生较大损坏或设备老化，修复工程量大，技术较复杂时，采取的有计划进行的工程整修或设备更新。

（3）抢修是当工程遭受损坏，危及工程安全或影响正常运用时，采取立即的抢护措施。

2. 工程维修项目管理流程图

工程维修项目管理流程如图5-19所示。

（三）主机泵大修

1. 主机泵技术参数

高港泵站选用叶轮直径3m的立式开敞式轴流泵9台（设计流量35 m^3/s，设计扬程4 m），配TL-2000型同步电机9台，主电机铭牌参数如表5-1所示、主水泵铭牌参数如表5-2所示。

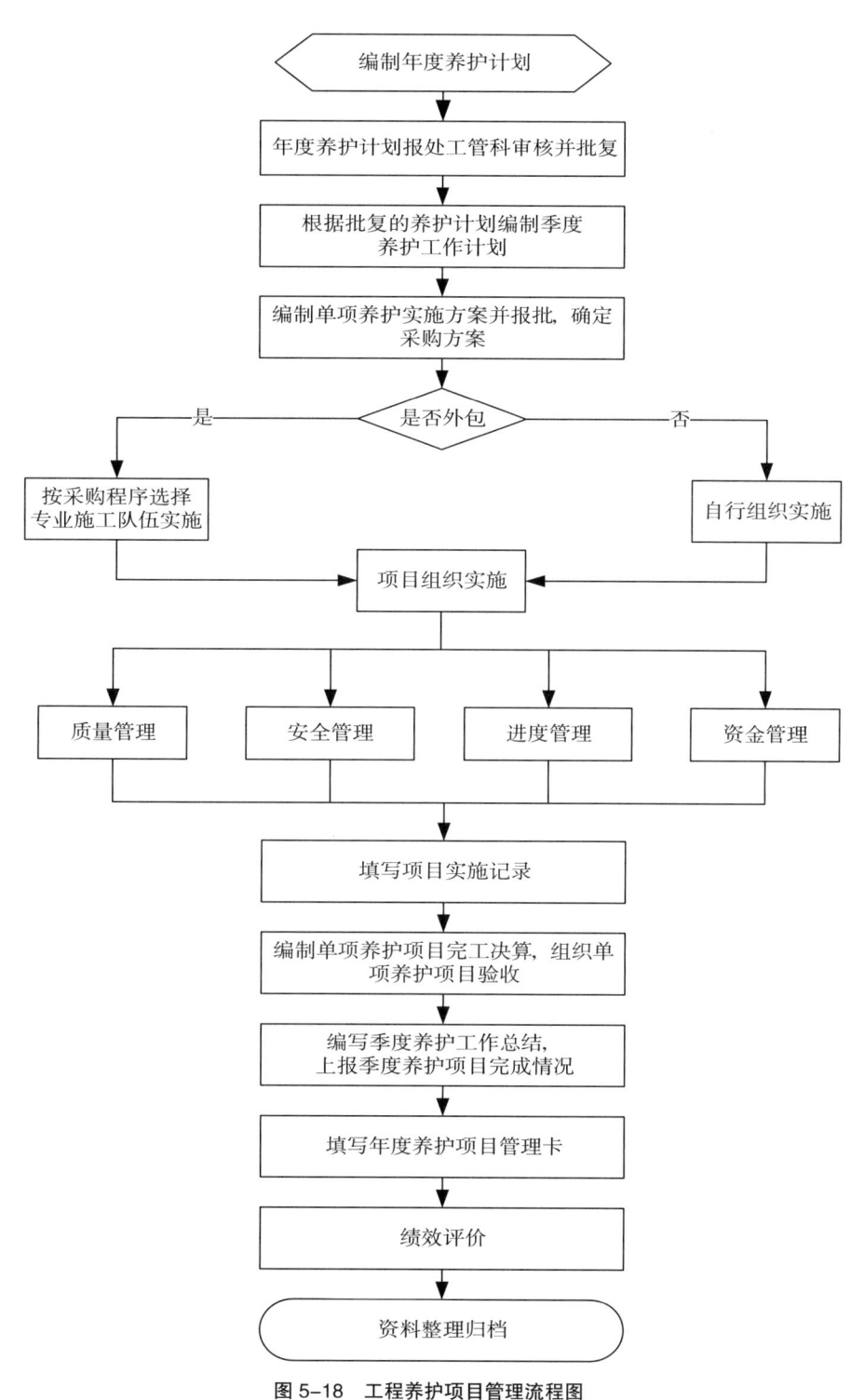

图 5-18 工程养护项目管理流程图

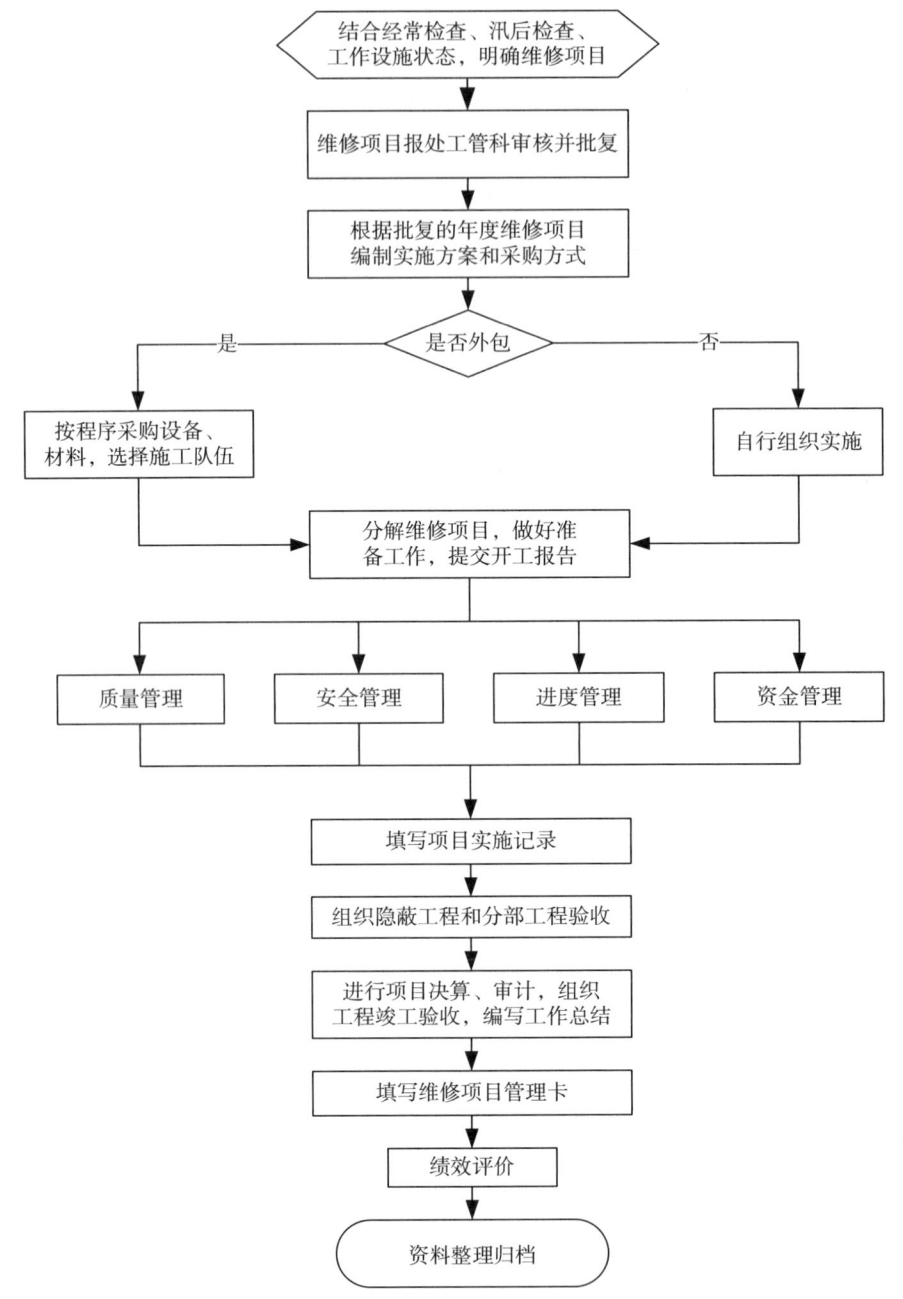

```
┌─────────────────────────────────┐
│ 结合经常检查、汛后检查、          │
│ 工作设施状态,明确维修项目         │
└─────────────────────────────────┘
              ↓
┌─────────────────────────────────┐
│ 维修项目报处工管科审核并批复      │
└─────────────────────────────────┘
              ↓
┌─────────────────────────────────┐
│ 根据批复的年度维修项目            │
│ 编制实施方案和采购方式            │
└─────────────────────────────────┘
              ↓
         是否外包
    是 ↙         ↘ 否
┌──────────────┐   ┌──────────────┐
│按程序采购设备、│   │自行组织实施   │
│材料,选择施工队伍│   │              │
└──────────────┘   └──────────────┘
              ↓
┌─────────────────────────────────┐
│ 分解维修项目,做好准              │
│ 备工作,提交开工报告              │
└─────────────────────────────────┘
              ↓
   ┌──────┬──────┬──────┬──────┐
   ↓      ↓      ↓      ↓
 质量管理 安全管理 进度管理 资金管理
              ↓
┌─────────────────────────────────┐
│ 填写项目实施记录                  │
└─────────────────────────────────┘
              ↓
┌─────────────────────────────────┐
│ 组织隐蔽工程和分部工程验收        │
└─────────────────────────────────┘
              ↓
┌─────────────────────────────────┐
│ 进行项目决算、审计,组织          │
│ 工程竣工验收,编写工作总结        │
└─────────────────────────────────┘
              ↓
┌─────────────────────────────────┐
│ 填写维修项目管理卡                │
└─────────────────────────────────┘
              ↓
┌─────────────────────────────────┐
│ 绩效评价                         │
└─────────────────────────────────┘
              ↓
       ( 资料整理归档 )
```

图 5-19　工程维修项目管理流程图

表 5-1　主电机铭牌参数

电动机型号	TL2000-40/3250	效率	94%	额定频率	50 Hz
额定功率	2000 kW	额定励磁电压	99 V	额定转速	150 r/min
额定电压	10 kV	额定励磁电流	248 A	额定电流	136 A
额定功率因素	0.9（超前）	重量	50 t	相数	3
标准	Q/JDAD38	制造厂	上海电机厂	接法	Y

表 5-2　主水泵铭牌参数

水泵型号	1#—3# ZLB3000/35-4 4#—9# ZLQ3000/35-4	扬程（m）	流量（m³/s）	装置效率
转　　速	150 r/min	最大净扬程	3.98	32.2	74%
配用功率	2 000 kW	引水设计净扬程	3.23	34.3	71.50%
叶片调节范围	−6°~+6°	排涝设计净扬程	2.5	36.35	64.50%
制造厂	无锡水泵厂	最小净扬程	0.73	40.8	32.00%

2. 主机泵养护

（1）主水泵养护内容

① 定期检查水泵联轴器连接牢固，螺栓锁片无变形、脱落。

② 检查叶片调节机构动作灵活，无卡阻、抖动现象，上、下限位动作正常，调节时无异常响声，适当添加润滑油。

③ 调节叶片角度电气指示值与水泵叶片实际角度保持一致。

④ 检查盘根松紧程度，渗漏水是否符合规定，过松、漏水严重须压紧填料或增加填料，紧固件是否牢靠、无松动。

⑤ 自吸泵运作良好，清理泵盖内杂物、积水，并做油漆养护。

⑥ 检修进人孔密封良好，人孔盖周围无窨潮、锈斑。

⑦ 转动部分、冷却水进回水管无锈蚀，涂色应符合标准。

（2）主电机养护内容

① 电机表面清洁、无锈蚀、及时清理油污、积尘、电机风道。

② 上下油缸油位、油色应正常，漏油及时处理，缺油及时补充。

③ 定子用 2 500 V 兆欧表测量绝缘值大于 10 MΩ，转子用 500 V 兆欧表测量绝缘值应大于 0.5 MΩ。

④ 碳刷与滑环接触良好，单个碳刷应大于截面面积的 75%，如接触不良好，应该用砂纸按电机旋转方向磨光电刷，碳刷长度不宜过短，弹簧压力正常。

⑤ 刷握、刷架、滑环应保持清洁，刷握、刷架无积垢，滑环表面光洁，及时清理油污、积尘，有麻点、蚀坑及时处理。

⑥ 导向瓦及推力瓦测温显示准确，符合实际情况。

⑦ 电机进、出线电流互感器、避雷器等应清洁；进出线接触良好，无发热现象；附属设备表面完好，无缺陷。

3. 主机泵维修

（1）检修方式

① 主机组检修一般分为定期检查、小修和大修三种方式。

② 主机组定期检查是根据机组运行的时间和情况进行检查，了解设备存在的缺陷和异常情况，为确定机组检修性质提供依据，并对设备进行相应的维护。定期检查通

常安排在汛前、汛后和按计划安排的时间进行。

③ 主机组小修是根据机组运行情况及定期检查中发现的问题，在不拆卸整个机组和较复杂部件的情况下，重点处理一些部件的缺陷，从而延长机组的运行寿命。机组小修一般与定期检查结合或设备产生应小修的运行故障时进行。

④ 主机组大修是对机组进行全面解体、检查和处理，更换损坏件，更新易损件，修补磨损件，对机组的同轴度、摆度、垂直度（水平）、高程、中心、间隙等进行重新调整，消除机组运行过程中的重大缺陷，恢复机组各项指标。主机组大修通常分一般性大修和扩大性大修。

（2）检修周期

① 主机组检修周期应根据机组的技术状况和零件的磨损、腐蚀、老化程度以及运行维护条件确定，可按表 5-3 的规定进行，也可根据机组运行状态提前或推迟。

表 5-3　机组检修周期

检修类别	检修周期（年）	运行时间（h）	时间安排	工作范围
定期检修	0.5	0~3 000	汛期或汛后	了解设备状况，发现设备缺陷或异常情况，常规维护
小修	1	1 000~5 000	汛期或汛后及故障时	处理设备故障和异常情况，保证设备完好率
大修	3~6	3 000~20 000	按照周期列入年度计划	大修或扩大性大修，机组解体、检修、组装、试验、试运行，验收交付运用

② 主机组运行中发生以下情况应立即进行大修：

a. 发生烧瓦现象；

b. 主电机线圈内部绝缘击穿；

c. 其他需要通过大修才能排除的故障。

（3）定期检修

① 水泵部分应包括：

a. 叶片、叶轮室的汽蚀情况和泥沙磨损情况；

b. 叶片与叶轮室间的间隙；

c. 叶轮法兰、叶片、主轴联轴法兰的漏油、渗油情况；

d. 密封的磨损程度及漏水量测定；

e. 填料密封漏水及轴颈磨损情况；

f. 对油润滑水泵导轴承的润滑油取样化验，并观测油位；

g. 水泵导轴承磨损情况，测量轴承间隙；

h. 地脚螺栓、连接螺栓、销钉等应无松动；

i. 测温及液位信号等装置；

j. 润滑水管、滤清器、回水管等淤塞情况；

k. 液压调节机构的漏油量，叶片角度对应情况；
l. 机械调节机构油位和动作灵活情况，叶片角度对应情况；
m. 齿轮变速箱油位、油质、密封和冷却系统；
n. 联轴器连接情况。
② 电动机部分应包括：
a. 上、下油槽润滑油油位，并取样化验；
b. 机架连接螺栓、基础螺栓应无松动；
c. 冷却器外观应无渗漏；
d. 集电环和电刷磨损情况；
e. 制动器、液压减载系统应无渗漏，制动块应能自动复归；
f. 测温装置指示应正确；
g. 油、气、水系统各管路接头应严密，无渗漏；
h. 轴承、受油器的绝缘情况；
i. 电动机轴承应无甩油现象；
j. 电动机干燥装置应完好。

（4）小修
① 水泵部分应包括：
a. 水泵主轴填料密封、水泵导轴承密封更换和处理；
b. 水导轴承的更换和处理；
c. 叶片调节机构轴承检查、调整；
d. 半调节水泵叶片角度的检查、调整；
e. 液位信号器及测温装置的检修；
f. 导水帽、导水圈等过流部件的更换和处理。
② 电动机部分应包括：
a. 冷却器的检修；
b. 上、下油槽的处理、换油；
c. 集电环的加工处理；
d. 轴瓦间隙及磨损情况检查。

（5）大修
① 大修的主要项目
a. 一般性大修：
（a）小修的全部内容；
（b）叶片、叶轮外壳的汽蚀处理；
（c）泵轴轴颈磨损的处理及水导轴承的检修和处理；

（d）填料函的检修和处理；

（e）叶片调节机构分解、清理、轴承及密封的处理；

（f）电动机轴瓦的刮研；

（g）电动机定、转子绕组的绝缘维护；

（h）磁极线圈或定子线圈损坏的检修更换；

（i）冷却器的检查、试验和检修；

（j）机组的垂直同心度、轴线的摆度、垂直度、中心、各部分的间隙及磁场中心的测量及水压试验等；

（k）供水系统的检查、处理。

b. 扩大性大修：

（a）一般性大修的所有内容；

（b）叶轮解体、检查、修理；

（c）叶轮的静平衡试验；

（d）导叶体拆除，轴窝磨损加工处理。

② 大修的一般要求

a. 机组大修的主要项目应按照机组大修报告书中的内容执行。

b. 机组大修应严格按机组大修质量标准进行检查和验收，验收报告应由检修人员和验收人员签名。设备大修技术记录、试验报告等技术资料，应作为技术档案整理保存。

c. 主机大修应该提交的大修技术资料有机组同心度测量记录、机组同轴度测量记录、轴线摆度测量记录、轴线垂直度测量记录、轴线中心测量记录、轴承间隙测量记录、水泵叶轮及叶轮外壳气蚀检查记录、叶片间隙测量记录、空气间隙测量记录、磁场中心测量记录、电动机上下油缸冷却水压试验记录及相关照片等。

d. 机组大修结束后应进行试运行，以全面检修大修质量，大修总结报告应在30天内提交。

③ 大修实施

a. 大修前根据检修具体情况，制定大修进度并以图表形式公布于检修现场附近。

b. 大修负责人随时掌握工作进度，每个参加大修的人员也要做到心中有数，既了解大修的几个主要阶段，又清楚次日的工作内容。

c. 机组大修的场地布置主要在检修间和电机层。对各部分的吊放位置，除考虑部件的外部尺寸外，还应根据部件的重量，考虑地面的承载能力及对检修工作面和交叉作业的影响。对各种脚手架、吊具、行车等均需进行严格检查，专人负责。临时照明应采用电压不超过36 V的安全照明，湿度过大的流道内、金属部件内安全照明电压应不超过12 V。

d. 对需要运出站外修理的部件应事先准备搬运工具并联系修理厂家，以免机组解体后待料，影响大修进度。

e. 检修过程中，严格按照《泵站主机组检修技术规程》的要求进行。

4. 主机泵检修流程

（1）目的

为确定主机泵的检修工作要求，规范检修工作流程，促进检修工作有序开展，确保检修工作按规定要求实施，及时发现问题，消除隐患，保持设备完好，随时投入运用，特编制主电机、主水泵检修流程。

（2）适用范围

主电机、主水泵检修流程适用于泵站主电动机、主水泵及其附属设备的大修、日常维修、养护管理的作业指导，对主机泵的易损部件进行维修、保养、更换，消除主机泵运行过程中的缺陷，恢复机组各项指标，保持主机泵性能完好，确保主机泵状态良好，运行正常。

（3）项目作业流程

主机组大修流程如图5-20所示。

（4）质量标准和安全环保措施

① 根据大型泵站机组安装检修规程以及其他电气、机械设备安装工艺及要求，结合厂家提供的产品说明书，对主机泵进行维修养护，确保油缸、管道等无滴、漏、跑、冒现象，油质、油位正常，机组运行状态良好，符合相关规范要求。

② 注意环境整洁，作业区和非作业区范围清楚，标志明显。

③ 机电设备附近禁止明火，特别是油污，密封环境采取防护措施，不准在检修设备附近吸烟。

④ 维修养护过程中的各管道或孔洞口，应用木塞或盖板堵住，有压力的管道应加封盖，以防泄漏或脏物、异物、泥沙掉入。

⑤ 注意废油、杂物、零星材料等的回收，以免造成污染和浪费。

⑥ 临时照明应采用安全照明，一般安全照明电压不超过36 V，湿度过大的场所安全照明电压不超过12 V。

⑦ 临时送、停电要按程序由专人执行，防止误操作。

⑧ 维修工程中，加强质量管理，重点对设备材料的进场合格验收、关键工序、关键部位和隐蔽工程的质量检测等。

（四）启闭机大修

1. 主要技术参数

启闭机主要技术参数如表5-4所示。

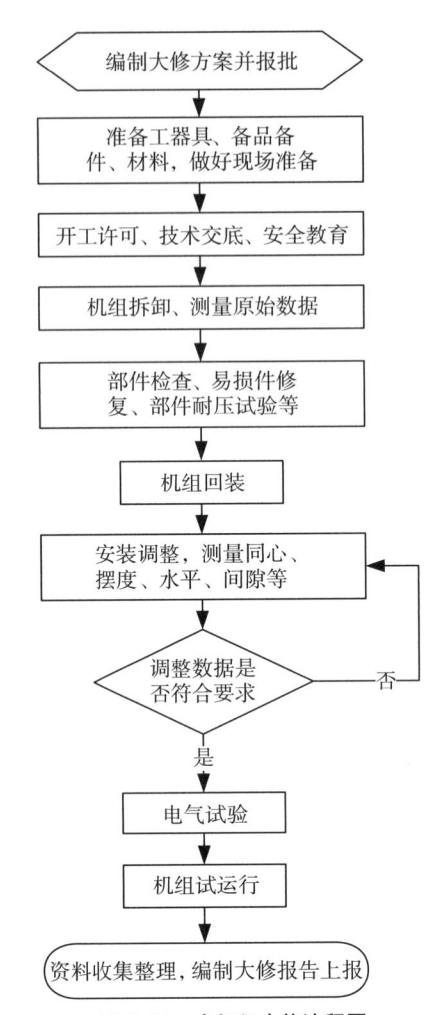

```
编制大修方案并报批
        ↓
准备工器具、备品备件、材料，做好现场准备
        ↓
开工许可、技术交底、安全教育
        ↓
机组拆卸、测量原始数据
        ↓
部件检查、易损件修复、部件耐压试验等
        ↓
机组回装
        ↓
安装调整，测量同心、摆度、水平、间隙等 ←─┐
        ↓                              │
  调整数据是否符合要求 ──否──────────────┘
        │是
        ↓
电气试验
        ↓
机组试运行
        ↓
资料收集整理，编制大修报告上报
```

图 5-20 主机组大修流程图

表 5-4 启闭机主要技术参数

主机启闭机参数					
序号	名称	型号与规格		数量	厂家
1	上道门启闭机	QPK-2×160	160 kN×2	18	江苏水利机械制造有限公司
	钢丝绳	7×19-ϕ20-155(一根 50 m)		36	
	电动机	YZ160L-6　11 kW		18	上海起重电机厂有限公司
	制动器	TZ2-300/200		18	上海东屋电器有限公司
	二合一精密行程开关	XCKG-4		18	南京河海光华科技公司
	绝对多圈光电编码器	GPMV		18	上海精浦机电有限公司
2	下道门启闭机	QPK-2×250		18	江苏水利机械制造有限公司
	钢丝绳	7×19-ϕ24-155(一根 62 m)		36	
	电动机	YZ200L-3　16 kW		18	上海起重电机厂
	制动器	TZ2-300		18	上海东屋电器有限公司

续表

序号	名称	型号与规格	数量	厂家
2	二合一精密行程开关	XCKG-4	18	南京河海光华科技公司
	绝对多圈光电编码器	GPMV	18	上海精浦机电有限公司

节制闸启闭机参数

序号	名称	型号与规格	数量	厂家
1	卷扬式启闭机	QH-2×225-12 启门力 2×225 kN 传动比 1 372.5 启门高度 12 m 速度 1.42 m/min	5套	江苏水利机械制造有限公司
2	钢丝绳	6×19-ϕ46-155 吊点中心距 4.5 m～12 m	10根	
3	电动机	YZ180L 13 kW 675 r/min 50 Hz	5台	无锡市大力电机厂
4	制动器	TJ2-300 制动力矩 500 N·M	5套	上海洛社成套制动器厂
5	行程开关	21N1XCKG-4	5只	河海大学光华科技开发公司
6	旋转编码器	GMX425RE10 SGB（SSI）	5只	上海精浦机电有限公司

调度闸启闭机参数

序号	名称	型号与规格	数量	厂家
1	卷扬式启闭机	QPQ-2×160 启门力 2×160 kN 传动比 260.3 启门高度 9.5 m 速度 4.59 m/min	4套	江苏水利机械制造有限公司
2	钢丝绳	7×19-ϕ20-155，一根 46.8 米	8根	上海正申金属制品公司
3	电动机	YZ-160L 11 kW 953 r/min 50 Hz	4台	无锡市大力电机厂
4	制动器	TJ2-300/200 制动力矩 240 N·m	4套	上海洛社成套制动器厂
5	行程开关	21N1XCKG-4	4只	河海大学光华科技开发公司
6	旋转编码器	GAX60R13/12E10LB（9600）	4只	上海精浦机电有限公司
7	显示仪表	XSDU-RS485	4只	上海精浦机电有限公司

送水闸启闭机参数

序号	名称	型号与规格	数量	厂家
1	卷扬式启闭机	QPQ-2×80-8 启门力 2×80 kN 传动比 199.67 启门高度 8 m 速度 0.036 m/s	3套	江苏水利机械制造有限公司
2	钢丝绳	6×37-ϕ13-170 吊点中心距 1.8 m～7 m	6根	上海正申金属制品公司
3	电动机	YZ160M1-6 5.5 kW 933 r/min 50 Hz	3台	上海起重电机厂
4	制动器	TJ2-300/200 制动力矩 160 N·M	3套	上海洛社成套制动器厂
5	行程开关	21N1XCKG-4	3只	河海大学光华科技开发公司
6	旋转编码器	GAX60R13/12E10LB（9600）	3只	上海精浦机电有限公司
7	显示仪表	XSDU-RS485	3只	上海精浦机电有限公司

续表

高港一线船闸齿轮齿条式闸门启闭机主要技术参数	
推拉力 /kN	150
正常启闭行程 /m	16.4
检修行程 /m	17
运行速度 /(m/s)	0.157
轮压 /t	12
电动机功率 /kW	30
电动机转速 /(r/min)	980
总传动比	160
供电方式	悬挂式软电缆
高港一线船闸卷扬式阀门启闭机主要技术参数	
启门力 /kN	1×100
起升高度 /m	8
起升速度 /(m/min)	2.1
电机功率 /kW	4
电机转速 /(r/min)	880
滑轮组倍率	2
钢丝绳	14.5ZAB6×19W+IWR1770ZS
绳鼓直径 /mm	Φ300
总传动比	200
高港二线船闸闸门启闭机主要技术参数	
额定启门力 /kN	350
额定闭门力 /kN	350
工作行程 /m	4.635
最大行程 /m	4.735
启门活塞速度 /(m/min)	1.0（最大）
闭门活塞速度 /(m/min)	1.0（最大）
油缸缸径 /mm	250
活塞杆直径 /mm	180
有杆腔工作压力 /MPa	14.8
无杆腔工作压力 /MPa	13.8（差动）
启门有杆腔流量 /(L/min)	23.6（最大）
闭门无杆腔流量 /(L/min)	25.4（差动、最大）
高港二线船闸阀门启闭机主要技术参数	
额定启门力 /kN	300
额定闭门力 /kN	100（强压）
工作行程 /m	3.65
最大行程 /m	3.75

启门活塞速度 /(m/min)	1.5（最大）
闭门活塞速度 /(m/min)	2.0（强压）
油缸缸径 /mm	250
活塞杆直径 /mm	180
有杆腔工作压力 /MPa	12.7
无杆腔工作压力 /MPa	4.0（强压）
启门有杆腔流量 /(L/min)	35.4
闭门无杆腔流量 /(L/min)	45.8

2. 启闭机维护

（1）检查上升、下降行程限制器，应动作灵活、准确。

（2）动滑轮、定滑轮外观检查无裂纹、无变形，转动应灵活。

（3）钢丝绳外观检查无断股、扭曲挤压变形、松散、涂抹润滑脂。

（4）卷筒和滑轮外观检查无异常，加注润滑油。

（5）制动装置检查。

（6）减速器检查。

（7）电动机靠背轮螺钉、键应无松动。

（8）机体表面应保持清洁，除转动部位的工作面外，应采取防腐措施。

（9）机架不得有明显变形、损伤或裂纹，底脚连接应牢固可靠。

（10）连接件应保持紧固，不得有松动现象。

（11）高压油管应涂红色，回油管应涂黄色。

3. 启闭机大修

（1）减速器及开式齿轮装置检修。

（2）制动器检修。

（3）联轴器检修。

（4）滑轮组检修。

（5）卷筒组检修。

（6）钢丝绳检修。

（7）吊钩、吊具和抓梁检修。

（8）钢结构机架检修。

（9）其他检修项目。

4. 启闭机大修流程

启闭机大修流程如图 5-21 所示。

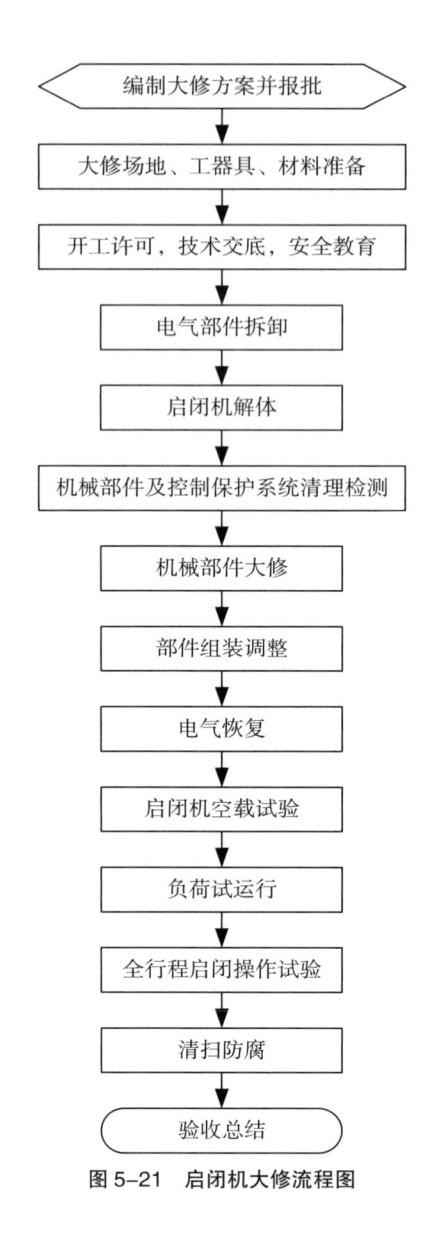

```
编制大修方案并报批
    ↓
大修场地、工器具、材料准备
    ↓
开工许可，技术交底，安全教育
    ↓
电气部件拆卸
    ↓
启闭机解体
    ↓
机械部件及控制保护系统清理检测
    ↓
机械部件大修
    ↓
部件组装调整
    ↓
电气恢复
    ↓
启闭机空载试验
    ↓
负荷试运行
    ↓
全行程启闭操作试验
    ↓
清扫防腐
    ↓
验收总结
```

图 5-21 启闭机大修流程图

（五）变压器大修

1. 变压器技术参数

高港泵站供配电系统配有 1 台型号为 SFZ9-25000/110 油浸风冷自然循环主变压器，配有 2 台三相树脂绝缘干式电力变压器，站变型号为 SCB14-1000/10-NX2，所用变压器型号为 SCB14-800/10-NX2。主变压器主要技术参数如表 5-5 所示。站用、所用变压器主要技术参数如表 5-6、5-7 所示。

表 5-5 主变压器主要技术参数

型　　号	SFZ9—25000/110	变压器油牌号	DB-25
额定容量	25 000 kVA	冷却方式	ONAN/ONAF 63/100%
额定电流	131.2/1 375 A	电压组合	(110 ± 3 × 2.5%)/10.5 kV

续表

相　　数	3	联结组别	YNd11
额定频率	50 Hz	器身吊重	22.9 t
空载电流	0.14%	上节油箱重	3.8 t
短路电压	10.19%	负载损耗	100.61 kW
绝缘油重	11.8 t	总重	45.5 t
绝缘水平	\multicolumn{3}{c}{LI480AC200–LI250AC95/LI75AC35}

表 5-6　站用变用器主要技术参数

\multicolumn{6}{c}{三相树脂绝缘干式电力变压器}
型　　号	SCB14-1000/10-NX2	标准代号	GB/T 10228—2015 GB 20052—2020	分接位置	高压分接电压（V）
额定容量	1 000 kW	产品代号	1LB.710.20544.01	Ⅰ	10 500
额定电压	10 ± 2 × 2.5%/0.4 kV	相数	3 相	Ⅱ	10 250
额定电流	57.7/1 443.4 A	冷却方式	AN/AF	Ⅲ	10 000
额定频率	50 Hz	联结组别	Dyn11	Ⅳ	9 750
绝缘等级	H	总重量	2 700 kg	Ⅴ	9 500
短路阻抗	5.85%	最高温升	125 K	使用条件	户内
制造厂	\multicolumn{5}{c}{江苏华鹏变压器有限公司}

表 5-7　所用变用器主要技术参数

\multicolumn{6}{c}{三相树脂绝缘干式电力变压器}
型　　号	SC9-800/10-NX2	标准代号	GB/T 10228—2015 GB 20052—2020	分接位置	高压分接电压（V）
额定容量	800 kW	产品代号	1LB.710.20543.02	Ⅰ	10 500
额定电压	10 ± 2 × 2.5%/0.4 kV	相数	3 相	Ⅱ	10 250
额定电流	46.2/1 154.7 A	冷却方式	AN/AF	Ⅲ	10 000
额定频率	50 Hz	联结组别	Dyn11	Ⅳ	9 750
绝缘等级	H	总重量	2 930 kg	Ⅴ	9 500
短路阻抗	5.74%	最高温升	125 K	使用条件	户内
制造厂	\multicolumn{5}{c}{江苏华鹏变压器有限公司}

2. 变压器养护

（1）油浸式变压器

① 保持主变压器外观干净，无油迹、积尘、锈迹等，保护层完好，无脱落。

② 变压器铭牌在器身明显可见的位置固定牢靠，铭牌上所标示的参数应清晰且牢固。

③ 定期检查变压器进出线套管、防爆管，无裂纹，桩头示温片齐全，标志清楚完好，无发热现象，高压套管油色、油位正常，呼吸器通畅。

④ 变压器运行声音正常，外壳温度正常，无异常发热。

⑤ 压力释放阀正常，阀内无异物，密封圈无变形、老化、损坏，信号开关动作灵活可靠，开启、关闭动作灵敏，无卡阻，防爆膜应完好无损。

⑥吸湿器的玻璃管完好，硅胶颜色为蓝色，如变色及时更换。

⑦变压器放油阀、取油阀关闭严密，无渗油，油箱完好，散热器上下部分阀门应在打开位置，冷却风机运行正常。

⑧瓦斯继电器应充满油，阀门应在打开位置。

（2）干式变压器的维护

①绕组检查：

a.绕组清洁，表面无灰尘杂质，绕组无变形、倾斜、位移，绝缘无破损、变色及放电痕迹；

b.高低压桩头接线牢固，瓷柱无裂纹、破损，无闪络放电痕迹；高、低压绕组间风道畅通，无杂物存积；

c.检查引线绝缘完好，无变形、变脆，无断股情况，接头表面平整、清洁、光滑无毛刺，并不得有其他杂质，引线及接头处无过热现象，引线固定牢靠。

②铁芯检查：

a.铁芯应平整，绝缘漆膜无脱落，叠片紧密；

b.铁芯上下夹件、方铁、压板应紧固，用扳手逐个紧固上下夹件、方铁、压板等部位紧固螺栓；

c.测量铁芯对夹件、穿心螺栓对铁芯接地的绝缘电阻；

d.用专用扳手紧固上下铁芯的穿心螺栓。

③风机系统工作正常，开停灵活可靠。

④投入运行前，应测试超温报警、跳闸系统，确保运行时正常工作。

⑤温度显示系统准确，显示与实际应相符。

3.变压器维修

（1）一般规定

①变压器检修按照《电力变压器检修导则》（DL/T 573—2021）的规定执行。

②变压器检修后经验收合格，才能投入运行。验收时须检查检修项目、检修质量、试验项目以及试验结果，隐蔽部分的检查应在检修过程中进行。检修资料应齐全，填写正确。

（2）检修方式

①变压器检修一般分为大修、小修、例行检查与维护等。

②变压器大修是指在停电状态下，对变压器本体排油、吊罩或进入油箱内部进行检修及对主要组部件进行解体检修的工作。

③变压器小修是指在停电状态下，对变压器箱体及组、部件进行有针对性的检修。

④变压器例行检查与维护指对变压器本体及组、部件进行的周期性污秽清扫、螺栓紧固、油漆防腐、易损件更换等。

（3）大修

① 大修周期。主变压器在投入运行后根据设备运行情况、技术状态和试验结果综合分析实施状态检修，若运行中发现异常状况或经试验判明有内部故障时，应进行大修。大修周期一般在 10 年以上。

② 大修项目：

a. 检查清扫外壳，包括本体、大盖、衬垫、油枕、散热器、阀门等，消除渗油、漏油。

b. 根据油质情况，过滤变压器油，更换或补充硅胶。

c. 打开大盖，应吊出芯子，检查铁芯、铁芯接地情况及穿心螺丝的绝缘，检查及清理绕组及绕组压紧装置、垫块、各部分螺丝、油路及接线板等。

d. 检查清理冷却器、阀门等装置，进行冷却器的油压试验。

e. 检查并修理有载分接头的切换位置，包括附加电抗器、定触点、动触点及传动机构。

f. 检查并修理有载分接头的控制装置，包括电动机、传动机械及其全部操作回路。

g. 检查并清扫全部套管。

h. 检查充油式套管的油质、油位情况。

i. 校验及调整温度表。

j. 检查及校验仪表、保护装置、控制信号装置及其二次回路。

k. 进行预防性试验。

l. 检查及清扫变压器电气连接系统的配电装置及电缆。

m. 检查接地装置。

n. 变压器外壳油漆防腐。

③ 变压器大修结束后，应在 30 天内做出大修总结报告。

（4）小修

① 小修周期。主变压器、站用变压器、励磁变压器每年结合电气预防性试验进行 1 次小修。

② 小修项目：

a. 检查并消除已发现的缺陷。

b. 检查并拧紧套管引出线的接头。

c. 检查油位计。

d. 冷却器、储油柜、安全气道及压力释放器的检修。

e. 套管密封、顶部连接帽密封衬垫的检查，瓷绝缘的检查、清扫。

f. 各种保护装置、测量装置及操作控制箱的检修、试验。

g. 有载调压开关的检修。

h. 充油套管及本体补充变压器油。

i. 油箱及附件的检修涂漆。

j. 进行规定的测量和试验。

4. 变压器大修流程

（1）目的

为明确变压器大修工作要求，规范大修工作流程，使大修工作有序开展，确保大修工作按规定要求实施，保持设备完好，随时投入运用，特编制变压器大修作业流程。

（2）适用范围

变压器大修作业流程适用于高港枢纽主变、站变、所变的大修及改造，根据变压器上年度检修报告及存在问题，确定检修内容。

（3）大修作业流程

变压器大修作业流程如图 5-22 所示。

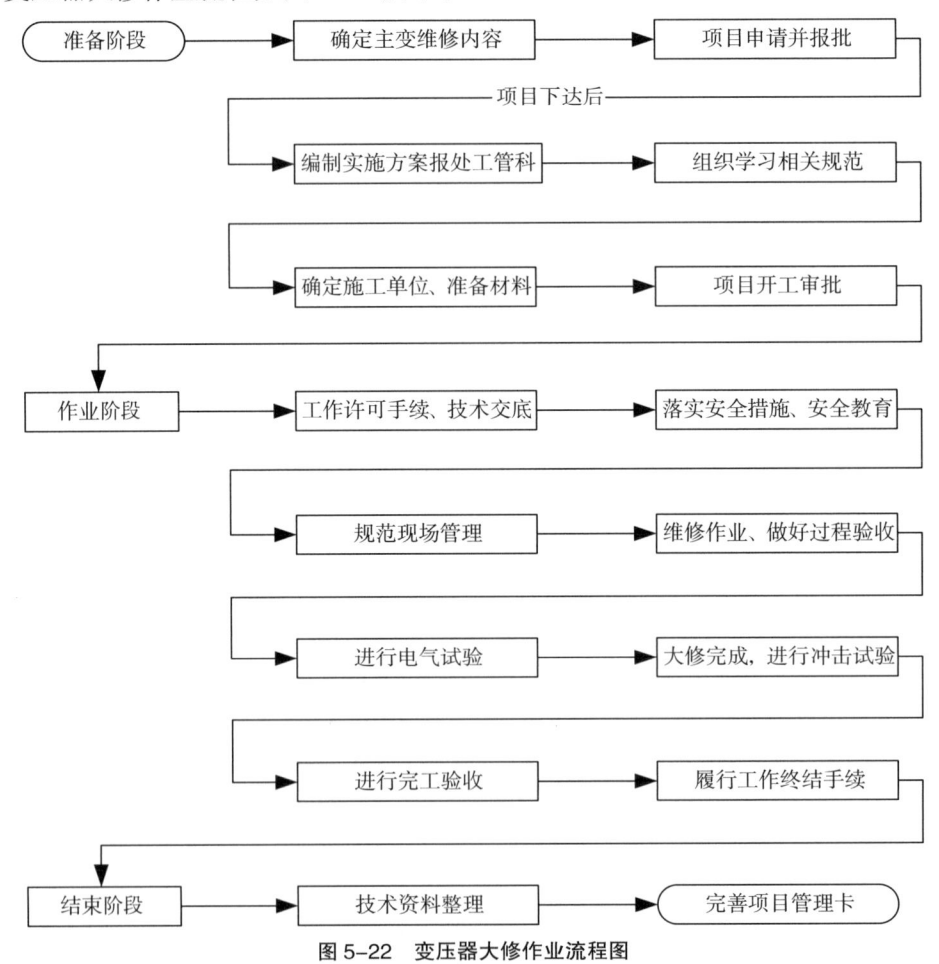

图 5-22　变压器大修作业流程图

（4）质量标准和安全环保措施

① 根据变压器检修规程，结合厂家提供的产品说明书，确保主变压器检修过程中各部分质量符合要求。

② 注意环境整洁，过道通畅，检修场地不应有零碎杂物或易燃易爆物品。

③ 检修场地禁止火种，不准在附近吸烟。

④ 要备足消防器材，要高度警惕，放卸的油要集中妥善保管。

⑤ 钟罩起吊前应拆除全部附件及连接点，确定无连接后方可起吊。

⑥ 起吊时，吊索与铅垂线的夹角不宜大于30°，夹角大于30°时应校核吊索的强度，方可起吊。

⑦ 吊开钟罩检查时，现场应清洁，并应有防尘措施。

⑧ 拆卸吊装套管时必须由有经验的人员负责指挥。

⑨ 在变压器上工作时必须系安全带，套管就位安装中，应有一组装人员进入油箱上指挥套管就位，并负责检查套管端部的金属部分进入均压球有足够的深度，等电位联线的连接可靠。

⑩ 大修完成后，按规程规定进行电气试验并合格。

⑪ 分接开关操纵杆安装时应做操作试验，反正各1个循环，确认开关操纵机构转动灵活，指示正确。

⑫ 额定电压下进行3次冲击试验应无异常，变压器投运后电压、振动、噪声均在合格范围内，变压器及冷却装置所有焊缝及结合面处不应有渗漏油现象，变压器无异常现象。

（六）电气设备检修

1. 目的

为明确高低压电气设备检修工作要求，规范维护保养工作流程，促进工作有序开展，确保维护保养工作按规定要求实施，保持设备完好，随时投入运用，特编制高低压电气设备检修流程。

2. 适用范围

高低压电气设备检修流程适用于变电所、泵站高低压设备及其附属设备的日常维修、养护管理的作业指导，对变电所、泵站高低压开关柜、直流系统、微机保护屏、电力电缆等设备的外观以及易损部件进行维护保养，保持设备的外观状态及性能完好，确保设备状态良好，运行正常。

3. 作业流程

电气设备检修作业流程如图5-23所示。

```
准备阶段 → 确定设备维修项目 → 项目申请并报批
                ↓
         编制实施方案报处工管科 → 准备工具、备品、材料
                ↓
         项目开工申请 → 进行技术交底
                ↓
作业阶段 → 履行许可手续，开工准备 → 确认施工位置
                ↓
         落实安全防护措施 → 进行维修作业
                         做好过程验收
         维修完成后试验验收 → 履行工作终结手续
                ↓
结束阶段 → 技术资料整理 → 完善项目管理卡
```

图 5-23　电气设备检修作业流程图

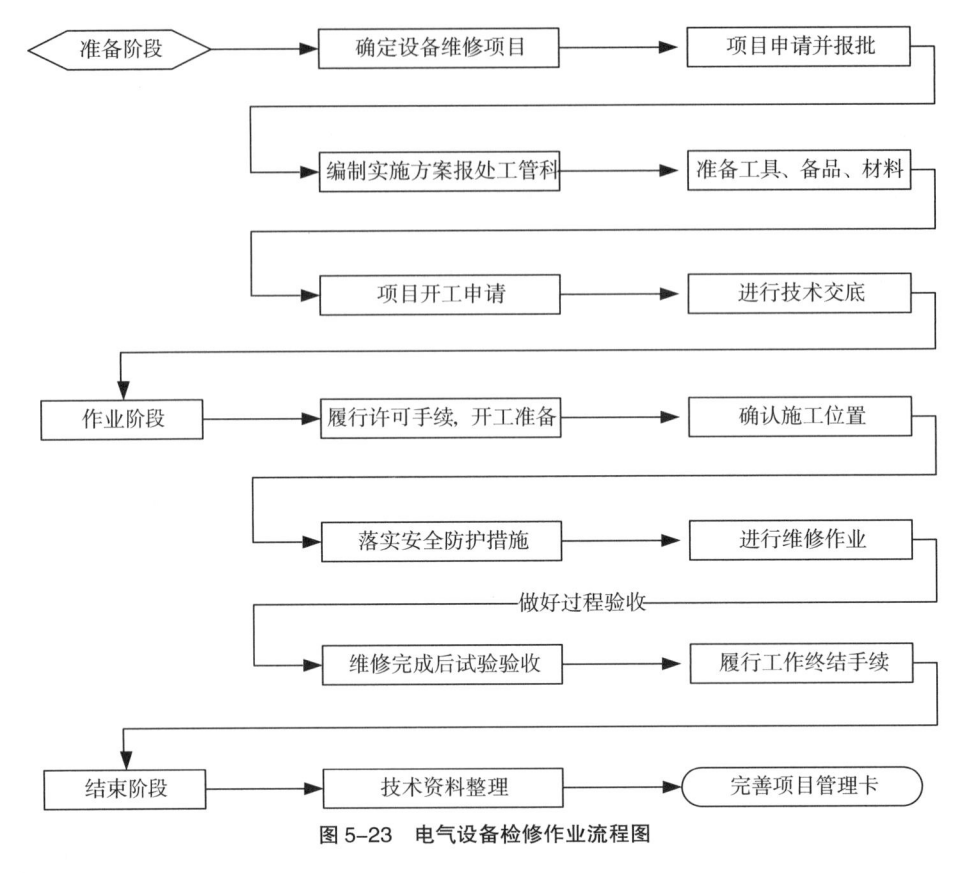

4. 质量标准和安全环保措施

（1）根据电气设备的安装检修规程以及相关安装工艺及要求，结合厂家提供的产品说明书，对变电所、高低压开关柜、站所用变压器、直流系统、微机保护屏、电力电缆等设备进行维修养护，确保设备运行正常，性能良好，设备外表清洁，标示符合要求。

（2）注意环境整洁，作业区和非作业区范围清楚，标志明显。

（3）电气设备附近禁止明火，特别是油污、密封环境要采取防护措施，不准在检修设备附近吸烟。

（4）维修养护过程中的各管道或孔洞口，应用木塞或盖板堵住，以防脏物、异物、泥沙掉入。

（5）如在危险场所检修，应设遮拦、隔离带、安全网，对有防火要求的场所，还应取得动火许可。

（6）按规程规定进行电气试验并合格。

（7）进行相关焊接工作时，应根据安全规程和消防规程的有关规定，采取防火、防滑跌等安全措施。

（8）对所要进行检修养护的设备，应执行相应工作票、操作票制度，临时送、停电要按程序由专人执行，防止误操作。

六、安全生产

1. 适用范围

适用于省泰州引江河管理处安全生产检查、安全鉴定、安全生产教育培训及突发事件应急处置等工作。

（1）工作职责

① 根据有关法律、法规、标准，对管理范围内水事活动进行监督检查，维护正常的工程管理秩序。

② 加强对管理范围的巡视检查，发现侵占、损坏水利工程的行为，立即采取有效措施予以制止，及时报告有关部门。

③ 建立健全安全生产岗位责任制和安全操作规程，改善安全生产条件，建立健全安全台账。

④ 根据工程及设备状况制定各类预案和应急处置方案，并根据要求开展演练。

⑤ 按照规定及时组织开展工程安全鉴定。

（2）工作流程

① 安全检查流程内容包括制定安全生产检查计划、开展安全生产检查活动、发现问题隐患及下发整改通知书、隐患整改、资料归档等，如图5-24所示。

② 安全鉴定流程包括制定计划、现场检查、安全检测、安全复核计算分析、安全评价、形成安全鉴定报告、成果报批、资料归档等，如图5-25所示。

③ 安全生产教育培训流程包括建立档案、制定计划、开展培训、效果评估、资料归档等，如图5-26所示。

④ 突发事件应急处置流程包括确定事件性质、启动应急预案、进入现场、事件处理、向上级汇报、善后处理、总结经验教训、资料归档等，如图5-27所示。

（3）工作要求

① 安监科每月应开展一次安全生产日常检查，对检查中发现的不安全因素应及时解决。

② 元旦、春节、五一劳动节、十一国庆节、中秋等重大节假日及安全生产月期间组织开展安全生产大检查活动，重点检查工程安全运行、防火防盗、交通、卫生等。

③ 夏季及冬季应做好专项检查工作，夏季重点检查防汛工作、食堂卫生及防暑降温工作开展情况，易燃易爆物品的管理等；冬季重点做好防火防盗、防冻防凌及冰雪天气交通安全管理情况等。

④ 工程运行期间应重点加强工程设施的检查、"两票三制"执行情况的检查及值班管理制度执行情况的检查等。

⑤ 安全生产活动记录齐全，安全生产台账规范填写。

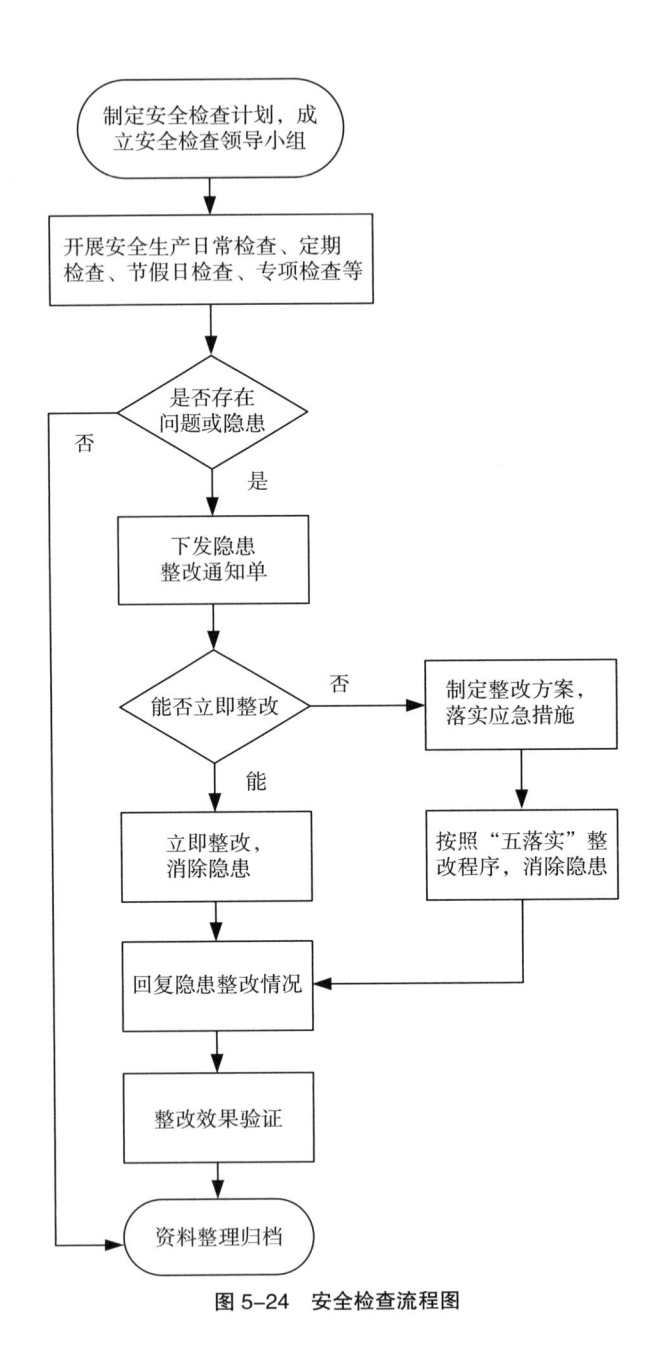

图 5-24　安全检查流程图

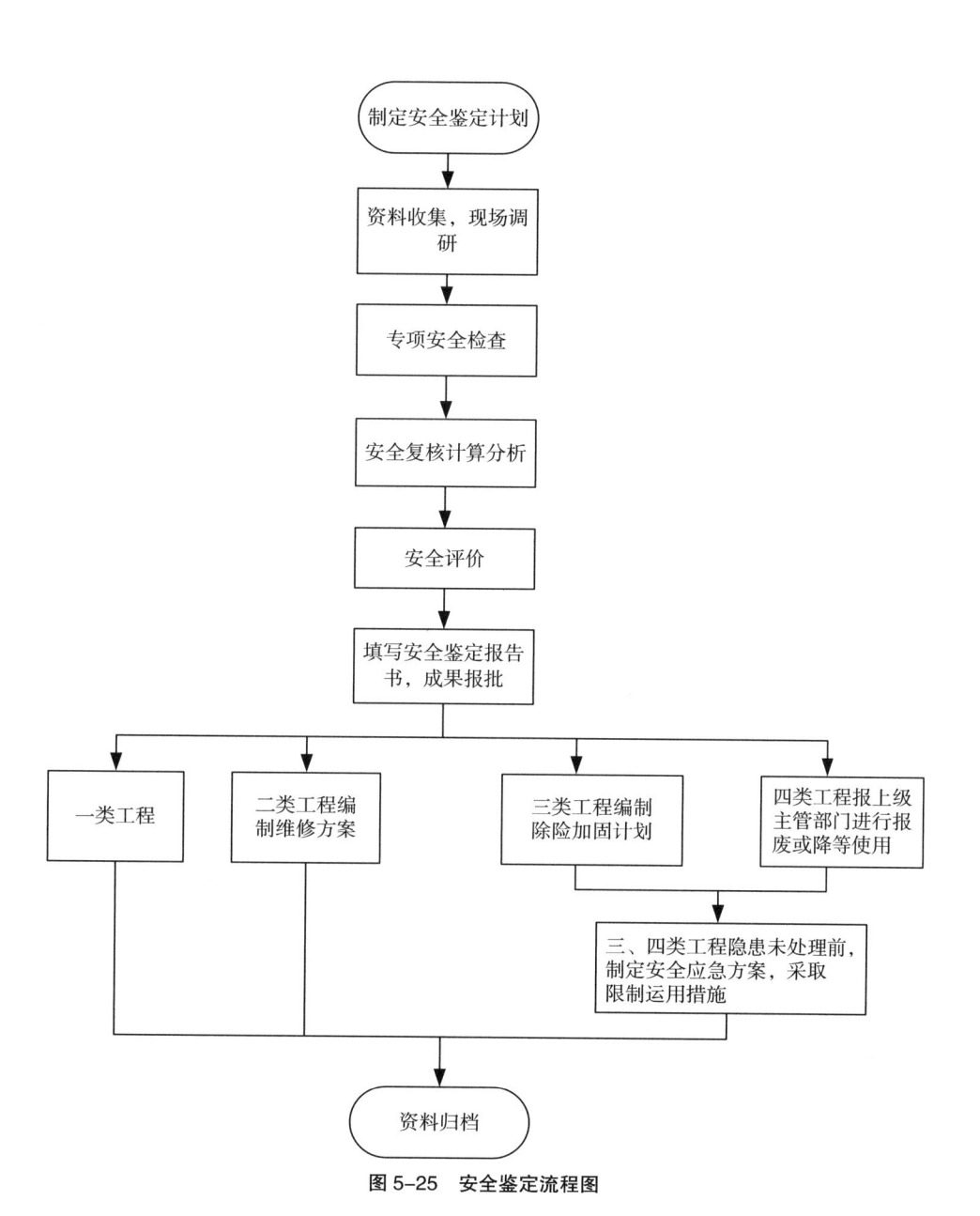

图 5-25　安全鉴定流程图

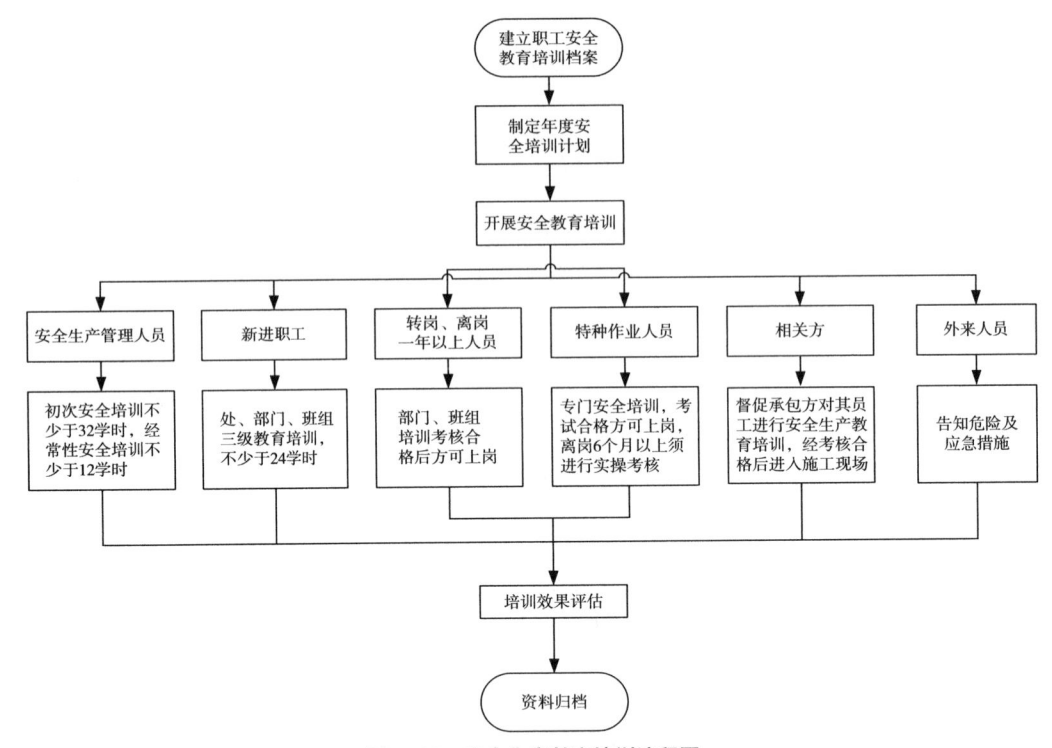

图 5-26 安全生产教育培训流程图

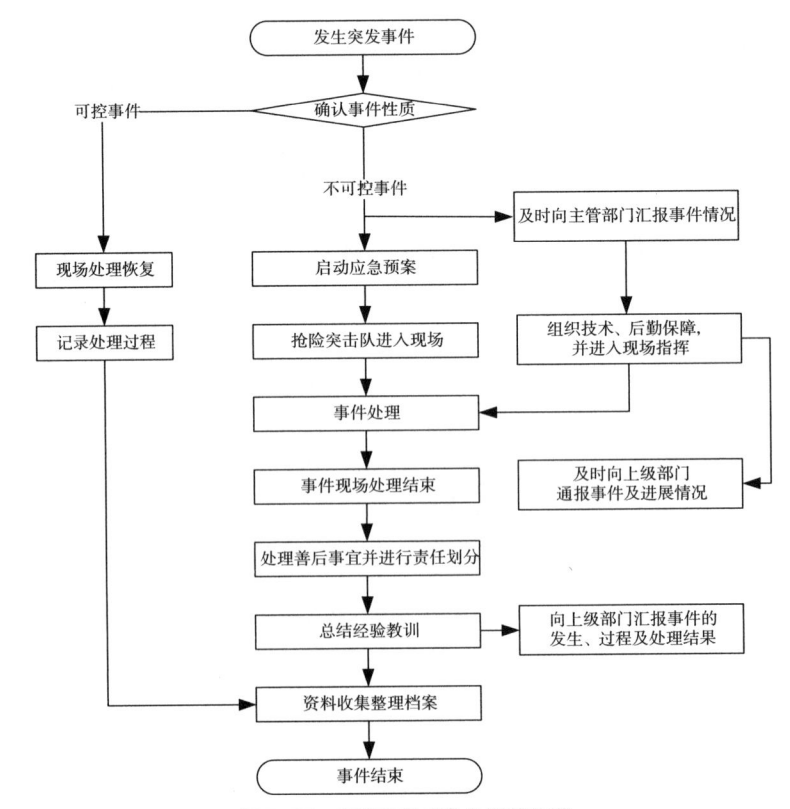

图 5-27 突发事件应急处置流程图

⑥安全鉴定工作按照规定的时间、程序进行。

（4）台账资料

安全生产检查记录、隐患整改记录、检查总结、学习培训资料、应急处置台账资料等。

七、技术资料管理

1. 适用范围

适用于管理所资料收集、整理、归档等工作。

2. 工作职责

（1）管理所按照《江苏省水利厅水利科技档案资料管理暂行办法》和《江苏省水利厅水利基本建设项目（工程）档案资料管理规定》的规定要求，建立健全技术资料管理制度。由熟悉了解工程管理、掌握资料管理知识并经培训取得上岗资格的专职或兼职人员管理资料，资料设施齐全、清洁、完好。

（2）管理所按照有关规定建立完整的技术资料，及时整理归档各类技术资料。

（3）人员变动时按目录移交资料，并在清单上签字，同时得到所领导认可，不得随意带走。

3. 工作流程

（1）技术资料管理流程一般包括资料归档、资料借阅。

（2）资料归档流程如图 5-28 所示。

（3）资料借阅流程如图 5-29 所示。

（4）技术资料鉴定销毁流程如图 5-30 所示。

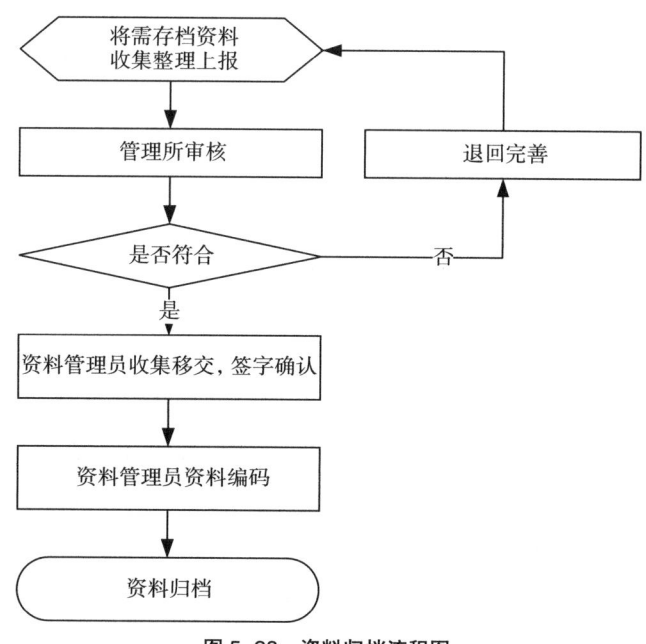

图 5-28 资料归档流程图

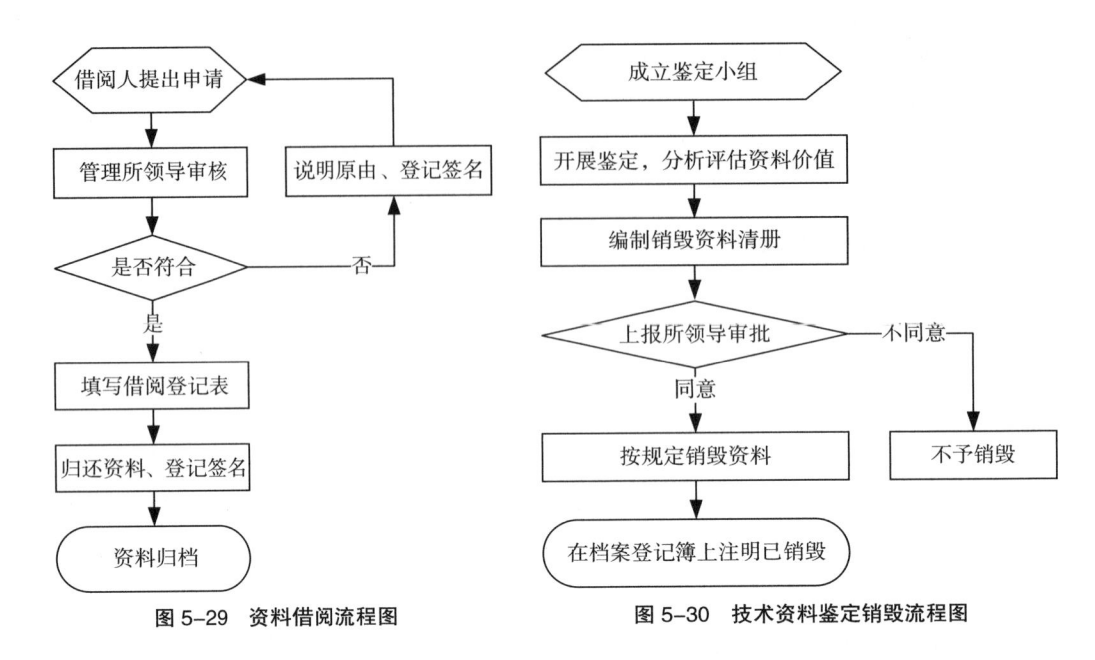

图 5-29　资料借阅流程图　　　　图 5-30　技术资料鉴定销毁流程图

4. 工作要求

（1）技术资料包括文字、图表等纸质件及音像、电子文档等磁介质、光介质等形式存在的各类资料。

（2）各类工程和设备均应建档立卡，技术资料、图表资料等应规范齐全，分类清楚、存放有序，按时归档。

（3）严格执行保管、借阅制度，做到收、借有手续，定期归还。外单位需借用资料，应经管理所负责人同意后方可借出，并按规定时间催还。

八、环境管理

1. 高港泵站工程环境管理

（1）高港泵站根据《中华人民共和国环境保护法》，制定了高港泵站环境保护管理制度。

（2）高港泵站设备在运行和维修中产生的废油统一存放，及时处理，不得倾倒于水池及地面。

（3）高港泵站泵房内噪声应符合《泵站设计标准》（GB 50265-2022）的规定，主泵房电机层值班地点允许噪音标准不得大于 85 dB（A），中控室允许噪音标准不得大于 60 dB（A）。若超过上述允许噪音标准时，应采取戴耳塞等措施。

（4）高港泵站夏季室内最高温度超过 38℃、冬季室内温度低于 5℃时，应采取开启空调等措施，改善值班环境。

（5）及时清理闸门、上下游、拦污栅前的污物，并在专用场地统一堆放或运至垃圾中心处理。

（6）定期对工程标牌进行检查维修，确保标牌完好、醒目、美观。

（7）做好高港泵站管理范围内的环境卫生工作。

2. 高港水闸工程环境管理

（1）做好工程管理范围的水土保持工作，所有适宜区域积极进行绿化、美化，并加强养护。

（2）依法制止破坏水环境的违法行为，妥善处理工程维修养护过程中产生的废油、废渣，不得污染工程和水体。

（3）及时清理上下游漂浮物，并在专用场地统一堆放或运至垃圾中心处理。

（4）及时清理闸门、混凝土及砌石结构等表面的油污、杂草、藤条和污泥等。

（5）办公区、生活区及工程管理范围内保持整洁、卫生。控制室、启闭机房内地面、墙面清洁、明亮、美观。

九、水政管理

1. 水行政处罚

水行政处罚流程图如图 5-31 所示。案件来源包括执法人员发现的案件；公民、法人或者其他组织举报的案件；上级部门指定、交办的案件；有关部门转办的案件以及其他来源。

适用简易程序的案件，对违法事实清楚、证据确凿的，可以当场处理。执法需 2 名以上执法人员，执法人员当场作出行政处罚决定的，应当向当事人出示执法证件，填写预定格式、编有号码的行政处罚决定书，告知拟处罚的事实、理由、依据和陈述申辩的权利，并当场交付当事人。

适用普通程序的案件，对符合立案标准的，行政机关应当及时立案。必须全面、客观、公正地调查，收集有关证据；必要时，依照法律、法规的规定，可以进行检查。立案后，指派两名以上执法人员进行调查或者进行检查，执法人员在调查或检查时应当主动向当事人或者有关人员出示执法证件，当事人或者有关人员应当如实回答询问，并协助调查或检查，不得拒绝或者阻挠。询问或检查应当制作笔录。

调查完成后，由执法人员就案件的事实、证据、处罚依据和拟处罚意见提出书面报告，并按程序审查（批），对情节复杂或者重大违法行为拟给予较重的行政处罚决定前，需报管理处领导集体讨论。

行政机关及其执法人员在作出行政处罚决定之前，书面告知当事人拟作出的行政处罚内容及事实、理由、依据，并听取当事人的陈述、申辩。对当事人提出的事实、理由和证据复核，证据成立的，行政机关应当改变原拟作的行政处罚决定。对符合听证条件的，应当告知当事人有举行听证的权利；当事人要求听证的，依法组织听证。

水行政处罚流程图

案件来源
1. 执法人员发现的案件；2. 公民、法人或者其他组织举报的案件；3. 上级部门指定、交办的案件；4. 有关部门转办的案件；5. 其他来源

简易程序：对事实清楚，证据确凿，可以当场处理的违法行为

对不属于管理处管辖范围的予以告示举报人，向有关部门举报

普通程序：对符合立案标准的，行政机关应当及时立案。

违法行为在两年内未被发现的，不再给予行政处罚。

两名以上执法人员出示执法证件进行现场处理的违法行为

调查取证：立案后，指派两名以上执法人员进行调查或者进行检查，执法人员在调查或检查时应当主动向当事人或者有关人员出示执法证件，当事人或者有关人员应当如实回答询问，并协助调查或检查，不得拒绝或者阻挠，询问或检查应当制作笔录

告知当事人拟处罚的事实、理由、依据和陈述申辩的权利

审查（批）：调查完成后，由执法人员就案件的事实、证据、处罚依据和拟处罚意见提出书面报告，并按程序审查（批），对情节复杂或者重大违法行为，作出行政处罚决定前要报管理处领导集体讨论

填写行政处罚决定书

撤销立案
1. 违法行为轻微且已改正；
2. 违法事实不能成立的

处罚告知：在作出处罚决定之前，书面告知当事人给予处罚的事实、理由、依据和拟作出的处罚决定

移送处理：已构成犯罪的，移交司法机关

结案归档

听取当事人陈述申辩意见

对符合听证条件的，告知当事人有举行听证的权利，当事人要求听证的，依法组织听证

对当事人提出的事实、理由和证据复核，事实、理由、证据成立的，管理处应当改变原拟作的行政处罚决定

法制审核后，依法作出行政处罚决定

当事人不服处罚决定的，可向省水利厅申请复议或者直接向人民法院提起行政诉讼

向当事人宣告处罚决定，并当场交付当事人，当事人不在场的，按照有关规定在七日内送达当事人

结案归档

当事人不履行处罚决定的，可依法申请强制执行

重大处罚报备案

图 5-31 水行政处罚流程图

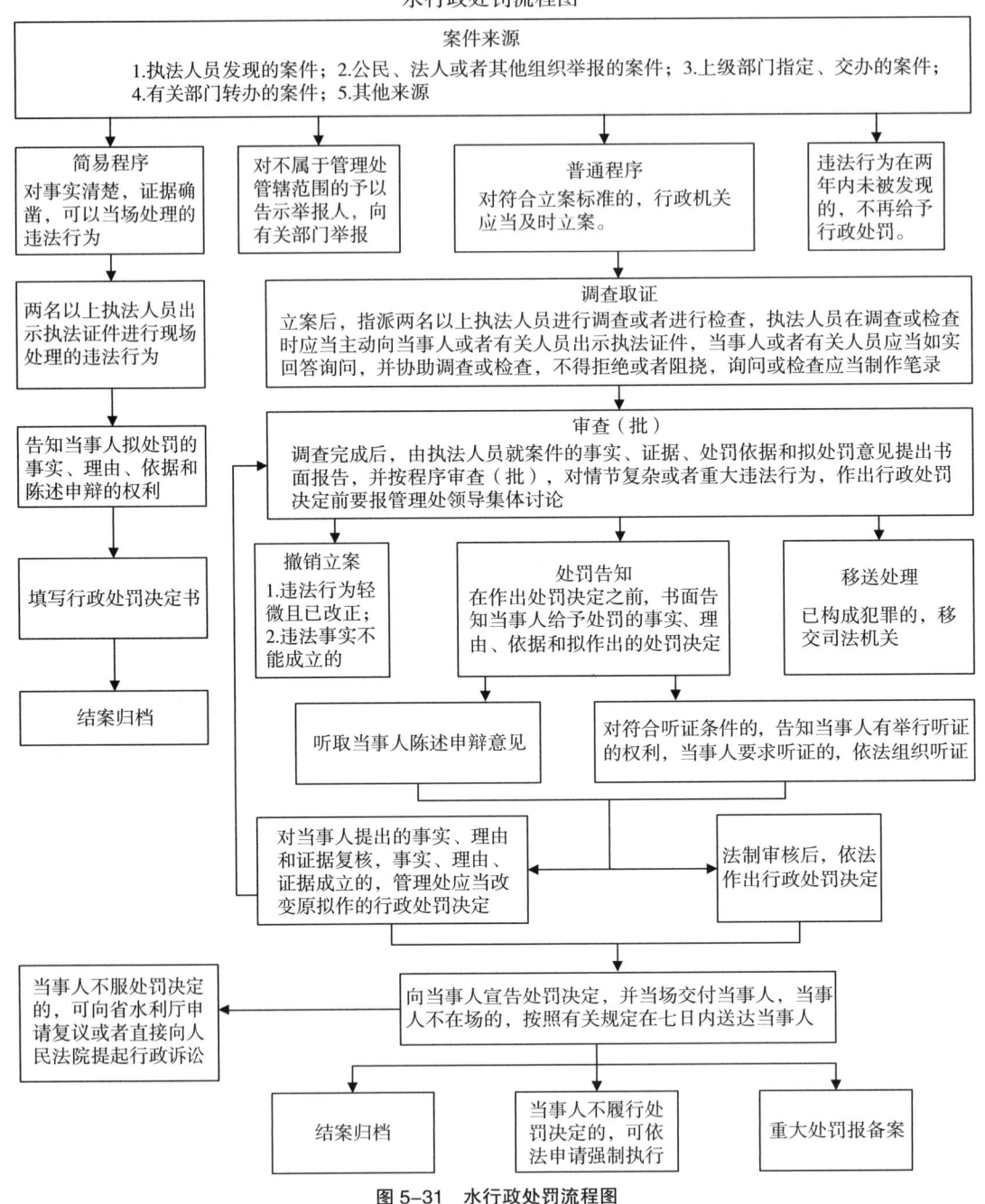

调查终结，行政机关负责人应对调查结果进行审核，根据不同情况，分别作出如下决定：（1）却有应受行政处罚的违法行为的，根据情节轻重及具体情况，作出行政处罚决定；（2）违法行为轻微，依法可以不予行政处罚的，不予行政处罚；（3）违法事实不成立的，不予行政处罚；（4）违法行为涉嫌犯罪的，移送司法机关。

行政处罚决定书应当在宣告后当场交付当事人；当事人不在场的，依照《中华人民共和国民事诉讼法》的有关规定，应当在七日内将行政处罚决定书送达当事人。当事人不服处罚决定的，可向省水利厅申请行政复议或者直接向人民法院提起行政诉讼。

当事人不履行处罚决定的，可依法申请强制执行。

违法行为在两年内未被发现的，不再给予行政处罚。法律另有规定的除外。

对不属于管辖范围内的案件予以告知举报人，并向有关部门举报。

2. 禁渔区管理

禁渔区管理流程图如图5-32所示。主要分以下三方面处理：① 对不属于管理处禁渔区管理范围的行为，由水政大队告知举报人，向有关部门举报。② 对一般案件，安排两名以上巡查人员前往现场进行核实，对轻微行为进行批评教育。如经核实，确

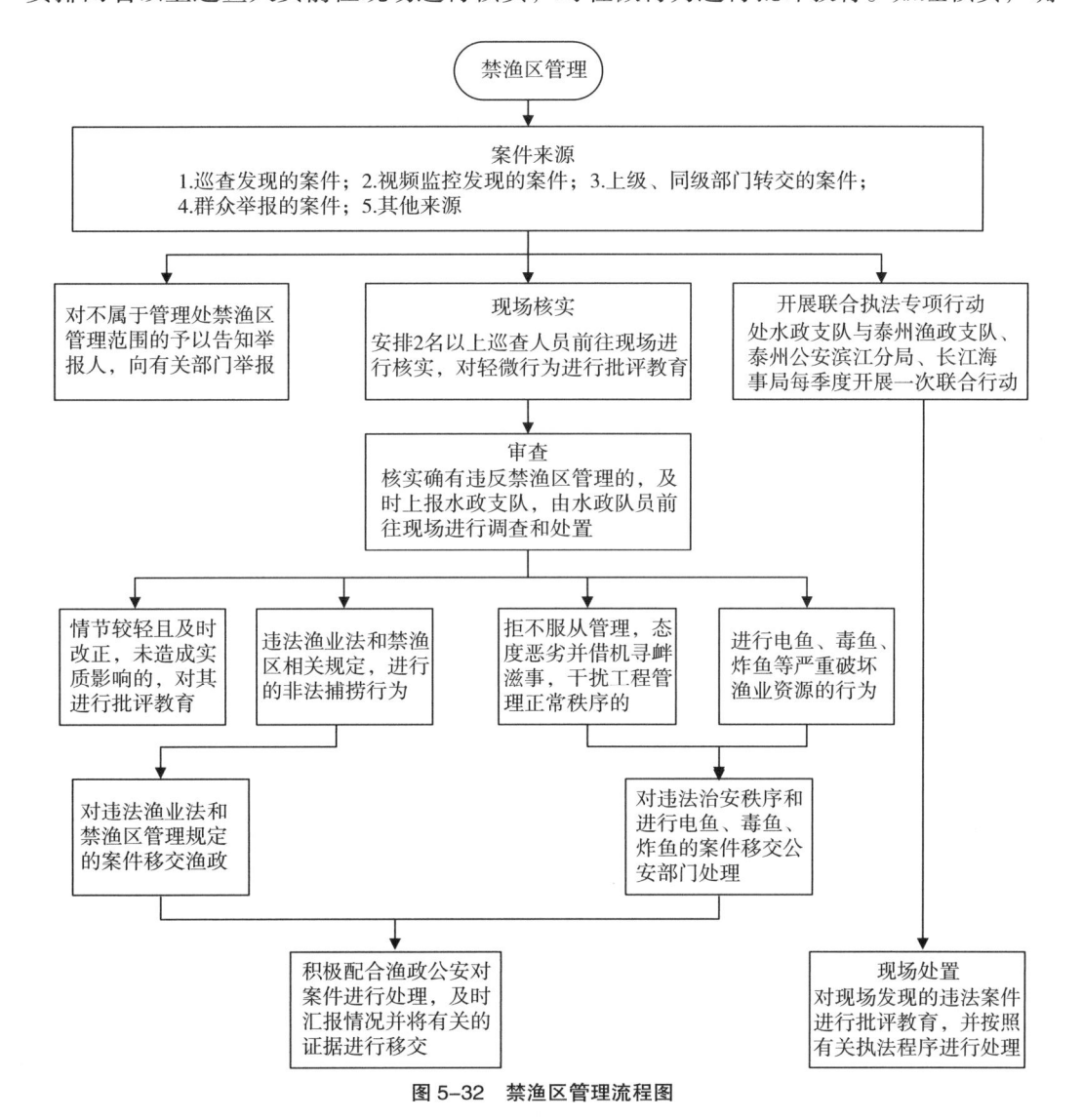

图 5-32 禁渔区管理流程图

有违反禁渔区管理规定的，及时上报水政支队，由水政队员前往现场进行调查和处置：对情节较轻且及时改正，未造成实质影响的，对其进行批评教育；对违反《中华人民共和国渔业法》和禁渔区管理相关规定进行的非法捕捞行为，移交渔政处理。对拒不服从管理，态度恶劣并借机寻衅滋事，干扰工程管理正常秩序的，以及进行电鱼、毒鱼、炸鱼等严重破坏渔业资源行为的，移交公安部门处理。对于移交渔政、公安的案件，水政执法人员应积极配合，并及时将有关证据一并移交。③对与地方渔政、公安、海事部门开展联合行动发现的违法行为，应按有关执法程序进行处理。

3. 普法宣传

普法宣传包括日常宣传和重要节点宣传。普法宣传流程图如图5-33所示。

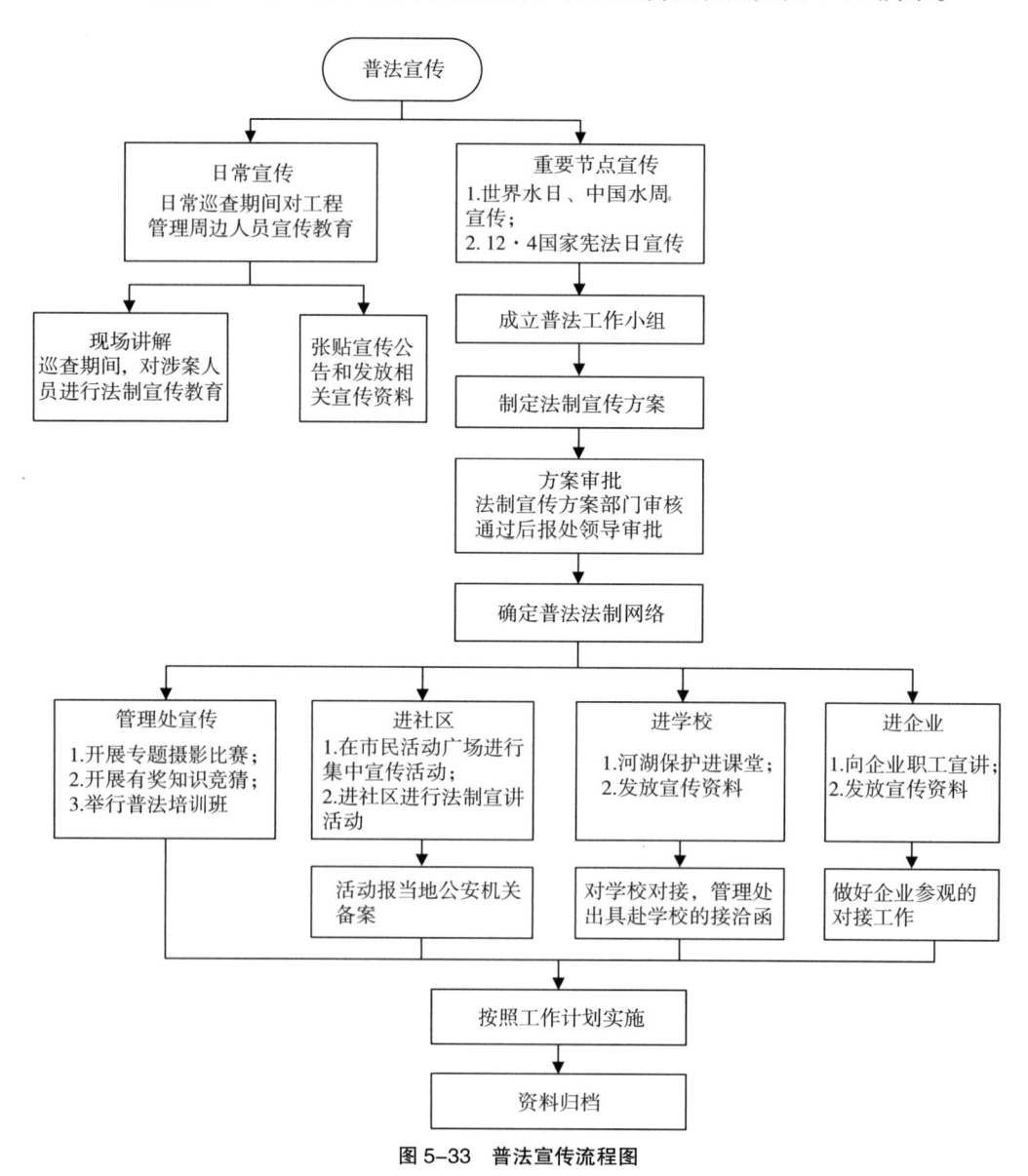

图5-33 普法宣传流程图

日常宣传主要包括水政执法人员在日常巡查期间对社会群众进行宣传教育，进行法制宣传教育以及张贴宣传公告和发放相关宣传资料等方式进行。

重要节点宣传以世界水日、中国水周和 12 月 4 日国家宪法日宣传为主。重要节点宣传首先成立普法工作小组，再由普法工作小组制定法制宣传方案，并报经管理处审核后开展管理处宣传与进社区、进学校、进企业的"三进"政策宣讲活动。管理处宣传的方式包括开展专题摄影比赛、有奖知识竞猜、普法培训班等。进社区宣传的活动需提前报当地公安机关备案，其主要宣传方式包括在市民活动广场进行集中宣传活动以及进行法制宣讲活动等；进学校宣传的活动需提前与学校对接，由管理处出具赴学校的接洽函，其主要宣传方式包括河湖保护进课堂以及发放宣传资料等；进企业宣传的活动需提前做好企业参观的对接工作，其主要宣传方式包括向企业职工宣讲以及发放宣传资料等。

4. 安全保卫

安全保卫工作坚持"预防为主，保障重点，确保安全"原则，按照"谁主管，谁负责"的要求，围绕出入口管理以及巡查两方面展开。安全保卫流程图如图 5-34 所示。

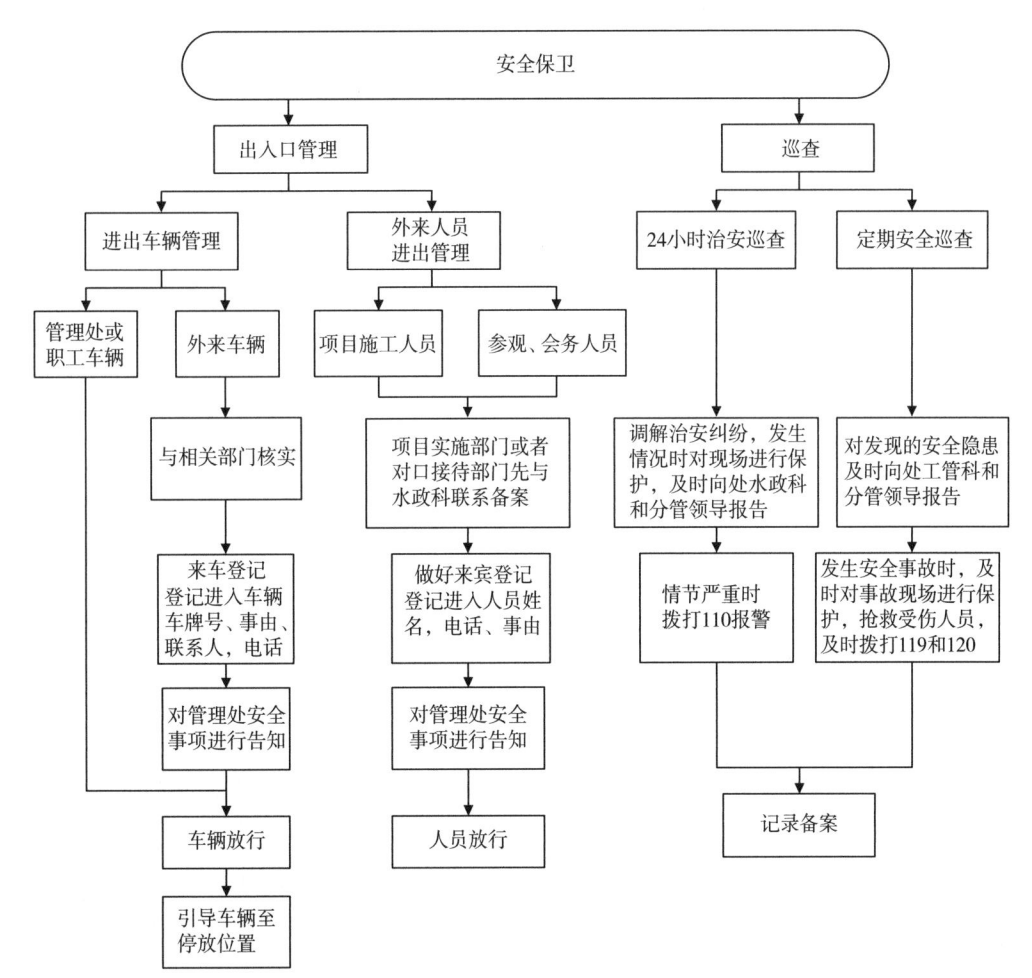

图 5-34　安全保卫流程图

出入口管理分为进出车辆管理和外来人员进出管理。外来车辆进入管理处时，须先由门卫与接待部门核实，做好登记工作，并对其进行安全事项告知，随后予以放行，引导其停放至指定位置；项目施工、参观、会务人员进出管理处大门时，由项目实施部门、对口接待部门先与水政科联系备案，由门卫做好来宾登记、对安全事项进行告知之后，予以放行。

巡查分为24小时治安巡查以及定期安全巡查。24小时治安巡查工作内容包括：调解治安纠纷，发生情况时对现场进行保护，并向处水政科和分管领导报告，情况严重时拨打110报警。定期安全巡查工作内容包括：对发现的安全隐患及时向处工管科和分管领导报告，在发生安全事故时，及时对事故现场进行保护，抢救受伤人员，并及时拨打119和120。在所有事情处理结束后，需将事情起因、经过、处置结果记录备案。

第二节　应急处置

一、全所失电应急处置方案

（一）应急处置程序

1. 全所失电事故发生时，值班班长应立即组织现场紧急处置，同时立即汇报应急处置救援小组负责人。

2. 应急处置救援小组负责人组织应急处置救援小组成员根据具体失电原因按处置措施进行处置。

（二）应急处置措施

1. 110 kV 主变线路失电

（1）检查主机181~189开关、站变020开关、10 kV进线101开关以及变电所主变高压侧701开关是否跳闸，如未跳闸，迅速采用电动或手动分闸，并将真空开关手车拉至试验位置。

（2）检查机组上道出水门是否已正常关断，主机组是否已停止运转。如没有关闭，采取现场快关旋钮，手动关闭出水侧快速闸门进行断流（如果直流也失电，立即采用现场紧急机械落闸工具松开抱闸装置，使闸门下降），防止机组飞逸，再分断励磁电源及各辅助设备工作电源开关。

（3）检查失电原因，根据不同失电原因采取不同应急措施。

（4）若110 kV进线断电，则联系上级供电部门（市调），配合查找失电原因，尽快恢复供电。

（5）若主变保护动作自动跳闸，查明主变何种保护动作及跳闸时有何外部现象，若是二次回路故障或过负荷等外部引发，可通过修复控制回路、降低负荷后重新投入运行；若是瓦斯保护或差动保护跳闸，必须对变压器进行全面检查与试验，必要时进行变压器吊芯大修处理，所有故障消除后才能投运。

（6）主变投运前使用10 kV引江185线路临时供生活、办公用电。

（7）若站变保护动作自动跳闸，查明何种保护动作及跳闸时有何外部现象，若是二次回路故障或过负荷等外部引发，可通过修复控制回路、降低负荷后重新投入运行。

（8）若站变工作正常，低压出线开关跳闸。机组运行时，参照第（2）条进行处置，分断所有励磁进线开关和主机风机进线开关，查明开关跳闸原因并采取相应的措施；机组非运行引水时，将闸门自控改为手动运行，对低压出线开关进行一次试送电，若开关无法送电或送电后继续跳闸，应查明原因。若故障短时间内无法排除，应到现场手动降低闸门高度。

2. 10 kV所变线路失电

（1）分断所变低压侧开关3QA，并检查确在分闸位置。

（2）分断所变低压侧隔离开关2QS。

（3）分断所变进线010开关，并将真空开关手车拉至试验位置。

（4）检查失电原因解决故障，故障未解决前，可使用站变供电。

二、110 kV主变压器着火应急处置方案

（一）应急处置程序

1. 事故发生后，事故现场人员在紧急处置的同时，应立即报告应急处置救援小组。

2. 应急处置救援小组负责人接到报告后立即组织各专业人员赶往现场救援，同时将情况报告管理处应急领导小组。

（二）应急处置措施

1. 发现主变压器着火时，值班人员应首先检查变压器的断路器是否已跳闸，如未跳闸，要马上断开各侧电源的断路器，并立即报告应急处置救援小组，不得擅自离开岗位。

2. 应急处置救援小组立即组织人员使用沙子、干粉灭火器等消防器材进行灭火，同时做好防止烧伤和窒息的防护措施。

3. 迅速采取隔离措施，防止火灾蔓延。

4. 如果变压器油溢出并在变压器上方着火，则应打开变压器下部的放油阀放油，

使油面低于着火处。

5. 如果变压器外壳爆裂并着火，应将变压器内的油全部放掉至废油坑中。

6. 若是变压器内部故障引起着火，则不能放油，以防变压器发生严重爆炸。

三、机组断路器分闸拒动应急处置方案

（一）应急处置程序

1. 机组断路器分闸拒动时，值班班长应立即组织现场紧急处置，同时立即汇报应急处置救援小组负责人。

2. 应急处置救援小组负责人组织应急处置救援小组成员根据具体故障原因按处置措施进行处置。

（二）应急处置措施

1. 紧急停机

（1）断路器微机分闸拒分时，立即联系现场人员进行紧急停机。

（2）若紧急停机按钮失灵，打开相应机组高压开关柜门板，按断路器上的手动机械分闸按钮分闸，仍拒分则采用越级分闸，退出该断路器。

（3）检查相应机组上道出水门是否已正常关断，主机组是否已停止运转，否则应立即启用辅助设施使其可靠断流。

（4）检查励磁装置是否已自动灭磁，若未自动灭磁，应立即断开其交流电源开关。

2. 故障排查

（1）断路器本身机械故障

将断路器退出，更换备用断路器，联系厂家前来检修。

（2）电气控制回路故障

检查控制回路直流电源故障。若分闸指示灯不亮则可能是直流电源故障，检查熔丝是否损坏、电压是否正常，当控制电压低于额定值的 65% 时，断路器无法实现分闸操作。

分闸脱扣器故障。可检查脱扣器相应接线的插接是否可靠，并测量分闸脱扣器电阻，若其阻值过大，则可能被烧毁，需进行更换。

控制回路接线松动或航空插头插针损坏。检查各接点接线的牢固性及航空插头插针是否偏移、回缩。

（3）微机控制回路故障

在试验位置现场尝试分合闸，如果分合闸正常，故障应该是微机控制回路出现问题，检查对应模块及相应继电器等。

（4）直流电源系统故障

测量控制回路电源电压，如果异常，处理措施详见本节"七、直流电源系统故障

应急处置方案"。

四、机组开机快速闸门拒动应急处置方案

（一）应急处置程序

1. 机组开机快速闸门拒动时，值班长应立即组织现场紧急处置，同时汇报应急处置救援小组负责人。

2. 应急处置救援小组负责人组织应急处置救援小组成员根据具体故障原因按处置措施进行处置。

（二）应急处置措施

1. 现场紧急处置

（1）机组开机快速闸门拒动时，立即联系现场人员进行紧急停机。

（2）检查相应机组的高压真空断路器是否已在断开位置，否则应立即予以断开。退出相应主机真空断路器手车至试验位置。

（3）检查励磁装置是否已自动灭磁，若未自动灭磁，应立即断开其交流电源开关。

2. 故障排查

（1）机械故障

机械故障主要有：主弹簧压力过大导致抱闸无法打开、电磁铁故障导致衔铁无法吸合，机械卡阻导致抱闸无法打开。若是抱闸过紧或闸门卡阻，应查找原因并及时排除。

（2）电气回路故障

检查三相电源有无缺相，电气控制回路有无断线，接触器和行程开关等有无故障。

（3）微机控制回路故障

在现场尝试提落闸门，如果提落正常，故障应该是微机控制回路出现问题，检查对应模块通道及相应继电器等。

（4）直流电源系统故障

测量闸门直流控制回路和抱闸线圈进线电源电压，如果异常，处理措施同本节"七、直流电源系统故障应急处置方案"。

五、机组跳闸快速闸门拒动应急处置方案

（一）应急处置程序

1. 机组跳闸快速闸门拒动时，值班长应立即组织现场紧急处置，同时汇报应急处置救援小组负责人。

2. 应急处置救援小组负责人组织应急处置救援小组成员根据具体故障原因按处置措施进行处置。

（二）应急处置措施

1. 现场紧急处置

（1）机组跳闸快速闸门拒动时，立即联系现场人员进行现场快落。如果现场快落旋钮失效，立即采用现场紧急机械落闸工具松开抱闸装置，使闸门下降。

（2）检查相应机组的高压真空断路器是否已在断开位置，否则应立即予以断开。退出相应主机真空断路器手车至试验位置。

（3）检查励磁装置是否已自动灭磁，若未自动灭磁，应立即断开其交流电源开关。

2. 故障排查

（1）机械故障

机械故障主要有：主弹簧压力过大导致抱闸无法打开、电磁铁故障导致衔铁无法吸合、机械卡阻导致抱闸无法打开。若是抱闸过紧或闸门卡阻，应查找原因并及时排除。

（2）电气控制回路故障

检查闸门电磁铁控制回路电源是否正常、线路有无断线。

（3）微机控制回路故障

如果现场快落旋钮操作正常，应重点排查微机控制回路，检查对应模块通道及相应继电器等。

（4）直流电源系统故障

测量闸门直流控制回路和抱闸线圈进线电源电压，如果异常，处理措施详见本节"七、直流电源系统故障应急处置方案"。

六、机组技术供排水系统故障应急处置方案

（一）应急处置程序

1. 机组技术供水系统发生故障时，当班运行人员应密切关注运行机组轴瓦及叶片调节机构轴承温度，并在当班班长带领下及时查找原因、排除故障。如故障一时无法排除，机组轴瓦温度上升到报警温度55℃时，当班班长报告应急处置救援小组负责人，负责人组织应急处置小组成员根据具体故障原因按处置措施进行处置。

2. 机组技术排水系统故障发生时，当班运行人员在当班班长带领下组织排水，同时查找原因、排除故障。如故障一时无法排除，联轴层积水持续增高，当班班长报告应急处置救援小组负责人，负责人组织应急处置小组成员根据具体故障原因按处置措施进行处置。

（二）现场应急处置措施

1. 机组技术供水系统故障

（1）检查供水泵电动机运转是否正常，如不能正常运转，启动备用供水泵，并迅速查明原因排除故障。

（2）检查供水泵出水口压力表压力是否正常，如压力表压力显示为零，则检查水箱进水闸阀是否处于打开位置，水箱是否有水，进出水口闸阀是否处于打开位置。

（3）检查供水母管压力表显示是否正常，闸阀是否处于打开位置。

（4）检查运行机组的冷却水管道进出水闸阀是否处于打开位置。

（5）供水泵启动前如水管内无法注满水排除空气，应检查注水阀门是否打开、进水口莲蓬头是否灵活。

（6）在排除供水系统故障的过程中，应密切关注运行机组的轴瓦和叶片调节机构温度，当轴瓦温度超过70℃、叶片调节机构轴承温度超过95℃时，应关闭运行的机组。

2. 机组技术排水系统故障

（1）检查填料函漏水是否严重，如漏水量过大，可以在不停机的情况下使用专用工具压紧填料或者停止机组运行更换填料。

（2）检查自吸泵是否正常运转，如有故障应查明原因排除故障，在排查过程中应使用手提式潜水泵将相应机组泵盖内积水排到邻近机组泵盖内。

（3）检查供水泵房排水闸阀位置，运行时应处于打开位置，当长江水位达到4米时应关闭，否则会出现倒灌。

（4）如排水系统故障无法排除，联轴层积水水位持续上涨，应开启所有自吸泵排水或使用潜水泵通过联轴层北侧墙体内的排水孔向外排水。

（5）当积水过多影响机组运行时，应停止机组运行。

七、直流电源系统故障应急处置方案

（一）应急处置程序

1. 直流电源系统故障发生时，值班班长应立即组织现场紧急处置，同时立即汇报应急处置救援小组负责人。

2. 应急处置救援小组负责人组织应急处置救援小组成员根据具体故障原因按处置措施进行处置。

（二）现场应急处置措施

1. 绝缘不良故障

（1）分断微机保护电源，以防保护装置出现误动作。

（2）依次检查输出支路，判断是否为支路绝缘不良，若是支路绝缘不良故障，找出支路绝缘下降的原因并作相应的处理。

（3）若断开所有支路馈出开关后仍有接地，则为直流屏内部绝缘或绝缘监测仪自身问题，排查各回路或更换绝缘监测仪。

（4）排除故障后，依次将微机保护电源等输出支路合上。

2. 直流电源失电故障

（1）主机组正常运行发生直流电源故障停电时，立即进行故障排除，并密切注意设备运行状态，一旦发现设备运行异常，应立即机械分断相应断路器，并采取有效措施使机组断流装置可靠动作。

（2）检查蓄电池组总开关是否断开，若断开则合上蓄电池组总开关，利用蓄电池组向直流母线供电。

（3）检查低压室直流屏断路器及交流进线空气开关是否损坏，若损坏则更换开关。

（4）若蓄电池组同时故障，短时间不能恢复直流供电，应手动操作停止主电机、站用变压器、主变压器的运行。

（5）排除直流电源故障，重新投入运行。

3. 直流系统主控元件故障

（1）主机组正常运行发生直流系统整流模块或调压器等主控元件故障时，立即进行故障元件排查，并密切注意设备运行状态，一旦发现设备运行异常，应立即分断相应断路器，并确认机组断流装置可靠动作。

（2）采用备品备件进行更换，系统调试运行。

（3）直流电源系统工作正常，运行设备重新投入运行。

八、励磁系统故障应急处置方案

（一）应急处置程序

1. 励磁系统故障发生时，值班班长应立即组织现场紧急处置，同时立即汇报应急处置救援小组负责人。

2. 应急处置救援小组负责人组织应急处置救援小组成员根据具体故障原因按处置措施进行处置。

（二）应急处置措施

1. 现场紧急处置

（1）励磁系统发生致命故障时，励磁保护应立即动作跳闸停机，若保护未动作，必须紧急停机。

（2）励磁系统发生非致命故障时，应加强对机组声响、振动、电量及温度的监视，分析故障原因，停机后排除故障。

2. 故障排查

（1）回路故障

① 起动回路故障

a. 检查调节器 66、67、68 端子至 X6 端子排及 X6 端子排到起动可控硅接线是否可靠连接。

b. 更换起动可控硅。

② PT 断线

测量励磁装置 X5 端子排 9、10、11 端子，检查三相 PT 是否缺相，如缺相检查高压侧 PT 柜。

③ 主桥缺相

励磁装置在静态投励或运行过程中报主桥缺相故障，表明主桥可控硅有一个不能正常工作，在此状态下机组可以正常运行，停机时更换故障可控硅。

④ 励磁输出开路

a. 将励磁装置断电，用万用表电阻挡分别测量励磁输出（C1、D1 两端）和碳刷处，确认是电机转子开路还是励磁输出电缆接触不良或断开。该阻值正常约为额定励磁电压除以额定励磁电流的值。

b. 检查励磁电流传感器是否完好。

⑤ 主断路器跳闸机构拒动警告

检查跳闸线路或高压断路器辅助触点。

（2）主控设备和元件故障

① 快速熔断器熔断

a. 检测压敏电阻 AP2:RV1—RV3 是否有击穿。

b. 检测整流可控硅是否有击穿（用万用表电阻挡测量时解开变压器二次及励磁装置输出接线）。

c. 检测励磁输出是否短路，可用电桥测量励磁输出 C1、D1，阻值应为额定励磁电压除以额定励磁电流的值。

d. 检测励磁输出绝缘应大于 0.5 MΩ。

e. 检测 AP1 板是否有短路。

② 励磁电流传感器故障

检查传感器电源或更换传感器，如伴随指示励磁输出开路则按励磁输出开路故障处理。

③ 励磁变压器故障

a. 检查励磁变压器一、二次侧电缆连接是否紧固。

b. 测量励磁变压器输出电压是否正常，是否有匝间短路、相间短路。

（3）电机运行故障

① 电机失步

励磁装置自动恢复再整步，若整步不成功，装置应跳闸停机。停机后检查故障前电机的负荷是否过大或检查电机的定子、转子绝缘是否合格。

② 长时间不投励

装置应跳闸停机。停机后检查碳刷、滑环是否接触良好，若转子回路完好，则检查装置投励时直流输出电压是否正常。

（4）励磁调节器故障

① 外环调节器调节限制失效

核实三相母线电压是否正确。如三相电压正确则检查功率参数测量选线是否配置正确。

② 过励限制

a. 励磁装置参数 CT/PT 变比或选线有误，核实参数及选线是否正确。

b. 如果参数和选线没有问题，则电机处于超负荷运转，应增大有功功率或减小无功功率，即减小励磁电流，无功功率最小减到零。

九、机组轴瓦温升异常应急处置方案

（一）应急处置程序

1. 机组轴瓦温升异常波动或达到报警温度时，当班运行人员应加强观察，同时向当班班长进行汇报。

2. 当轴瓦温升异常达到超限事故时，值班长应立即组织现场紧急处置，同时汇报应急处置救援小组负责人。

3. 应急处置救援小组负责人组织应急处置救援小组成员根据具体故障原因按处置措施进行处置。

（二）应急处置措施

1. 现场紧急处置

（1）机组轴瓦温升异常波动或达到报警温度时，当班运行人员应加强观察，同时向当班班长进行汇报。

（2）值班长应立即组织现场紧急处置，应迅速检查自动化监控系统及机组现场所有测温表计。若只有个别测温表计数据显示异常，其他表计数据均正常，检查机组各方面状态也正常，应考虑测温元件或测温装置损坏误报。可加强监控，密切观察机组状态，如一切正常，可待停机后处理。

（3）检查供水压力、温度及示流信号是否正常（供水压力应在 0.15~0.20 MPa 之间，随长江涨落潮而变化）。如发现是冷却水供应中断，应加强轴瓦温度监视，立即查明供水中断原因予以处理，恢复供水。排除供水中断故障期间，一旦发现轴瓦温度上升超标，应立即停止机组运行。

2. 故障排查

（1）测温元件或测温装置损坏。若有轴瓦测温数据显示温度上升异常，应迅速检查自动化监控系统及机组现场所有测温表计。若只有个别测温表计数据显示异常，其他表计数据均正常，检查机组各方面状态也正常，应考虑测温元件或测温装置损坏误报。可加强监控，密切观察机组状态，如一切正常，可待停机后处理。

（2）技术供水系统故障。若所有轴瓦测温数据均显示温度上升异常，且增加趋势基本同步，应检查供水压力、温度及示流信号是否正常（供水压力应在 0.15~0.20 MPa 之间，随长江涨落潮而变化）。如发现是冷却水供应中断，应加强轴瓦温度监视，立即查明供水中断原因予以处理，恢复供水。排除供水中断故障期间，一旦发现轴瓦温度上升超标，应立即停止机组运行。

（3）油位油色异常故障。若测温元件工作正常，技术供水系统工作正常，应检查上、下油缸油位、油色是否正常。如油位减少，应检查有无渗油现象，发现后及时处理。检查过程中应加强轴瓦温度监视，一旦发现轴瓦温度上升超标，应立即停止机组运行。如油位增加，油色变化，则可能是油缸内的冷却器或管道有渗漏，应立即停机处理。

（4）环境温度过高。设法加强通风散热，重点检查冷却风机是否工作正常。如轴瓦温度上升超标，应立即停止机组运行。

（5）机组安装或运行缺陷。若机组振动过大或摆度超标等原因造成轴瓦温度上升异常，应立即停机处理。

（6）超设计负荷运行。若是在经过批准的超设计负荷运行时引起轴瓦温升异常，应立即汇报，经批准后可适当降低负荷。情况严重时立即停止机组运行。

（7）紧急停机步骤：

① 迅速在三楼中控室或厂房采用电动或手动分闸，并将真空开关手车操作至试验位置。

② 检查机组是否已停止运转，检查出水闸门应正常快落关闭，否则在现场拨动相关闸门控制箱上"快落"旋钮，使闸门快落关闭。如果直流失电，立即采用现场紧急落门工具松开抱闸装置，使闸门下降，防止机组飞逸。

③ 检查励磁装置是否已自动灭磁，若未自动灭磁，应立即断开其交流电源开关。

十、机组定子温升异常应急处置方案

（一）应急处置程序

1. 当自动化监控系统显示机组定子温度异常上升或机组现场闻到焦味时。当班运行人员应加强观察，同时向当班班长进行汇报。

2. 当定子温升异常达到超限事故时，值班长应立即组织现场紧急处置，同时汇报应急处置救援小组负责人。

3. 应急处置救援小组负责人组织应急处置救援小组成员根据具体故障原因按处置措施进行处置。

（二）应急处置措施

1. 现场紧急处置

（1）当自动化监控系统显示机组定子温度异常上升或机组现场闻到焦味时。当班运行人员应加强观察，同时向当班班长进行汇报。

（2）当定子温升异常达到超限事故时，值班长应立即组织现场紧急处置，同时汇报应急处置救援小组负责人。

（3）迅速检查自动化监控系统及机组现场所有测温表计。若只有个别数据显示异常，其他表计数据均正常，检查机组各方面状态也正常，应考虑测温元件或测温装置损坏误报。可加强监控，密切观察机组状态，如一切正常，可待停机后处理。

（4）检查主电机风道是否通畅，冷却风机是否损坏停运，风机百叶窗是否堵塞，如是上述原因引起的通风不良，导致热量无法排出，应及时处理。检查过程中应加强监视，一旦发现定子温度上升超标，应立即停止机组运行。

（5）检查运行电压过高。主电机运行电压应在额定电压的95%~110%范围内，若是运行电压过高引起的定子温升异常，应立即停止机组运行，与上级供电调度联系处理。

（6）检查缺相运行。主电机电流三相不平衡程度，满载时最大允许值为15%，轻载时任何一相电流未超过额定数值，不平衡最大允许值为10%，超过上述允许范围，应查明原因。若缺相运行引起定子温升异常，应立即停机，检查分析故障原因，排除故障后重新投入运行。

（7）检查主电机励磁电流过大。应立即停机，检查分析故障原因，排除故障后重新投入运行。

（8）检查机组运行负荷情况。若是在经过批准的超设计负荷运行时引起定子温升异常，应立即汇报，经批准后可适当降低负荷。情况严重时立即停止机组运行。

2. 故障排查

（1）测温元件或测温装置损坏。若有定子测温数据显示温度上升异常，应迅速检查自动化监控系统及机组现场所有测温表计。若只有个别数据显示异常，其他表计数据均正常，检查机组各方面状态也正常，应考虑测温元件或测温装置损坏误报。可加强监控，密切观察机组状态，如一切正常，可待停机后处理。

（2）主电机通风不畅。若所有定子测温数据均显示温度上升异常，且增加趋势基本同步，应检查主电机风道是否通畅，冷却风机是否损坏停运，风机百叶窗是否堵塞，如是上述原因引起的通风不良，导致热量无法排出，应及时处理。检查过程中应加强监视，一旦发现定子温度上升超标，应立即停止机组运行。

（3）运行电压过高。主电机运行电压应在额定电压的95%~110%范围内，若是运行电压过高引起的定子温升异常，应立即停止机组运行，与上级供电调度联系处理。

（4）缺相运行。主电机电流三相不平衡程度，满载时最大允许值为15%，轻载时任何一相电流未超过额定数值，不平衡最大允许值为10%，超过上述允许范围，应查明原因。若缺相运行引起定子温升异常，应立即停机，检查分析故障原因，排除故障后重新投入运行。

（5）主电机转子线圈匝间短路。应立即停机，排除故障后重新投入运行。

（6）主电机励磁电流过大。应立即停机，检查分析故障原因，排除故障后重新投入运行。

（7）主电机定子、转子表面积尘过多。空气中的尘埃被吸入主电机内部，聚集在定子铁芯的散热面上，会影响主电机的通风和散热。应立即停机，用压缩空气清除灰尘后重新投入运行。

（8）超设计负荷运行。若是在经过批准的超设计负荷运行时引起定子温升异常，应立即汇报，经批准后可适当降低负荷。情况严重时立即停止机组运行。

（9）紧急停机步骤：

① 迅速在三楼中控室或厂房采用电动或手动分闸，并将真空开关手车操作至试验位置。

② 检查机组是否已停止运转，检查出水闸门应正常快落关闭，否则在现场拨动相关闸门控制箱上"快落"旋钮，使闸门快落关闭。如果直流失电，立即采用现场应急落门扳手松开抱闸装置，使闸门下降，防止机组飞逸。

③ 检查励磁装置是否已自动灭磁，若未自动灭磁，应立即断开其交流电源开关。

十一、机组油位异常应急处置方案

（一）应急处置程序

1. 机组油位异常时，值班长应立即组织现场紧急处置，同时汇报应急处置救援小组负责人。

2. 应急处置救援小组负责人组织应急处置救援小组成员根据具体故障原因按处置措施进行处置。

（二）应急处置措施

1. 现场紧急处置

（1）机组油位异常时，现场人员立即汇报值班长，值班长应立即组织现场紧急处置，同时汇报应急处置救援小组负责人。

（2）检查机组油位油色异常原因，关闭机组相应冷却水闸阀，必要时采取紧急停机同时汇报所领导。

（3）紧急停机步骤：

① 迅速在三楼中控室或厂房采用电动或手动分闸，并将真空开关手车操作至试验位置。

② 检查机组是否已停止运转，检查出水闸门应正常快落关闭，否则在现场拨动相关闸门控制箱上"快落"旋钮，使闸门快落关闭。如果直流失电，立即采用现场紧急落门工具松开抱闸装置，使闸门下降，防止机组飞逸。

③ 检查相应励磁装置是否自动灭磁，分断励磁电源及各辅助设备工作电源开关。

2. 故障排查

（1）油管路渗漏。如油位减少，应检查油管路及闸阀有无渗油现象，发现后及时处理。检查过程中应加强轴瓦温度监视，一旦发现轴瓦温度上升超标，应立即停止机组运行。

（2）技术供水系统渗漏。如油位增加，油色变化，则可能是油缸内的冷却器或管道有渗漏，应立即停机处理。

（3）技术供水系统负压吸油。如供水系统因故障停止供水时，发现油位减少，检查油管路又无渗油现象，应考虑是否是技术供水系统因破损形成负压吸油。

十二、微机监控系统故障应急处置方案

（一）应急处置程序

1. 微机监控系统故障发生时，当班运行人员应加强观察，当班班长报告应急处置救援小组负责人。

2. 应急处置救援小组负责人组织应急处置救援小组成员根据具体故障原因按处置措施进行处置。

（二）应急处置措施

1. 现场紧急处置

（1）微机监控系统故障时，如短时间内无法修复，可将微机监控系统退出，并现场查看机组运行情况，判断是否需要停机，在无异常情况下，可继续运行。

（2）加强对运行设备声响、振动、电量及温度的监视，对由微机监控系统进行自动控制的设备，改用手动操作，并加强对该设备的巡视检查。

2. 故障排查

（1）系统电源失电故障

① 主机组正常运行时发生微机控制系统电源失电故障，立即进行故障排除，并密切注意设备运行状态，一旦发现设备运行异常可采取手动分闸。

② 节制闸或下层流道引水运行发生微机控制系统电源失电故障，应到现场根据水位尺观察的上下游水位，参考"闸门开高 – 水位 – 流量关系曲线"计算闸门开高，手动操作。

③ 检查采集柜内市电 ACB02 及 UPSACB01 断路器状态，用万用表检查电源线是否为 220 V。若正常则判断柜内是否有接地或断路器是否正常，若不正常则对上级线路及断路器进行故障排查。

④ 检查逆变屏内微机控制断路器与电源线是否可靠连接或断路器是否损坏，若损坏则更换断路器。

⑤ 检查低压室微机电源断路器是否损坏，若损坏则更换断路器。

（2）微机监控系统网络瘫痪故障

① 主机组正常运行时密切注意设备运行状态，一旦发现设备运行异常可采取手动分闸。节制闸或下层流道引水运行时，应到现场根据水位尺观察的上下游水位，参考"闸门开高－水位－流量关系曲线"计算闸门开高，手动进行操作。

② 检查是否是病毒原因引起网络瘫痪，若是，则进行病毒查杀。

③ 检查上层网络交换机及网线是否正常，若不正常，则进行更换。

十三、液压启闭机常见故障应急处置方案

（一）应急处置程序

1. 液压启闭机故障时，值班人员应立即组织现场紧急处置，同时汇报应急处置救援小组负责人。

2. 应急处置救援小组负责人组织应急处置救援小组成员根据具体故障原因按处置措施进行处置。

（二）应急处置措施

1. 油泵电机组供油故障

（1）当泵组旋转方向不对时，采取倒换电机的电源接线措施。

（2）当油泵吸入口阻塞或阻力太大时，检查并清理油泵吸入口，开启截止阀。

（3）当油箱内油液面太低时，加油液到油箱内。

（4）当油的黏度太大时，按规定程序换油、注油或加热油。

（5）当吸油管道接头漏气时，按规定要求更换新接头或拧紧接头。

（6）当油箱不透气时，修理或更换油箱空气滤清器。

（7）当油泵电机组故障时，检查、修理油泵电机组。

2. 液压系统压力故障

（1）电磁溢流阀未关闭，检查并修复线圈接点，清洗修理插件。

（2）液压管道大量泄漏，查清泄漏部位，拧紧管接头，或更换密封圈，或更换管接头。

（3）阀组换向阀中位卡死或线圈接点故障，查清故障部位作相应的清洗和修理。

（4）压力表或压力表开关故障，清洗并修理压力表或压力表开关。

3. 产生噪音和激振故障

（1）吸入口滤油器或吸油管道堵塞，清洗并修理吸油滤油器，打开截止阀。

（2）吸油管道或油泵轴密封漏气，修理管道，更换油泵轴密封。

（3）各压力阀工作不稳定，调整或更换压力阀弹簧。

（4）油箱液面过低，使系统吸进空气，按规定程序注油、排气。

（5）管路振动，紧固管夹。

（6）油液黏度过大，按规定要求加热或更换油液。

（7）油泵磨损或损坏，修理或更换新油泵。

（8）电动机损坏，修理或更换电动机。

4. 启闭过程闸门严重抖动故障

（1）液压系统排气不良，重新彻底排除系统中的空气并查清进气部位予以修复。

（2）双缸双吊点启闭机同步不良，反复调整同步偏差。

（3）闸门与导轨制造、安装质量不良，查清原因，并作相应的调整和修理。

（4）液压支承回路平衡阀失调，造成液压缸回油腔背压不足，按设计要求或实际情况重新调整平衡阀，调定压力。

（5）锁定用液控单向阀时开时闭，检查并修理控制油路和泄油回路。

（6）溢流阀工作不稳定，重新微调溢流阀的设定压力。

十四、闸阀门常见故障应急处置方案

（一）应急处置程序

1. 闸阀门故障时，值班人员应立即组织现场紧急处置，同时汇报应急处置救援小组负责人。

2. 应急处置救援小组负责人组织应急处置救援小组成员根据具体故障原因按处置措施进行处置。

（二）应急处置措施

1. 阀门卡阻故障

可能是滚轮转动不灵活、阀门倾斜、门槽内有障碍物等，一线船闸检查滚轮有无障碍物附着，如没有，加注润滑脂，并转动滚轮，直至滚轮转动灵活，采用卷扬式启闭机的闸门，调整卷筒上钢丝绳使吊点在同一高度，清除门槽内障碍物；二线船闸检查滚轮有无障碍物附着，如没有，加注润滑脂，并转动滚轮，直至滚轮转动灵活。

2. 闸门关不到位故障

可能是轨道顶端有杂物或限位开关提前动作，联系打捞船进行打捞作业或限位开关小开度提升。

3. 一线船闸闸门开不到位故障

可能是门库淤积物过多，组织使用专用抓斗进行清淤作业。

4. 二线船闸两侧闸门启闭不同步故障

可能是闸门开度传感器累计误差大或一侧开门压力不足，关门到位后对两侧控制柜中开度数据进行手动清零或检查一侧液压泵站阀件是否堵塞，如堵塞则清洗阀件。

ped
第六章

效果评价

第一节 工作任务落实

工作任务单位由所长签发,并对完成情况进行检查评价。每日工作记录由当日值班人员负责填写,当日未能完成的工作应进行说明,不予以评价。工作任务单如表6-1所示。每日工作记录如表6-2所示。

表 6-1 工作任务单　　　＿＿年＿＿月＿＿日

工作任务			
责任岗位		工作起止时间	＿＿月＿＿日至＿＿月＿＿日
责任人		参与人员	
安全要求			
工作要求			
工作内容:			
完成情况评价:			
检查人:			

表 6-2 每日工作记录表　　　＿＿年＿＿月＿＿日

序号	工作内容	工作人员	完成情况	评价
1				
2				
3				
4				
5				
6				
7				
8				
9				
10				
未完成工作情况说明:				
				填表人:

填表说明：
1. 工作内容栏填写当天需完成的工作，需要较长时间才能完成的工作填写工作任务单。
2. 完成情况栏填写"已完成"或"未完成"。
3. 评价栏填写"好""较好""差"，未完成的工作不进行效果评价。
4. 负责人指所长，填表人指当日值班人员。

第二节　规章制度评估

一、规章制度有效性评估

（一）评审目的
1. 检查工作制度与适用的法律法规、标准规范及其他要求的符合性情况。
2. 检查工作制度与日常工作要求的符合性情况。
3. 检查管理所各岗位人员执行工作制度的情况。

（二）评审范围及周期
1. 评审范围：工作制度。
2. 评审依据：国家及有关行业主管部门颁布的最新法律、法规、规章、规范性文件、技术标准等。
3. 评审周期：1年。

（三）评审程序
1. 成立评审小组。
2. 通过查阅资料和现场询问等方式对工作制度进行评审。
3. 得出评审结论。
4. 修订完善相关工作制度。

二、规章制度执行情况评估

定期对规章制度执行情况进行检查考核，发现问题及时纠偏。规章制度执行情况检查考核记录如表6-3所示。

表 6-3 规章制度执行情况检查考核记录表

规章制度名称			
检查考核日期		制度执行部门	
考核人员			
考核方式	查看资料、现场询问		
检查或考核内容:			
检查或考核情况:			
检查或考核发现问题及解决办法:			
检查或考核负责人（签字）：		科室负责人（签字）：	

第三节　流程执行评估

定期对流程执行情况进行评估，不仅可以检查流程宣贯培训情况、现场配套措施情况等，还可以发现经常发生问题的环节，从而采取一定的防错机制。检查方法包括记录资料检查法、现场观察法、试卷考核法等。流程执行情况检查考核如表 6-4 所示。

表 6-4 流程执行情况检查考核记录表

流程名称			
检查考核日期		制度执行部门	
考核人员			
考核方式			
检查或考核内容:			
检查或考核情况:			
检查或考核发现问题及解决办法:			
检查考核负责人（签字）：		被检查单位（签字）：	

第四节 岗位职责评估

一、评审目的

1. 检查岗位职责与现行的法律法规、规范标准、规章制度的符合性情况。
2. 检查岗位职责与定岗、定员、定职、定责等的符合性情况。

二、评审范围及依据

1. 评审范围：岗位职责。
2. 评审依据：现行的法律法规、规范标准、规章制度。

三、评审程序

1. 成立评审小组。
2. 通过查阅资料、现场观察、座谈交流等方式对岗位职责进行评审。
3. 得出评审结论。
4. 完善相关岗位职责。

第五节 教育培训评估

教育培训评估见表 6-5。

表 6-5 教育培训评估表

为了增强培训效果，希望您能客观地给出评价意见，在对应栏目上打"√"，谢谢您的配合！					
培训名称			培训日期		
培训地点			讲课人		
培训内容						
序号	评价内容		评价等级		
	对培训内容的评价		好	一般	较差
1	培训内容适合我的工作和个人发展需要				
2	培训内容深度适中、易于理解				
3	培训内容切合实际、便于应用				
	对讲课人的评价		好	一般	较差
1	讲课人表达清楚、态度友善				
2	讲课人对培训内容有独特精辟见解				
3	讲课人对进度与现场气氛把握很好				
4	培训方式生动多样、鼓励参与				
	参加此次培训的收获有（可多选）				
1	获得了新知识、新的管理理念				
2	获得了可以在工作上应用的一些有用的技巧				
3	促进客观地观察自己以及自己的工作，帮助对过去的工作进行总结与思考				
4	其他（请填写）				
对本人工作上的帮助程度：A. 较小 B. 普通 C. 有效 D. 非常有效						
对此次培训的满意程度：A. 不满 B. 普通 C. 满意 D. 非常满意						
其他建议或培训需求：						

第七章

管理信息系统

第一节　精细化管理系统

一、系统概述

为进一步推进水利工程管理规范化、标准化、现代化建设，确保水利工程运行安全和充分发挥效益，以实现水利现代化、精细化、智能化为出发点，依托先进的互联网、大数据、云计算、人工智能等技术，建立涵盖泵站监控、机组振动监测、安全监测、泵站管理、船闸运行调度、工程观测、安全生产管理、湖泊管理、仓储管理、档案管理、视频监控等多业务应用的引江河水利工程管理精细化管理平台，达到各业务"全面感知、可靠传递、智能处理、高效协同、便捷应用"的目标，实现管理处信息资源的高效整合和优化配置，将精细化管理涉及的任务、标准、流程、制度、考核及成效等管理要素通过信息化手段进行固化、推进、落实、监管和展示。

二、系统架构

精细化管理系统总体设计遵循"一体化管控"的架构体系，将各类工程管理应用业务统一到一个中心平台，根据不同用户群权限分配相应功能。结合工程泵站、闸站、船闸、管理处等相应机构用户可通过不同的权限登录管理平台使用对应的功能，完成各组织机构的职能，实现基于管理处的统一的工程管理。

高港枢纽精细化管理系统的整体框架采用分层结构设计，系统总体框架包括五层三体系，即采集传输层、数据资源管理层、应用支撑平台层、业务应用层、交互层、安全保障体系、标准规范体系、运行维护管理体系，满足数据采集与交互、数据资源管理、应用支撑、业务应用等项目需求。

系统总体架构如图 7-1 所示。

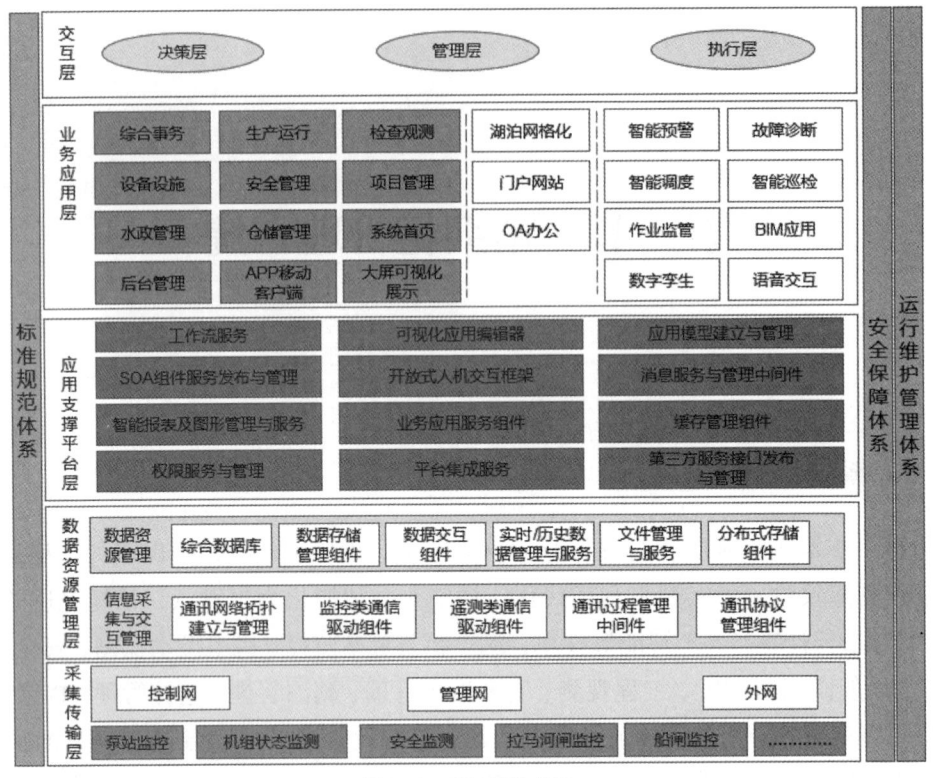

图 7-1 系统总体架构

三、系统功能

本系统的主要建设内容包括工程运行、设备设施、工程检查、项目管理、事项管理、水政管理、安全管理、档案管理共 8 个基本管理模块，另有管理驾驶舱（系统首页）、后台管理等 2 个辅助模块和 1 个移动客户端、1 张可视化大屏展示。

1. 工程运行

工程运行模块的主要功能是根据上级下达的调度指令，进行细化和组织实施，并做好值班管理、两票管理等工作，保证工程设备的正常运行，执行上级下达的调度指令，主要包括：调度管理、操作记录、值班管理、工作票管理、运行监视、运行趋势图等功能项。

2. 设备设施

设备设施管理涵盖设备和水工建筑物等，是工程业务管理的重点。以编码作为设备设施识别线索，对设备设施进行全生命周期管理，并设置对应二维码进行扫描查询。主要包括：设备管理、建筑物管理、缺陷管理、物资管理等功能项。

3. 工程检查

用于站所负责人创建平时的巡查任务并进行管理。可设置巡查小组巡查时间以及巡查的线路。巡查人员在巡查的过程中可将发现的问题及隐患反馈给相关负责人，负责人即可及时处理问题和隐患，主要包括：日常检查、定期检查、专项检查、试验检测等功能项。

4. 项目管理

项目管理模块主要用于对每年的所有工程、项目进行全过程管理，方便进行查询统计。涉及计划申报、批复实施、项目采购、合同管理、施工管理、方案变更、中间验收、决算审核、档案专项验收、竣工验收、档案管理等方面，项目负责人、技术人员、管理部门负责人在系统上进行项目实施过程信息的填报、审核，并记录流转，主要包括：维修项目、养护项目、防汛项目等功能项。

5. 事项管理

事项管理是一个以任务分解落实为主的事务性管理模块，可实现任务下达的流程化管理，对职工的绩效评价和教育培训管理以及规章制度的上传和发放。主要包括：管理任务、标准与制度、效能考核、教育培训等功能项。

6. 水政管理

水政管理主要是对水利枢纽管辖范围内的水行政执法工作进行统一管理，对水政移动巡查、执法队伍管理、涉水项目监管、日常综合办公等实现全过程线上管理，提高水政业务管理效率。主要包括：组织机构、工程范围管理、水政巡查、普法宣传、案件查处、联合行动等功能项。

7. 安全管理

安全管理模块结合安全生产标准化建设的要求，部分内容链接生产运行、检查观测、设备设施等功能模块信息，形成全过程管理台账，对问题隐患进行统计查询、警示提醒。主要包括：目标职责、制度化管理、现场管理、教育培训、安全风险管控、隐患排查治理、应急管理、事故管理、持续改进等功能项。

8. 档案管理

用于对精细化单位、安全标准化单位、国家级水管单位台账，工程设备、安全生产、水政管理等档案进行上传保存，主要包括：台账管理、档案管理等功能项。

9. 后台管理

后台管理功能主要为系统维护及管理人员提供系统后台的配置、设置功能，主要包含部门管理、系统用户管理、综合提醒、基础配置等功能项。

第二节 闸站自动化系统

一、系统概述

高港闸站自动化控制系统是一种集状态监视、数据采集、远程控制、报警管理、运行管理等于一体的综合性微机自动化系统。对高港泵站管理所管理区域内的泵站、节制闸、调度闸、送水闸、变电所等设备实行监控,实现对管理所绝大部分设备的数据采集与实时控制。

高港闸站在建成时采用浙江中控技术股份有限公司研发的 SUPCON JX-300 型集散控制系统(DCS),2017 年升级为 ECS-700 型集散控制系统,它是以微处理器为基础,控制功能分散、显示操作集中、兼顾分而自治和综合协调的新一代控制处理系统。ECS-700 系统具有开放性、安全性、易用性、实时性、强大的联合控制、高效的多人组态和完备的系统监控等特性。

二、系统主要功能

高港闸站自动化监控系统将监测、控制、通信、管理集为一体,实现如下主要功能。

（一）数据采集、处理、储存及分析功能

监控系统能够系统地采集闸站机电设备的实时数据与状态信号。进行必要的数据处理并建立实际历史数据库,将数据进行分类、统计、分析,对关键信息进行加密且自动生成相关报表或曲线,并为运行人员提供查询及打印服务。

1. 采集的数据类型分电量参数、开关量参数和非电量参数

（1）电量参数:①主变压器高、低压侧的电压、电流、有功功率、无功功率、功率因数、频率等;②站(所)用变压器高、低压侧的电压、电流、有功功率、无功功率、功率因数等;③高、低压配电系统母线、线路等电压、电流、有功功率、无功功率等;④主机组电压、电流、有功功率、无功功率、功率因数、励磁电压、励磁电流等;⑤闸门启闭机电机电流、电压;⑥供水泵电机电流、电压,清污机及输送机电机电流、

电压；⑦逆变电源的电流、电压，直流电源系统的各类电流、电压等。

（2）开关量参数：①主变压器高压侧断路器分合状态、操作机构储能状态、低压侧断路器分合状态、手车工作/试验位置、断路器操作机构储能状态、隔离开关状态、接地开关状态、主变压器中性点接地开关状态；②站（所）用变压器高低压侧断路器分合状态、手车工作/试验位置、断路器操作机构储能状态、接地开关状态；③主机组断路器分合状态、手车工作/试验位置、断路器操作机构储能状态、接地开关状态、励磁工作位置、快速闸门控制柜断路器状态、闸门全开和全关位置以及与主机组控制操作相关的其他状态信号；④辅机系统各种状态信号；⑤各种状态量的事故及故障信号等。

（3）非电量参数：①主变压器油温、站（所）用变压器铁芯及绕组温度；②主机组定子线圈温度、铁芯温度、导轴承温度、推力轴承温度、上下油缸温度、叶片角度、转速等；③供水母管压力、流道压力；④上下游水位、闸门开度等。

2. 数据处理。对模拟量进行数字滤波、合理性检查、工程量单位变换、越限报警等处理。对开关量进行防抖动、硬件及软件滤波、合理性检查、变位报警等处理。

3. 计算或统计的数据：①上游、下游水位数据；②全站开机台数；③统计单机及全站当次、当日、当月、当年的运行台时数；④计算单机及全站抽水流量；⑤计算单机及全站抽水效率；⑥累计单机及全站当次、当日、当月、当年的抽水量；⑦累计单机及全站的日、月、年用电量（有功、无功）；⑧计算水闸单孔过水流量、总过水流量；⑨累计水闸单孔及总的日、月、年过水水量等。

4. 记录存储的数据。实时存储电量、非电量以及运行统计数据，包括：①对主机组、辅机、变配电、闸门、励磁、直流等设备发出的各种控制及调节命令信息，包括命令时间、命令内容、操作人员等信息；②开关量变位、复归等相关信息；③各类故障和事故信息，包括故障和事故发生时间、内容及特征数据等；④系统的自诊断信息，包括时间、诊断内容、诊断结果等。

（二）监测功能

闸站监测的主要内容包括主机组、辅机、变配电、闸门等设备的运行参数和运行工况。发现故障状态、运行参数越限或者参数变化值异常时，进行报警和相关信息显示。监视主机组开停机过程、变配电系统送停电过程、辅机设备启停过程、闸门升降过程等。发生过程受阻时，给出报警提示和受阻原因。当发生报警时，报警信息在界面上突出显示。报警信息包括报警对象名称、发生时间、性质、确认时间、消除时间等。显示颜色按报警类别确定。能通过报警窗口进行报警确认，包含该报警点的所有画面上的对象或者参数也应改变为报警确认状态。

（三）控制功能

此功能能够自动根据闸站当前的运行状态，对所属电气设备、主机组、闸门等进行自动控制调节，具体的控制调节功能如下：

1. 采用现地控制、站控级远程控制两种方式对主机组、辅机、变配电设备、闸门等对象进行控制。两种控制方式的优先级由高至低为现地控制、站控级远程控制。现地控制和站控级远程控制方式转换采用 LCU 上的硬件开关切换。

2. 能实现对主机组的开机顺序控制、停机顺序控制、事故停机顺序控制、变配电设备顺序控制等。实现水泵叶片的调节操作，实现励磁调节操作。

3. 实现辅机设备的操作和控制，包括供水系统启停控制、排水系统启停控制、消防供水系统启停控制等。

4. 实现对主变压器、站(所)用变压器等变配电设备的投入和退出控制。

5. 实现对所有闸门启闭控制，以及按给定开度、设定流量自动控制闸门升降。

（四）数据通信功能

泵站的主控层、操作员站、各个现地控制单元能够通过对应的数据网络进行通信，实现整个泵站的协调工作，达到科学管理的要求。

（五）优化调度功能

根据监控系统下达的优化调度指令以及水泵机组的运行工况，通过自动控制技术自动调整水泵机组的运行工作点，保证水泵机组在高效工作区。

（六）人机接口功能

人机接口功能分为监控级人机接口和现地级人机接口。监控级的监视操作画面包括电气主接线图、变配电系统运行监控图、机组运行监控图、全站温度监视图、机组开停机流程监视图、励磁装置运行监视图、直流系统图、监控系统网络结构图、冷却水系统运行监控图、排水系统运行监控图、闸门运行监控图等。能够提供主机组运行日报表、主机组温度日报表、变配电设备运行日报表，以及泵站运行日报表、月报表、年报表等运行报表。

（七）自诊断与自恢复功能

计算机监控系统能对自身的硬件和软件进行故障自诊断。LCU 的 CPU 卡采用 1∶1 冗余，在主设备发生故障时，能自动切换到备用设备。监控级具有计算机硬件设备故障、软件进程异常、与 LCU 的通信故障、与上级调度运行管理系统通信故障、与其他系统通信故障等自诊断能力，当诊断出故障时能报警。LCU 能在线进行卡件异常、与其他智能测控设备通信故障自诊断，当诊断出故障时能报警，并闭锁相关控制操作。

三、系统结构

根据高港泵站工程现状和管理要求，闸站自动化控制系统采用开放式、分层分布结构，实现"集中监控和管理，分散控制，数据共享"，满足泵站、节制闸对自动化控制的要求，整体协调，控制到位，关键数据能准确及时上传至高港枢纽中央控制室。系统主要由站控级设备、网络设备和各现地控制单元组成。闸站自动化控制系统网络拓扑图见图 7-2。

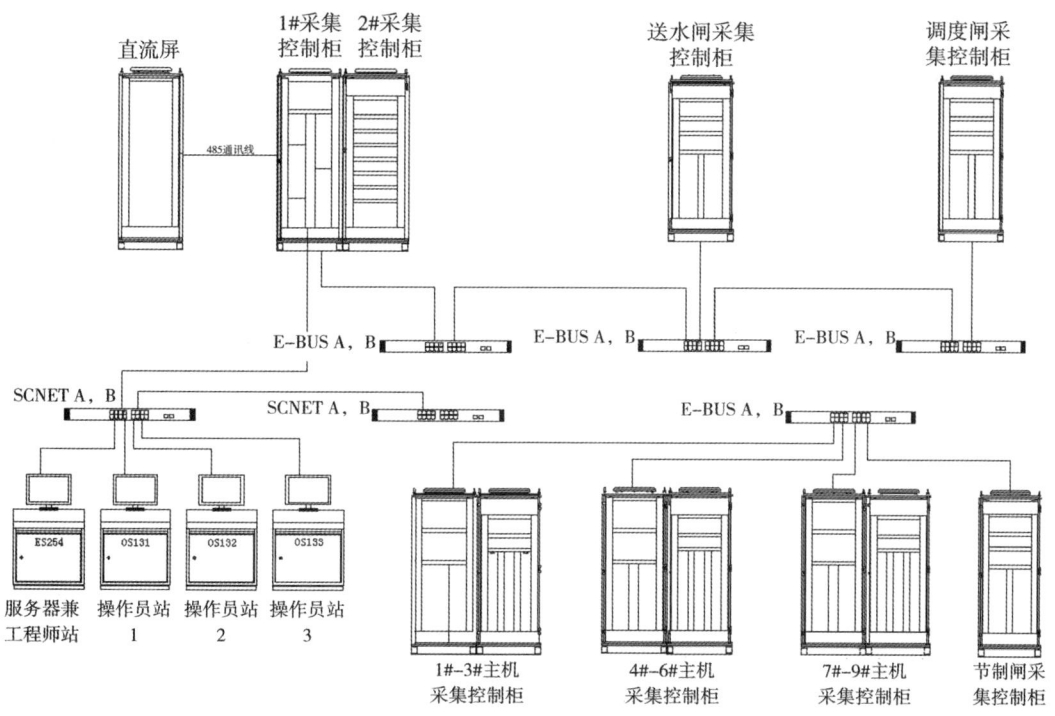

图 7-2 闸站自动化控制系统网络拓扑图

站控级设备包括 4 套监控主机（3 台操作员站，1 台服务器兼工程师站），负责实时监测数据和历史数据库的显示、存储、处理。现地控制单元主要包括泵站主厂房 LCU 控制单元 3 套，节制闸采集控制柜 1 套，调度闸 LCU 控制单元 1 套，送水闸 LCU 控制单元 1 套，直流室 LCU 控制单元 2 套，对泵站 9 台机组、变配电设备、3 座水闸、辅机系统等设备进行控制和数据采集。站控级计算机与现地 LCU 控制单元采用以太网方式连接，与直流、励磁等装置通过现场总线方式相连。

系统功能由现地级和站控级协作完成。分布在现地级的各现地控制就地测量、监视，并向监控主机发送各种数据和信息，同时接受监控主机发来的控制命令和参数，完成控制逻辑的实施；站控级的各计算机实现全站的运行监视、事件报警、数据统计和记录等功能。

四、系统的运行应用

1. 系统采用直流逆变系统不间断供电，配置冗余 AB 网络，确保系统稳定运行，工控网和业务系统网物理隔离。

2. 运行中需要定期对系统进行自诊断，检查系统的状态性能，定期对工程运行数据、工程组态、操作日志进行备份，采用多个备份载体，按序定期轮流备份。

3. 系统实行严格分级授权，各值班人员设定密码后按权限进行操作、维护管理；未经有关负责人允许，不得对本系统内的子目录和文件进行删除或覆盖操作；对数据库内的信息不得随意进行删除或增加操作。

4.不得在操作站计算机上的做无关本系统工作,在操作站计算机上安装其他软件,应经相关管理员的允许,并对其进行防病毒检查。

第三节　船闸运行管理系统

一、系统概述

高港船闸收费调度信息系统首次在高港船闸创新性综合采用移动互联网、船舶定位与违规监测、手机网银和电子发票等"互联网+"技术,以智慧船闸建设为目标,实现船民不上岸过闸,过闸信息全程电子化、公开化。系统基于统一平台,采用微信、船舶位置采集与异常监测、手机银行、电子发票等互联网技术实现了过闸业务的手机端移动办理,船民无需上岸即可过闸。高港船闸收费调度信息系统建成投运后,大大节省了船民的过闸时间,提高了船民满意度,塑造了管理所优质社会服务形象。

二、系统主要功能

高港船闸收费调度信息系统主要功能包括:微信公众号、在线支付、船舶AIS数据采集、电子发票、船舶登记、船舶缴费、船舶调度、特殊业务、稽查、报表统计、财务管理、交班管理、短信管理、系统管理等功能模块。

三、系统网络结构与设备配置

为了实现信息的有效、综合利用,实现多平台、多系统之间的数据共享,高港船闸收费调度信息系统按照网络安全防护的要求,进行了统一整体规划。高港船闸收费调度信息系统网络结构划分成调度服务区、微信服务区和外网信息区,其中调度服务区和微信服务区属于内网。调度服务区负责枢纽船闸运行调度数据采集、分析、决策和下达的需求。微信服务区负责枢纽船闸信息发布、收费信息采集反馈等需求。内网中调度服务器、微信服务器、数据库服务器、税控A9服务器和AIS基站通过交换机相连。内网与外网通过硬件防火墙进行安全隔离。系统网络结构如图7-3所示。

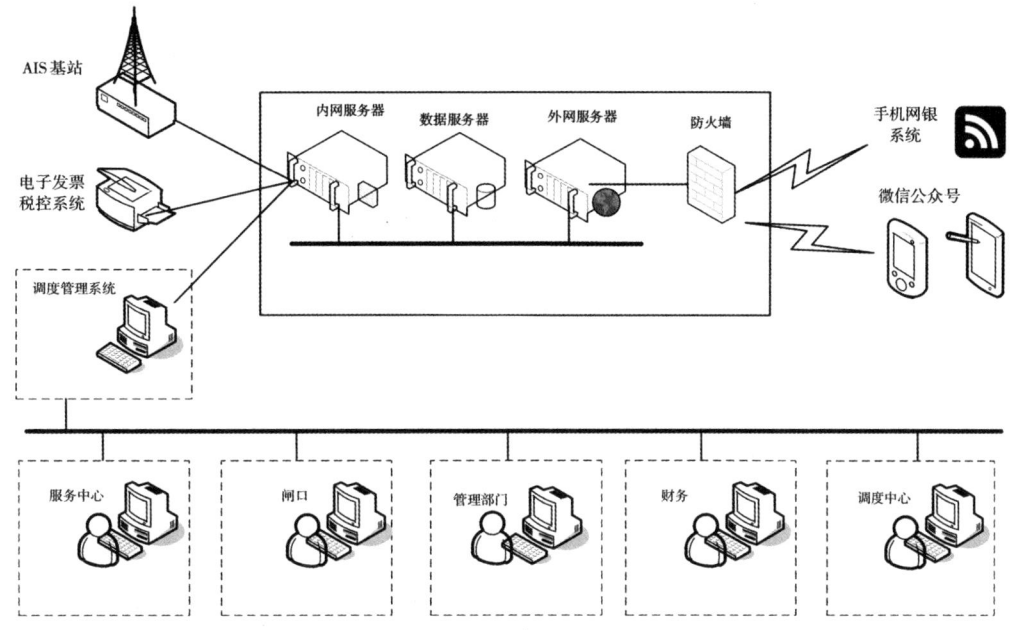

图 7-3　系统网络结构

高港船闸调度运行系统需要的硬件设施主要包括 AIS 基站、服务器、防火墙和税务 A9 服务器等配置设备。具体配置如下：AIS 基站采用单接收双机冗余型配置，主要包括 AIS 基站接收机 2 台及配套的基站天线、馈线、GPS 天线及馈线；收费调度系统配置调度系统服务器 1 台、数据库服务器 1 台、微信服务器 1 台，共 3 台服务器，KVM 1 套；电子发票税务系统采用浙江航天信息有限公司提供的税务 A9 服务器，实现电子发票的开具功能；防火墙设置于微信服务器与外部 Internet 网络之间，对流经防火墙的网络通信进行扫描，过滤掉攻击从而保证系统的安全。

四、系统的运行应用

1. 系统配置冗余电源和 UPS 电源，确保系统供电稳定。

2. 运行中需要定期对系统进行自诊断，检查系统的状态性能，定期对工程运行数据、工程组态、操作日志进行备份。

3. 系统实行严格分级授权，各操作人员设定密码后按权限进行操作、维护管理；未经有关负责人允许，不得对本系统内的子目录和文件进行删除或覆盖操作；对数据库内的信息不得随意进行删除或增加操作。

4. 不得在操作站计算机上的做无关本系统的工作，在操作站计算机上安装其他软件，应经相关管理员的允许，并对其进行防病毒检查。

第四节 系统维护

一、系统维护

信息技术运行维护（简称：IT 运维）是信息系统全生命周期中的重要阶段，对系统主要提供维护和技术支持以及其他相关的支持和服务。

二、维护内容

包括对系统和服务的咨询评估、例行操作、响应支持和优化改善以及性能监视、事件和问题的识别和分类，并报告系统和服务的运行情况。

（一）物理环境管理和维护

1. 机房管理和维护

为保证机房内所有设备的安全、稳定、无故障运行，监控机房的环境、监测并定期检查电源、通风、接地等所有机房设施的工作状态，发现并报告问题和提出变更建议。

（1）电源管理。将电源有效分配到系统中不同的设备组件。同时考虑电源设备参数对设备的影响，如过压、过流、浪涌、短路等。

（2）设备管理：计算机信息系统设备的日常运行和管理、可靠性评价。

（3）环境管理：优化对机房内通风、温度、湿度、灰尘、灯光等的配置，同时考虑机柜放置与冷却效率和制冷单元热点的关系，以及可能因功能扩大引起的冷却效率问题等。

（4）灾害预防：考虑到物理和自然灾害发生的可能性，制定应急预案。

2. 其他管理和维护

（1）布线系统管理和维护。监控、诊断、分析设备间、弱电井等区域配线设备、线缆、信息插座等设施及网络通信线路的工作状态和可能的故障状态，发现并报告问题，提出维护建议，保证系统运行的高可靠性和维护的高效率。

（2）监控系统管理和维护。监控、诊断、分析门禁系统、各类监控设备等的运行状态、参数变化、提示信息等，发现并报告问题，及时变更、维护，保证监控系统的可靠性。

（二）网络基础设施管理和维护

为保证路由设备、网络交换设备等网络基础设施的安全性、可靠性、可用性和可扩展性，保证网络结构的优化，定期评估网络基础平台的性能，制定故障维护预案，及时消除可能的故障隐患，制定应急预案，保证网络基础平台的高可靠性、高可用性。

（三）数据存储设施

为保证数据存储设施，如服务器设备、集群系统、存储阵列、存储网络等，以及支撑数据存储设施运行的软件平台的安全性、可靠性和可用性，保证存储数据的安全，定期评估存储设施及软件平台的性能，确认数据存储的安全等级，制定故障应急预案，及时消除故障隐患，保障信息系统的安全、稳定、持续运行。

（四）系统平台管理

为保证操作系统、数据库系统、中间件、其他支撑系统应用的软件系统及网络协议等的安全性、可靠性和可用性，定期评估系统平台的性能，制定系统故障处理应急预案，及时消除故障隐患，保障信息系统的安全、稳定、持续运行。

（五）应用系统管理和维护

保证在系统平台上运行的各类应用软件系统的安全性、可靠性和可用性，定期评估应用软件系统的性能、功能缺陷、用户满意度等，及时与开发商沟通消除应用系统可能存在的安全隐患和威胁，根据需求更新或变更系统功能。

（六）数据管理和维护

数据管理是系统应用的核心。为保证数据存储、数据访问、数据通信、数据交换的安全，定期评估数据的完整性、安全性、可靠性，制定备份、冗灾策略和数据恢复策略，消除可能存在的安全隐患和威胁。

（七）安全管理和维护

保证物理环境和系统运行的安全，物理环境安全包括机房监控、门禁系统、灾害预防、等电位系统、消防系统等；系统运行安全包括风险评估、安全策略、安全机制、安全级别、病毒防护、补丁管理等。定期检查和评估可能的安全隐患、缺陷和威胁，制定安全恢复预案。

1. 风险评估。对系统的安全威胁、脆弱性、漏洞进行评估，对安全管理进行评估，制定风险应对策略和风险处理机制，及时消除或弱化风险，并将残余风险控制在可控范围内。

2. 安全策略。制定物理环境、基础平台、数据、应用软件、事件管理等的信息安全策略，实行信息安全教育，明确责任，采取相应的安全措施，实施安全策略的综合管理。

3. 安全级别。根据《计算机信息系统 安全保护等级划分准则》（GB 17859—1999），评估安全等级，定义安全级别。

4. 数据交换。规划建设数据安全交换平台，保证内、外网络之间数据交换的安全。制定数据安全交换、交换过程，保证数据的完整性、可靠性、安全性策略；制定数据交换事件处理预案，评估数据交换事件的影响。

5. 病毒防护。制定病毒防护和恢复策略，定期评估病毒影响，采取相应的病毒防护措施，制定病毒事件处理预案。

6. 个人信息保护。建立个人信息保护管理机制，制定个人信息保护策略，对职工进行个人信息保护宣传和教育，制定个人信息保护事件处理预案。

（八）子网管理和维护

子网是构成系统的要素。定期评估子网的安全性、可靠性、可用性，消除可能存在的故障和安全隐患及对系统的威胁。

（九）桌面管理

个人计算机终端及环境的可靠性、可用性、安全性管理。

（十）操作管理

日常操作的规范化和标准化。

第五节　网络安全

一、网络安全工作概述

为保障管理处网络安全与信息化建设相关基础设施、业务应用系统及数据的完整性、可用性及保密性而采取的网络安全检测、防护、处置等措施，以及相关标准规范、管理制度的制定执行等。

二、网络安全管理

（一）关键信息基础设施安全管理

根据关键信息基础设施法律法规和规范要求，在网络安全等级保护制度基础上，对关键信息基础设施实行重点保护，加强必要的网络安全管控措施：

1. 加强对关键信息基础设施网络和运行安全监控，确保关键信息基础设施自身运行安全；

2. 加强对关键信息基础设施运行环境的安全管理，确保物理环境安全可控，并配套符合关键信息基础设施的物理环境安全措施；

3. 加强对关键信息基础设施运行终端的安全管理，严格访问控制策略，严格输入输出管理，确保终端自身安全。

（二）业务应用系统安全管理

加强水利网络安全保护对象的安全管控，采取措施防范网络攻击：

1. 严格控制机房和设备间的进出访问，加强安全监控和巡检，确保机房符合有关规定要求；

2. 在不同网络间设置物理或逻辑隔离，按照最小权限的原则对网络进行分区分域管理，实施严格的设备系统接入和访问控制策略；

3. 遵循最小授权原则，加强对主机账号、口令、应用、服务、端口的安全管理，定期开展漏洞扫描和恶意代码检测，及时安装安全补丁并更新恶意代码库；

4. 采取技术措施监测、记录网络运行状态、网络行为和网络安全事件，并留存网络日志不少于6个月；

5. 避免网站后台管理系统相关页面和信息暴露在互联网，严格管控门户网站信息的发布；

6. 严格办公系统用户注册审批和注销管理，加强安全意识教育，避免存在弱口令和工作邮件泄露情况；

7. 按照"谁使用、谁负责"的原则，明确终端安全的使用和管理责任，定期开展针对终端的弱口令检查、病毒查杀、漏洞修补、操作行为管理和安全审计等工作。

三、网络安全体系

网络安全架构采用如下安全措施：

1. 防火墙。部署于核心服务器区和安全防护服务器区的网络流量安全、病毒防护。

2. 入侵防御。部署于核心服务器区和安全防护服务器区的应用流量，其安全防护基于应用层。

3. 上网行为管理。串联部署于互联网区域，审计互联网流量和网络行为。满足《互联网安全保护技术措施规定》（公安部令第 82 号）。

4. 网络审计系统。旁路部署于内网核心网络区域，用于镜像流量分析和记录网络攻击/访问行为。

5. 日志审计系统。旁路部署于网络中，用于日常服务器、网络设备、安全设备的日志收集、分析、记录；符合信息安全等级保护相关要求，日志文件保存 6 个月以上。

6. 终端准入控制系统。旁路部署于内网核心网络区域，用于内网用户访问内网权限/身份的认证。

7. 安全网关。部署于动力一处/拉马河闸内网边界处，能够有效防护网络边界处的网络安全。

8. 防病毒软件。用于用户终端电脑的病毒防护。

9. 服务器防病毒软件。用于用户服务器系统的病毒防护。

10. VPN。旁路部署于互联网区域网络，用于远程加密/授权访问内网资源。

11. 堡垒机。旁路部署于内网核心网络区域，用于审计日常操作服务器、网络设备、安全设备的行为。

12. 安全隔离网闸。部署于内、外网边界处，用于内网、外网数据的交换；符合公安部关于内、外网物理隔离的相关要求。